한국산업인력공단 출제기준에 따른 최신판!!

피부미용사
필기 7년간 출제문제

최근 출제문제 경향에 따른 핵심이론 요약 수록!

● **하경미**

학력 숭실대학교 중소기업대학원 뷰티산업학과 석사 졸업
경력 현 지우 스킨 앤 바디 원장
　　　　현 미용사(피부) 국가자격증 감독관

　　　　전 서울전문학교 뷰티예술학부 피부미용학과 전임교수
　　　　전 신성대학교 미용예술계열학과 겸임교수
　　　　전 정화예술대학교 외래교수
　　　　전 한국미용전문학교 피부미용학과 전임강사
　　　　전 경북전문학교 뷰티케어과 외래교수

● **윤태효**

학력 차의과학대학교 일반대학원 의학과 통합의학박사
　　　　중앙대학교 의약식품대학원 향장학석사
경력 현 국제의료미용협회 협회장
　　　　현 고용노동부 산업인력관리공단
　　　　　　NCS 과정평가형 피부국가자격증 검토.출제의원
　　　　현 안산대학교 의료미용과 교수
　　　　현 압구정코아지앤미 피부과&성형외과 총괄이사
　　　　현 YM뷰티컬 피부미용학원 원장
　　　　전 신구대학교 피부미용과 교수
　　　　전 수원여자대학교 미용예술학과 교수
　　　　전 경복대학교 의료미용과 교수
　　　　전 청호의료소비자생활협동조합 이사장

● **임선민**

학력 중앙의약식품대학원 향장미용학 석사졸업
　　　　현 YM 뷰티컬 피부미용학원 부원장
　　　　전 한국 직업능력전문학원 피부미용 메이크업 전임강사
　　　　전 NCS 직업훈련교사

이 책을 펴내며

과거의 사람들은 의식주 해결에 급급했지만, 의식주 문제에서 어느 정도 벗어난 현대인들은 건강하고 아름다운 삶을 추구하며 살아가고 있습니다. 이러한 현대인들의 욕구를 채워주는 피부미용은 새롭게 부각되는 21세기 전문기술 분야이며, 미래 유망직종 중 하나입니다. 2008년도부터 국가에서 인정하는 자격시험으로 국내 피부미용업계의 전문인 배출과 진보적인 기술의 발달을 가져다주는 계기가 마련되었고, 피부미용 종사자들의 끊임없는 노력과 새로운 연구를 통해 미용산업은 지금과 같이 발전하였으며 피부미용사의 위상 또한 점점 더 높아지고 있습니다. 피부미용에 대한 국민들의 관심과 열정은 교육관련 분야의 미용 관련학과 증설과 미용 관련 학회 활동을 활발하게 하는 원동력이 되었고, 수많은 논문 및 연구 사례들이 발표되었으며 국민들의 건강증진에도 도움을 주는데 큰 공헌을 하였습니다.

본 교재는 미용사(피부) 분야 국가자격증을 취득하기 위한 수험서입니다. 전문직업으로 각광받고 있는 피부미용 종사자들에게 도움이 되고자 심혈을 기울여 집필한 교재입니다.

1. 한국산업인력공단의 새 출제기준에 따라 이론을 체계적으로 정리하였습니다.
2. 이론에는 출제비중에 따라 중요도를 표시해두었으며, 중요이론에는 문제를 통해 한 번 더 복습할 수 있도록 예제를 달았습니다.
3. 기출문제를 분석하여 출제빈도가 높은 출제예상문제를 수록하였습니다.
4. 수험자들이 출제유형을 파악할 수 있도록 상시시험 대비 기출문제를 실었습니다.

수험자들이 단기간에 가장 효율적으로 공부할 수 있도록 구성하여 시험에 완벽하게 대비할 수 있도록 하였습니다.

피부미용 분야에서 다년간 강의한 필자의 노하우를 축적한 본 교재가 피부미용사가 되기 위해 노력하는 많은 수험생들에게 도움이 되고 길잡이가 되기를 바랍니다. 강단에서 직접 학생들을 교육하며 터득한 노하우를 적극 활용해 기존의 교재에서 부족한 점을 보완, 수정하였습니다.

이 책이 수험생 여러분의 미용사(피부) 자격증 취득을 위한 지침서가 되어 수험생 여러분이 국가기술자격 취득과 더 나아가 국내 및 해외까지 대한민국에 우수한 미용 기술을 전파하는 초석이 되길 간절히 바랍니다.

끝으로, 교재를 출판할 수 있도록 도와주신 크라운출판사 임직원 여러분에게 진심으로 감사드립니다.

저자 **하경미, 윤태호, 임선민** 드림

출제기준(필기)

직무 분야	이용·숙박·여행· 오락·스포츠	중직무 분야	이용·미용	자격 종목	미용사(피부)	적용 기간	2022. 7. 1.~ 2026. 12. 31.

○ 직무내용 : 고객의 상담과 피부분석을 통해 안정감 있고 위생적인 환경에서 얼굴, 신체부위별 피부를 미용기기와 화장품을 이용하여 서비스를 제공하는 직무이다.

필기검정방법	객관식	문제수	60	시험시간	1시간

필기과목명	문제수	주요항목	세부항목	세세항목
해부생리, 미용기기·기구 및 피부미용관리	60	1. 피부미용이론	1. 피부미용개론	1. 피부미용의 개념 2. 피부미용의 역사
			2. 피부분석 및 상담	1. 피부분석의 목적 및 효과 2. 피부상담 3. 피부유형분석 4. 피부분석표
			3. 클렌징	1. 클렌징의 목적 및 효과 2. 클렌징 제품 3. 클렌징 방법
			4. 딥 클렌징	1. 딥 클렌징의 목적 및 효과 2. 딥 클렌징 제품 3. 딥 클렌징 방법
			5. 피부유형별 화장품 도포	1. 화장품도포의 목적 및 효과 2. 피부유형별 화장품 종류 및 선택 3. 피부유형별 화장품 도포
			6. 매뉴얼 테크닉	1. 매뉴얼 테크닉의 목적 및 효과 2. 매뉴얼 테크닉의 종류 및 방법
			7. 팩·마스크	1. 목적과 효과 2. 종류 및 사용방법
			8. 제모	1. 제모의 목적 및 효과 2. 제모의 종류 및 방법
			9. 신체 각 부위(팔, 다리 등) 관리	1. 신체 각 부위(팔, 다리 등)관리의 목적 및 효과 2. 신체 각 부위(팔, 다리 등)관리의 종류 및 방법

필기과목명	문제수	주요항목	세부항목	세세항목
			10. 마무리	1. 마무리의 목적 및 효과 2. 마무리의 방법
			11. 피부와 부속기관	1. 피부구조 및 기능 2. 피부 부속기관의 구조 및 기능
			12. 피부와 영양	1. 3대 영양소, 비타민, 무기질 2. 피부와 영양 3. 체형과 영양
			13. 피부장애와 질환	1. 원발진과 속발진 2. 피부질환
			14. 피부와 광선	1. 자외선이 미치는 영향 2. 적외선이 미치는 영향
			15. 피부면역	1. 면역의 종류와 작용
			16. 피부노화	1. 피부노화의 원인 2. 피부노화현상
		2. 해부생리학	1. 세포와 조직	1. 세포의 구조 및 작용 2. 조직구조 및 작용
			2. 뼈대(골격)계통	1. 뼈(골)의 형태 및 발생 2. 전신뼈대(전신골격)
			3. 근육계통	1. 근육이 형태 및 기능 2. 전신근육
			4. 신경계통	1. 신경조직 2. 중추신경 3. 말초신경
			5. 순환계통	1. 심장과 혈관 2. 림프
			6. 소화기계통	1. 소화기관의 종류 2. 소화와 흡수
		3. 피부미용 기기학	1. 피부미용기기 및 기구	1. 기본용어와 개념 2. 전기와 전류 3. 기기ㆍ기구의 종류 및 기능
			2. 피부미용기기 사용법	1. 기기ㆍ기구 사용법 2. 유형별 사용방법

필기과목명	문제수	주요항목	세부항목	세세항목
		4. 화장품학	1. 화장품학개론	1. 화장품의 정의 2. 화장품의 분류
			2. 화장품제조	1. 화장품의 원료 2. 화장품의 기술 3. 화장품의 특성
			3. 화장품의 종류와 기능	1. 기초 화장품 2. 메이크업 화장품 3. 모발 화장품 4. 바디(body)관리 화장품 5. 네일 화장품 6. 향수 7. 에센셜(아로마) 오일 및 캐리어 오일 8. 기능성 화장품
		5. 공중위생관리학	1. 공중보건학	1. 공중보건학 총론 2. 질병관리 3. 가족 및 노인보건 4. 환경보건 5. 식품위생과 영양 6. 보건행정
			2. 소독학	1. 소독의 정의 및 분류 2. 미생물 총론 3. 병원성 미생물 4. 소독방법 5. 분야별 위생 · 소독
			3. 공중위생관리법규 (법, 시행령, 시행규칙)	1. 목적 및 정의 2. 영업의 신고 및 폐업 3. 영업자준수사항 4. 면허 5. 업무 6. 행정지도감독 7. 업소 위생등급 8. 위생교육 9. 벌칙 10. 시행령 및 시행규칙 관련사항

출제기준(실기)

직무 분야	이용·숙박·여행· 오락·스포츠	중직무 분야	이용·미용	자격 종목	미용사(피부)	적용 기간	2022. 7. 1. ~ 2026. 12. 31.

○ 직무내용 : 고객의 상담과 피부분석을 통해 안정감 있고 위생적인 환경에서 얼굴, 신체 부위별 피부를 미용기기와 화장품을 이용하여 서비스를 제공하는 직무이다.

○ 수행준거 :
  1. 피부미용 실무를 위한 준비 및 위생사항 점검을 수행할 수 있다.
  2. 피부의 타입에 따른 클렌징 및 딥클렌징을 할 수 있다.
  3. 피부의 타입별 분석표를 작성할 수 있다.
  4. 눈썹정리 및 왁싱 작업을 수행할 수 있다.
  5. 손을 이용한 얼굴 및 신체 각 부위(팔, 다리 등)관리를 수행할 수 있다.

실기검정방법	작업형	시험시간	2시간 15분

실기과목명	주요항목	세부항목	세세항목
피부미용 실무	1. 피부미용 위생 관리	1. 피부미용 작업장 위생 관리하기	1. 위생관리 지침에 따라 피부미용 작업장 위생 관리 업무를 책임자와 협의하여 준비, 수행할 수 있다. 2. 쾌적함을 주는 피부미용 작업장이 되도록 체크리스트에 따라 환풍, 조도, 냉·난방시설에 대한 위생을 점검할 수 있다. 3. 위생관리 지침에 따라 피부미용 작업장 청소 및 소독 점검표를 기록할 수 있다. 4. 피부미용 작업장 소독계획에 따른 작업장 소독을 통해 작업장의 위생 상태를 관리할 수 있다.
		2. 피부미용 비품위생 관리하기	1. 위생관리 지침에 따라 피부미용 비품의 위생관리 업무를 책임자와 협의하여 준비, 수행할 수 있다. 2. 위생관리 지침에 따라 적절한 소독방법으로 피부관리실 내부의 비품을 소독하여 보관할 수 있다. 3. 소독제에 대한 유효기간을 점검할 수 있다. 4. 사용종류에 알맞은 피부미용 비품의 정리정돈을 수행할 수 있다.
		3. 피부미용사 위생 관리하기	1. 위생관리 지침에 따라 피부미용사로서 깨끗한 위생복, 마스크, 실내화를 구비하여 착용할 수 있다. 2. 장신구는 피하고 가벼운 화장과 예의 있는 언행으로 작업장 근무수칙을 준수할 수 있다. 3. 위생관리 지침에 따라 두발, 손톱 등 단정한 용모와 신체 청결을 유지할 수 있다.

실기과목명	주요항목	세부항목	세세항목
	2. 얼굴관리	1. 얼굴클렌징하기	1. 얼굴피부유형별 상태에 따라 클렌징 방법과 제품을 선택할 수 있다. 2. 눈, 입술 순서로 포인트 메이크업을 클렌징 할 수 있다. 3. 얼굴피부유형에 맞는 제품과 테크닉으로 클렌징 할 수 있다. 4. 온습포 또는 경우에 따라 냉습포로 닦아내고 토닉으로 정리할 수 있다.
		2. 눈썹정리하기	1. 눈썹정리를 위해 도구를 소독하여 준비할 수 있다. 2. 고객이 선호하는 눈썹형태로 정리 할 수 있다. 3. 눈썹정리한 부위에 대한 진정관리를 실시할 수 있다.
		3. 얼굴 딥클렌징하기	1. 피부 유형별 딥클렌징 제품을 선택 할 수 있다. 2. 선택된 딥클렌징 제품을 특성에 맞게 적용할 수 있다. 3. 피부미용기기 및 기구를 활용하여 딥클렌징을 적용할 수 있다.
		4. 얼굴 매뉴얼테크닉하기	1. 얼굴의 피부유형과 부위에 맞는 매뉴얼 테크닉을 하기 위한 제품을 선택할 수 있다. 2. 선택된 제품을 피부에 도포할 수 있다. 3. 5가지 기본 동작을 이용하여 매뉴얼테크닉을 적용할 수 있다. 4. 얼굴의 피부상태와 부위에 적정한 리듬, 강약, 속도, 시간, 밀착 등을 조절하여 적용할 수 있다.
		5. 영양물질 도포하기	1. 피부유형에 따라 영양물질을 선택 할 수 있다. 2. 피부유형에 따라 영양물질을 필요한 부위에 도포 할 수 있다. 3. 제품의 특성에 따른 영양물질이 흡수되도록 할 수 있다.
		6. 얼굴 팩·마스크하기	1. 피부유형에 따른 팩과 마스크종류를 선택할 수 있다. 2. 제품 성질에 맞는 팩과 마스크를 적용할 수 있다. 3. 관리 후 팩과 마스크를 안전하게 제거할 수 있다.
		7. 마무리하기	1. 얼굴관리가 끝난 후 토닉으로 피부정리를 할 수 있다. 2. 고객의 얼굴피부유형에 따른 기초화장품류를 선택할 수 있다. 3. 영양물질을 흡수시키고 자외선 차단제를 사용하여 마무리 할 수 있다.

실기과목명	주요항목	세부항목	세세항목
	3. 신체 각 부위별 피부관리	1. 신체 각 부위별 클렌징하기	1. 화장품 성분에 대한 지식을 이해하고 피부상태에 따라 클렌징 방법과 제품을 선택할 수 있다. 2. 클렌징 방법을 이해하고 클렌징 제품을 팔, 다리에 도포하여 순서에 맞게 연결 동작으로 가볍게 시행할 수 있다. 3. 마무리를 위하여 온 습포 등으로 잔여물을 닦아낸 후 토너로 피부를 정리할 수 있다.
		2. 신체부위별 딥클렌징하기	1. 전신 피부 유형별 딥클렌징 제품을 선택할 수 있다. 2. 선택된 딥클렌징 제품을 특성에 따라 전신 피부 유형에 맞게 적용할 수 있다. 3. 피부미용기기 및 기구를 활용하여 딥클렌징을 적용할 수 있다.
		3. 신체 부위별 피부관리하기	1. 손, 팔, 다리의 피부유형과 피부 상태를 파악하여 피부관리에 적합한 제품을 선택, 도포할 수 있다. 2. 손, 팔, 다리의 피부 상태를 파악하고 목적에 맞는 매뉴얼 테크닉을 적용, 피부관리를 할 수 있다.
		4. 신체부위별 팩·마스크하기	1. 전신 피부유형에 따른 팩과 마스크종류를 선택할 수 있다. 2. 제품 성질에 맞게 팩과 마스크를 적용할 수 있다. 3. 관리 후 팩과 마스크를 안전하게 제거할 수 있다.
		5. 신체부위별 관리 마무리하기	1. 전신관리가 끝난 후 토닉으로 피부정리를 할 수 있다. 2. 고객의 전신 피부유형에 따른 기초화장품류를 선택할 수 있다. 3. 해당 부위에 맞는 제품을 선택 후 특성에 따라 적용할 수 있다. 4. 피부손질이 끝난 후 전신을 가볍게 이완할 수 있다.
	4. 피부미용 특수관리	1. 제모하기	1. 신체부위별 왁스를 선택하고 도구를 준비할 수 있다. 2. 제모할 부위에 털의 길이를 조절할 수 있다. 3. 제모 할 부위를 소독할 수 있다. 4. 수분제거용 파우더와 왁스를 적용할 수 있다. 5. 부위에 맞게 부직포를 밀착하여 떼어 낸 후 남은 털을 족집게로 정리할 수 있다. 6. 냉습포로 닦아낸 후 진정 제품으로 정돈할 수 있다.
		2. 림프관리하기	1. 림프관리시 금기해야할 상태를 구분할 수 있다. 2. 림프관리시 적용할 피부상태와 신체부위를 구분할 수 있다. 3. 림프절과 림프선을 알고 적절하게 관리할 수 있다. 4. 셀룰라이트 피부를 파악하여 림프관리를 적용할 수 있다. 5. 림프정체성 피부를 파악하여 림프관리를 적용할 수 있다.

차례

Part 1 피부미용학

CHAPTER 01	피부미용개론	16
CHAPTER 02	피부분석 및 상담	19
CHAPTER 03	클렌징(1차 클렌징)	22
CHAPTER 04	딥 클렌징(2차 클렌징)	24
CHAPTER 05	화장수(3차 클렌징)	26
CHAPTER 06	피부유형별 화장품 도포	27
CHAPTER 07	매뉴얼 테크닉	32
CHAPTER 08	습포	35
CHAPTER 09	팩과 마스크	36
CHAPTER 10	제모	39
CHAPTER 11	전신관리	41
CHAPTER 12	마무리	43

Part 2 피부학

CHAPTER 01	피부와 부속기관	46
CHAPTER 02	피부와 영양	52
CHAPTER 03	피부장애와 질환	55
CHAPTER 04	피부와 광선	58
CHAPTER 05	피부면역	60
CHAPTER 06	피부노화	61

Part 3 해부생리학   64

Part 4 피부미용 기기학   78

Part 5 화장품학

CHAPTER 01	화장품학개론	86
CHAPTER 02	화장품 제조	88
CHAPTER 03	화장품의 종류와 기능	94

Part 6 공중위생관리학   104

Part 7 7년간 출제예상문제

제 1회	출제예상문제	128
제 2회	출제예상문제	137
제 3회	출제예상문제	146
제 4회	출제예상문제	155
제 5회	출제예상문제	164
제 6회	출제예상문제	173
제 7회	출제예상문제	182
제 8회	출제예상문제	191
제 9회	출제예상문제	200
제 10회	출제예상문제	209
제 11회	출제예상문제	218
제 12회	출제예상문제	227
제 13회	출제예상문제	236
제 14회	출제예상문제	245

Part 01

피부미용이론

CHAPTER 01 피부미용개론

01 피부미용의 개념

1 피부미용의 정의
두피 및 모발 관리를 제외한 얼굴 및 전신의 피부기능을 정상으로 유지시키기 위해 물리적·화학적 방법을 이용하여 내·외적 요인으로 인한 미용상의 문제점을 개선시키는 것을 말한다.

2 피부미용의 용어
① 코스메틱과 에스테틱의 어원

　코스메틱(Cosmetic)은 그리스어인 'kosmos', 'kosmein'에서 유래된 것으로 우주, 장식, 조화를 의미하며, 인간의 미와 건강을 유지하여 신체를 관리하는 것을 의미한다.
　에스테틱(Esthetic)은 프랑스어인 'Esthetique'에서 유래되어 '미학의, 미의, 심미적인'이라는 의미를 내포하며, 피부관리를 의미한다.

② 국가별 피부미용 용어
- 독일 : Kosmetik
- 미국 : Skin care, Esthetic
- 일본 : Esty
- 영　국 : Cosmetic
- 프랑스 : Esthetique
- 한　국 : 피부미용

3 피부미용의 기능
① **보호적 기능** : 내·외적인 요인에 의한 자극으로부터 피부를 보호하는 기능
② **심리적 기능** : 피부상태의 변화로 인한 삶의 질 향상과 자신감 부여 기능
③ **장식적 기능** : 피부의 결함을 보안하여 아름다움을 표현하는 기능

02 피부미용의 역사

1 서양의 피부미용
① 이집트
- 종교의식 + 정화의식 = 미이라

- 클레오파트라(나귀 우유 + 진흙) 사용하여 목욕
- 미용 오일 제조 기술 상형문자로 벽에 기록

② 그리스
- 청결을 중시한 시대
- 히포크라테스에 의한 다양한 목욕법 발달(냉수욕, 온수욕, 증기욕, 약물 목욕)

③ 로마
- 체계적이고 전문적인 목욕 문화 발달(스팀, 한증 목욕법 발달, 남탕과 여탕을 구분)
- 칼렌(Calen) : 최초 콜드 크림 개발(화장품 제조법 발달)
- 남·녀 모두 흰 피부 선호

④ 중세
- 봉건사상의 영향으로 미용 침체기
- 아랍인 : 아로마 요법의 시초인 약초 스팀 미용법 사용+알코올 발명
- 금욕 생활, 미용 행위 금지(성병, 페스트 유행)

⑤ 르네상스
- 십자군 귀향 : 향장 산업 발달의 계기
- 위생관념이 없어 악취 제거를 위해 과도한 향수 사용
- 남녀 모두 화장, 창백한 피부 선호, 화장수 사용

⑥ 근세
- 위생과 청결 중시 : 비누 사용 보편화
- 화장품 산업 발달
- 독일의 훗퍼렌드 : 마사지 권장, 세안크림 제조

⑦ 현대
- 피부생리학, 생화학, 전기학 등 과학기술 적용한 피부미용 발전으로 화장품 대중화
- 자연피부의 건강과 아름다움을 추구

2 동양의 피부미용

① 고조선
- 단군신화에서 미백 선호(마늘 + 쑥 = 미백효과)

② 삼국시대
  ㉠ 고구려
  - 수산리 고분 : 귀부인이 주인공 / 쌍영총 벽화 : 하급 계층이 주인공
  - 위 벽화 속 모든 여인들의 얼굴, 뺨, 입술에 연지화장이 되어있어 신분과 빈부 격차가 없음을 짐작할 수 있음

ⓒ 백제
　　　• 화장품 제조 기술·화장 기술 일본 전파
　　　• 연지를 바르지 않는 은은한 화장 선호
　　ⓒ 신라
　　　• 남녀 모두 미를 추구
　　　• 불교영향에 의한 향유 문화 발달
　　　• 목욕문화 발달로 팥, 녹두, 잿물로 만든 입욕제 발달
　　　• 백분 사용, 제조기술 발달
③ 고려시대
　• 분대화장(기생)과 비분대화장(여염집 여인)의 차별화된 화장법
　• 청결 중시(목욕 성행, 성문화 개방)
　• 면약 : 피부보호제 겸 미백제 개발
④ 조선시대
　• 규합총서 : 목욕법, 피부 관리 방법, 두발 등 소개 된 사대부의 가정백과
　• 장악원 교방 설치(연산군)/아침이슬 화장수 제조(선조)/매분구 판매원(숙종)
⑤ 개화기 이후
　• 1915년 : 박가분(최초화장품) → 납 성분에 의해 제조 금지
　• 1930년 : 최초의 크림 형태인 '동동구리무' 등장
　• 1950년 : 글리세린과 유동파라핀을 기본적인 원료로 사용하는 화장수, 미백제 제조 시도
　• 1960년 : 비타민과 호르몬 활성 성분을 이용한 다양화된 화장품 산업 발전
　• 1970년 : 인삼의 사포닌을 추출한 자연성분 피부 보습제 개발
　　　　　　 – 미가람(국내 최초 피부 관리실)
　• 1980년 이후 : 색조, 기능성 화장품 출시로 인한 화장품 산업 확대

CHAPTER 02 피부분석 및 상담

01 피부 관리를 위한 기본조건

1 피부 관리실의 내부 환경조건

① 전문성, 효율성, 합리성을 기초로 한 내부 구조
- 베드는 관리사의 키에 맞추어 유동성 있게 제작
- 작업실과 준비실을 분리하여 청결과 일의 효율성 높임
- 상담공간과 관리공관의 채광과 조명을 다르게 연출

② 인테리어
- 고객의 연령, 취향, 직업 등을 고려한 인테리어
- 작업실의 조명은 75룩스 이상의 밝기를 유지

③ 위생과 청결(소독, 위생, 환기, 방음)
- 도구 및 기구는 철저히 소독하여 소독 기구와, 소독하지 않을 기구를 구분
- 소독제 유효기간 점검
- 냉난방 시설 및 냉온수 사용이 용이
- 환기 장치 설치로 환풍이 잘 되어야 함
- 방음장치 설치로 고객의 편안함 유지

2 피부미용사의 자세

① 전문 지식 및 트렌드 습득
- 기초 피부관리, 피부구조, 해부학, 생리학, 화장품학, 영양학, 보건위생학 등의 전문 지식을 습득
- 트렌드에 맞는 관리 기법을 습득
- 제품에 대한 사전 지식 습득 후 홈 케어 어드바이스 조언(Advice) 가능

② 이미지 마케팅
- 전문적 지식으로 상담하여 고객의 욕구를 파악할 수 있어야 한다.
- 예의바르고 친절하게 고객을 응대한다.
- 고객의 사생활이나 개인정보는 누설하지 않는다.
- 동료와 상호존중 언행을 사용한다.

③ 자세 및 위생
- 고객의 의견 경청 후 고객의 요구 파악
- 청결하고 단정한 복장 유지
- 관리사 몸에서 구취, 악취가 나지 않도록 주의
- 밝은 표정, 조용한 말투로 고객을 응대
- 자연스러운 메이크업, 가벼운 액세서리 착용

02 피부분석의 목적 및 효과

고객관리 순서 : 고객상담 → 피부분석 → 관리계획 → 관리실행 → 홈케어 조언

1 피부분석의 목적
고객의 피부 상태를 파악하여 피부유형이나 문제점을 알고 고객에게 적절한 관리방법을 선택하는 것이다.

2 피부분석의 방법
① 문진 : 고객에게 연령, 직업, 병력, 복용하는 약제, 식생활, 심리적인 요소, 화장품 사용, 피부 관리 습관 등의 질문을 통하여 답변한 자료를 가지고 피부의 상태를 판별하는 방법
② 견진 : 육안으로 직접 보거나, 확대경, 우드램프, 피부분석기 등을 이용해 피부를 판별하는 방법으로 모공의 크기, 피지분비 상태, 혈액순환 상태, 각질의 유·수분도, 여드름 종류, 모세혈관 상태 등 피부 상태를 판별하는 방법
③ 촉진 : 고객의 피부를 만져보거나 눌러봄으로써 피부 상태를 판별하는 방법으로, 피부의 감촉이나 온도, 피부 결 상태, 탄력도, 피부 두께, 피지 분비량, 예민도 등을 평가하는 방법
④ 기기 : 피부분석용 미용기기를 활용하여 피부 표면의 특성, 주름, 색소, 모공의 크기 등을 분석하는 방법
- 확대경 : 육안의 3.5~10 배율로 확대하여 육안으로 판별이 어려운 모공, 색소침착, 잔주름, 면포 등의 상태를 관찰하는 기기
- 우드램프 : 육안으로 판별이 어려운 피지, 색소침착, 모공크기, 트러블, 민감도 등을 인공 자외선 파장을 통해 피부상태를 관찰하는 것으로 측정시 고객과 5~6cm 떨어진 위치에서 피부 표면 상태를 관찰하는 기기로 실내를 어둡게 한 후 측정한다.

우드램프 반응색	피부 표면의 상태
청백색	정상(중성)피부
연보라색	건성, 수분 부족 피부
진보라색	민감, 모세혈관 확장 피부
오렌지색	피지, 여드름
흰색	노화 각질
암갈색	색소침착부위
노란색	비립종
반짝이는 하얀 형광색	먼지, 이물질

- Skin Scope : 모니터를 이용하여 피부 관리 전·후를 측정하는 기기로 피부표면의 조직과 모발상태를 80~200배 확대하여 측정·분석하는 기기
- pH 측정기 : 피부 표면 측정 부위의 산성도, 알칼리도를 분석하는 기기로 피부의 예민도나 유분을 측정
- 유·수분 측정기 : 피부표면의 유·수분을 측정하는 기기로, 측정 시 실내 온도 20~22℃, 습도 40~60%를 유지하여 측정하는 기기
- 패치테스트(Patch test) : 화장품의 알레르기 반응을 파악하는 방법으로, 겨드랑이, 팔꿈치, 팔목 안쪽 등에 48~72시간 부착 후 민감도 관찰

3 피부분석 판별법

① 혈액순환 상태 : 구륜근이 푸른빛을 띠거나 고객의 코, 광대뼈, 턱 피부를 만졌을 때 차가움을 느낄 경우 혈액순환 장애로 판단
② 모공의 크기 : T-zone 부위가 볼 부위에 비해 모공의 크기가 큰 편으로 육안, 확대경을 이용하여 측정
③ 유분함유량
   - 유성지루성 : 눈 밑의 유분량이 많은 경우
   - 건성지루성 : 건조하지만 면포와 여드름이 있는 경우
④ 보습량 : 볼 아래피부를 쓸어 올릴 경우 잔주름이 형성시 보습량 결여 판단
⑤ 탄력감 : 피부를 튕겼을 때 되돌아가는 시간차로 판단
⑥ 민감도 : 이마, 목에 스파츌라를 이용하여 자극을 주어 측정

4 피부상담의 목적

① 고객의 방문 목적 확인 후 피부 문제 원인 파악
② 전문적 지식을 바탕으로 관리방법 및 관리절차 계획
③ 관리방법 및 사용제품에 대한 설명

CHAPTER 03 클렌징(1차 클렌징)

01 클렌징의 목적 및 효과

1 클렌징의 정의
'깨끗이 하다', '정화하다'의 사전적 의미로 피부에 분비되는 피지, 각질, 땀 등의 노폐물과 기초 메이크업, 색소메이크업의 잔여물 등을 제거하는 스킨케어의 기본 과정

2 클렌징의 목적
① 피부표면에 존재하는 이물질의 제거로 피부 청정 효과
② 메이크업의 잔여물을 제거하여 신진대사를 촉진시켜 깨끗한 피부 유지
③ 제품의 흡수를 용이하게 하는 과정 중 하나

3 클렌징 제품의 성분 조건
① 노폐물 제거가 잘 되어야 한다.
② 피지막을 파괴해서는 안 된다.
③ 피부 타입에 적절해야 한다.
④ 부작용이 없어야 한다.

02 클렌징 제품

1 물
수용성 노폐물 제거 땀, 먼지는 제거되나 유성 노폐물은 제거되지 않는다.
- 찬물(10~15℃) : 혈관수축, 청량감 부여
- 미온수(15~21℃) : 세정효과, 각질제거 효과
- 따뜻한 물(21~35℃) : 세정효과, 혈관확장, 혈액순환, 각질 제거
- 뜨거운 물(35℃이상) : 세정효과, 각질제거효과, 혈관확장, 모공확장, 땀과 피지 분비 촉진, 단, 장시간 노출시 피부 긴장감 및 피부탄력의 저하를 일으킬 수 있어 주의

2 비누
세정력은 우수하나 피부를 건조하게 함으로 민감성, 건성피부는 사용을 자제하는 것이 좋다.

3 클렌징크림
W/O형(친유성)으로 광물성 오일이 40~50% 함유되어 세정효과는 좋으나 끈적임이 강하고 피부의 잔여물이 모공을 막을 수 있어 이중세안이 필수적이다. 진한 메이크업이나 무대화장에 효과적이며 유분의 함량이 높아 지성 피부보다는 유·수분 부족피부에 적당하다.

4 클렌징 로션
O/W형(친수성)으로 광물성 오일이 30~40% 함유되어 있어 수분함량이 높아 사용감이 가볍고 이중세안이 필요하지 않다. 모든 피부에 가능하며 옅은 메이크업 지울 때 사용한다.

5 클렌징 오일
물과 친화성이 있는 수용성 오일 성분의 배합으로 물에 쉽게 용해되며 자극이 없다. 포인트 메이크업 제거 시 사용되며 건성, 노화, 지성, 예민성 피부에 적당하다.

6 클렌징 젤
친수성인 세안제로 오일이 함유되어 있지 않아 물로 제거되며 이중세안이 필요 없다. 예민성, 알레르기성, 지성, 여드름 피부에 적당하다.

7 클렌징 폼
거품이 나는 비누 타입으로 글리세린, 솔비톨 등 유성 성분을 추가하여 세정력을 조정한 것으로 이중 세안제로 사용하며 모든 피부에 적용이 가능하다.

8 클렌징 워터
알코올 성분이 많은 화장수 타입으로 가벼운 메이크업이나 포인트 메이크업 제거시 사용. 민감성, 지성, 복합성 피부에 적당하다.

CHAPTER 04 딥 클렌징(2차 클렌징)

01 딥 클렌징의 목적 및 효과

1 딥 클렌징의 정의
1차 클렌징으로 제거되지 않는 각질층의 피지나 각질 등의 노폐물을 인위적으로 제거하는 과정

2 딥 클렌징의 목적
① 모공 속 피지 및 노폐물 제거로 피부의 각질층 정돈과 피부 톤 보정
② 각질세포의 제거 후 용이한 영양 성분의 침투
③ 물리적인 딥 클렌징 제품은 물리적인 힘의 부여로 혈액순환이 촉진

3 딥 클렌징의 효과
① 불필요한 각질 세포 제거
② 매끄러운 피부표면 생성
③ 피부노화 현상을 지연
④ 피부에 영양 흡수 촉진

02 딥 클렌징 제품

1 화학적 세안제(수용성)
① AHA(α-Hydroxy Acid)
　천연과일의 유기산으로 죽은 각질을 제거하여 피부 트러블과 신진대사의 둔화를 방지하고 수분과 영양성분의 침투를 용이하게 하여 세포재생과 미백작용에 효과적이다. 단, 눈, 입가 등 민감 부위는 피하며 냉습포를 이용하여 진정작용
　• 글리콜산(Glycolic Acid) : 사탕수수
　• 젖산(Lactic Acid) : 발효유
　• 사과산(Malic Acid) : 사과
　• 구연산 : 감귤류

- 주석산 : 포도

② BHA(β-Hydroxy Acid)

살리실산이 주성분으로 피부표면에 작용하여 지성, 여드름 피부의 모공속 피지에 흡수하여 블랙헤드, 트러블 피부에 적합

2 물리적 세안제

① 스크럽

살구씨, 아몬드씨, 조개껍질 등 미세한 알갱이를 이용하여 만든 필링제로 과각화된 피부, 재생 피부, 모공이 큰 피부, 면포성 여드름 피부에는 도움이 되나 예민 피부, 염증성 여드름 피부, 모세혈관 확장 피부는 사용을 금지한다. 사용 시 눈에 들어가지 않도록 주의

② 고마쥐

전분 성분인 셀룰로오즈가 기본 원료로, 얼굴에 도포 후 건조되면 근육의 결대로 밀어내어 각질을 제거하는 방법으로 노화되거나 묵은 각질 제거에 사용하나 모세혈관확장피부나 염증성 여드름 피부는 사용을 금한다.

3 생물학적 세안제(효소)

단백질을 분해하는 효소가 함유된 제품으로 파파야 열매에서 추출하여 죽은 각질을 분해시키는 필링제로 우유, 효모, 바나나 등에서 추출. 스팀이나 온습포를 이용하여 모낭 깊숙이 있는 노폐물을 제거하므로 모든 피부에 사용이 가능하다.

4 기기

① 프리마돌(brush) : 수용성 성분 제품 도포 후 천연 모의 브러시를 선택하여 각기 다른 속도로 회전시키며 피부표면에 있는 먼지, 노폐물을 제거하는데 사용한다. 난, 여드름 피부는 감염 우려로 사용 금지

② 디스인크러스테이션(disincrustation) : 전기를 이용하는 방법으로 음극봉에서 생성되는 알칼리에 의해 피지와 각질을 용해시켜 각질세포와 모공 속의 노폐물을 제거하는 관리방법, 지성, 여드름 피부에 적절하며, 예민한 피부, 알레르기 피부는 사용 금지

③ 스티머(Steamer) : 수증기를 이용하여 모공을 열어주고 수분 공급을 통해 묵은 각질을 용해시키는 작용

CHAPTER 05 화장수(3차 클렌징)

01 화장수의 개념

1 화장수의 정의
화장수는 세안 후 남아 있는 노폐물이나 메이크업의 잔여물을 제거하여 피부를 청결히 하고, 각질층의 수분 공급 및 피부 생리작용 조정 기능을 함으로써 유·수분의 균형을 맞추기 위해 사용한다.

02 화장수의 종류

1 유연 화장수
① 보습제와 유연제 함유로 건성 피부, 노화 피부에 사용
② 스킨로션, 스킨 소프너라고도 함
- 알칼리성 : 노화된 각질을 녹이며 수분과 보습 성분의 침투를 촉진시켜 피부를 촉촉하게 함
- 중성 : 피부를 부드럽게 하고 탄력성 부여
- 약산성 : pH 5.5~6.5인 것으로 피부를 매끄럽게 하고 세균 침투 예방

2 수렴 화장수
① 아스트리젠트라고도 함
② 수분 공급, 모공 수축, 피지 분비 억제, 소독 효과
③ 지성 피부, 여름철 화장수 적절
④ 건성, 노화, 민감성 피부에 자극 부여

3 소염 화장수
① 천연식물성 추출물 성분 함유
② 수렴과 소염 동시 작용으로 여드름, 염증성 피부 사용
③ 알코올 함량이 높은 화장수와 무알콜 화장수로 구분
④ 식물성 약초 추출물인 알란토인, 캄파 성분 함유

CHAPTER 06 피부유형별 화장품 도포

01 화장품 도포의 정의

인체를 청결하게 하고 건강하게 하여 용모를 아름답게 변화시켜 매력을 증진시키는 것을 말한다.

02 목적 및 효과

(1) 세정작용
메이크업, 노폐물 제거

(2) 정돈작용
세정에 의해 약알칼리성으로 기울어진 피부를 약산성으로 만드는 것(화장수)

(3) 보호작용
피지막과 수분을 보호하여 외적 자극으로부터 피부가 약해지는 것 방지(크림, 로션, 에센스)

(4) 영양공급 및 신진대사 작용
고농축 성분을 함유로 피부보호 및 영양공급 작용을 하며 컨센트레이트(concentrate) 또는 세럼이라 불리며 스킨타입, 로션타입, 크림타입, 젤 타입으로 구분한다.

03 피부유형별 화장품 종류 및 선택

피부는 피지선, 한선(유분량, 수분량)에 의해 크게 중성, 건성, 지성, 복합성으로 분류한다. 피부의 유형은 연령, 성별, 식생활 불균형, 건강상 문제, 심리상태, 유전인자 등에 의해 내·외적인 요인으로 변화를 줌으로써 아름다운 피부를 가꾸기 위해서는 올바른 피부 유형을 숙지 후 그 유형에 맞는 관리법을 활용한다.

1 중성피부

가장 이상적인 피부의 유형으로 땀샘과 기름샘의 생리기능 상태가 정상적인 활동을 하는 피부로 노화가 시작되기 이전 피부에서 흔히 볼 수 있는 유형으로 피부의 영양공급, 유수분의 밸런스를 맞추어 노화 예방관리를 목적으로 한다.

① **피부의 유형**
- 가장 이상적인 피부 유형이다.
- 각질의 수분도는 10~15% 유지한다.
- 피부의 조직이 섬세하고 부드러우며 피부결이 매끄럽다
- 세안 후 피부의 당김이 없고 메이크업이 오래도록 지속된다.
- 탄력성이 우수하며 주름은 대체로 없으나 눈 가장자리에 잔주름이 나타난다.
- 세균에 대한 저항력이 다른 피부보다 높다.
- 기미, 주근깨 등 피부의 색소침착이 없고 잡티가 보이지 않는다
- 피부의 유형이 여름은 지성, 겨울은 건성으로 변하기 쉬운 피부이다
- pH 4.5~5.5 약산성을 유지한다.
- T-zone 부위는 일반적으로 피지분비가 있다.

② **관리방법**
- 평소 기초 손질을 세심하게 한다.
- 피부 변화에 따른 제품 선택
- 유·수분 밸런스 맞추어 정기적인 관리
- (4~6주에 한 번 노화 예방관리로 활성화 및 재생관리)
- 수분 제품으로 건조해지지 않도록 관리
- 콜라겐, 레시틴, 히아루론산 등 보습 성분 제품 선택
- 내, 외적인 환경에 주의
- 비누 세안 자제, 밀크타입 클렌징과 딥 클렌징으로 피부의 노폐물과 묵은 각질 제거
- 비타민 A, C가 함유된 식품 섭취 등

2 건성피부

피지와 땀을 분비하는 피지선과 한선의 활동이 저하되어 피부의 노화가 다른 피부보다 급속하게 진행되는 피부유형으로 피부의 보습과 피지분비 기능을 원활히 하여 피부건조와 노화예방을 목적으로 한다.

① **피부유형**
- 피부 표면의 수분이 10% 이하로 부족한 피부이다.
- 피부의 유연성 부족으로 피부가 거칠고 하얗게 버짐이 일어나는 경우가 있다.

- 잘못된 세안 습관, 부적절한 화장품, 지나친 다이어트, 수분의 불충분한 섭취, 식생활
- 불균형, 생리적인 노화 현상, 자외선, 바람, 냉난방의 건조한 환경, 잦은 면도 원인
- 피지와 땀을 분비하는 피지선과 한선의 활동의 저하로 피부의 노화가 급속도로 진행된다.
- 메이크업이 들떠 있는 느낌이 있다.
- 일반 건성 피부 : 조기 노화 촉진되기 쉬운 유형이다.
    - 표피 수분 부족 피부 : 민감성 피부 증상 발생
    - 진피 수분 부족 피부 : 피부의 당김, 민감성, 피부의 조직이 얇아지는 현상

② 관리방법
- 피부에 수분을 유지시키는 유형으로 피부의 수분이 증발되지 않도록 유의한다. (콜라겐, 히야루론산 등 수분, 영양공급)
- 무알콜, 무자극 클렌징 사용
- 기능성 제품 사용(자외선 차단제, 노화방지 전용 제품)한다.
- 미온수 사용으로 피부의 자극을 최소화한다.
- 유분 크림 과도 사용 시 피지선 기능 약해진다.

3 지성피부

피지선의 기능이 과도하게 항진되어 정상보다 과다한 피지가 분비됨으로 문제성 피부로 발달하기 가장 좋은 유형으로 피지분비를 억제하고 트러블을 감소시켜 피지선과 한선의 기능을 정상화시키는 것을 목적으로 한다.

① 피부유형
- 남성 호르몬으로 인한 피지 과다 분비, 황체 호르몬의 증가, 갑상선 호르몬의 불균형, 계절적인 영향, 공해물질, 위장 장애, 변비, 비듬, 스트레스, 수면 부족, 향신료나 기호 식품의 과다 섭취가 주원인이다.
- 유성지루성 피부와 건성 지루성 피부로 구분한다.
- 피부의 과도한 분비에 의해서 모공이 넓고, 각질이 많으며 여드름 피부와 같이 피부 트러블 많이 발생한다.
- 모공 속의 노폐물로 인하여 지저분해 보이며 방치 시 여드름 피부로 진행되기 쉬운 유형이다.
- 면포가 육안으로 보이며, 피부표면의 모공이 넓고 굵은 주름이 발생한다.
- 화장이 잘 지워지며 피부결이 고르지 못하며 투명감이 없다.

② 관리방법
- 약산성 제안제인 로션타입이나 젤타입의 클렌징 사용
- 2~3회 세안으로 과도한 유지분 제거
- o/w형 제품으로 유분감이 적은 보습용 화장품 사용(수렴화장수 : 소염, 진정, 모공 수축)

- 클레이 타입의 마스크 사용
- 지방, 단당류, 커피, 알코올 흡연 섭취 금지
- 여드름을 유발하는 화장품 사용하지 않는다.
- 메이크업은 오일이 함유되지 않은 파우더나 파운데이션을 사용한다.

4 복합성 피부

두 가지 이상의 타입으로 T존은 지성피부 또는 여드름 피부로, U존은 건성화 또는 예민 피부로 발전하기 쉬운 유형으로 피지분비량 및 한선의 기능을 원활히 하여 피부의 유·수분 밸런스를 맞추는 것을 목적으로 한다.

① 피부유형
- 피부톤이나 조직이 전체적으로 일정하지 않다.
- T존은 피지가 많고 면포가 형성되기 쉬운 지성피부, 여드름 피부의 형태를 가진다.
- U존은 피지가 적고 수분함량이 적어 건성 또는 민감성 피부로 발전하기 쉽다.
- 광대뼈나 볼 주위에 색소침착이 나타나기도 한다.
- 눈가에 잔주름 형성이 쉽게 생긴다.

② 관리방법
- 피지분비를 정상화시켜 유수분 균형을 맞춘다.
- T존, U존의 피부 유형에 따른 화장품을 선택한다. (T존 : 피지조절, U존 : 유·수분 공급)

5 민감성 피부

피부상태가 정상피부에 비해 조절기능 및 면역기능의 저하로 사소한 자극에도 반응하는 피부 유형으로 피부진정 및 보습을 목적으로 한다.

① 피부유형
- 피부조직이 얇고 섬세하며 모세혈관이 피부표면에 나타나는 경우가 많다.
- 여드름, 발진, 알레르기, 색소침착 등 쉽게 일어난다.
- 온도, 계절, 환경 등에 민감하게 반응한다.
- 화장품, 약품 등에 민감하게 반응한다.

② 관리방법
- 온도변화를 체크하여 피부에 자극이 가지 않도록 한다.
- 과도한 성분이 함유된 제품 사용, 강한 필링은 삼간다.
- 피부유형에 맞는 제품을 선택하여 사용한다.
- 저자극성, 무알콜 제품을 선택하여 민감도를 최소화한다.

6 여드름피부

과도한 피지분비가 피부표면으로 배출되지 못하고 모공 내 염증반응이 일어나는 피부유형으로 피지분비의 조절 및 염증완화를 목적으로 한다.

① 피부유형
- 피부가 두껍고 피지분비로 인해 지저분해지기 쉬운 피부
- 박테리아 증식으로 염증성 피부로 발전하기 쉽다.
- 구진, 농포, 결절, 낭종 등이 분포되는 유형이다.

② 관리방법
- 주2~3회 딥클린제를 사용하여 각질과 피지를 제거한다.
- 지루성 피부 전용 세정제를 사용한다.
- 유분이 적고 염증 진정 성분과 피지조절 성분이 들어간 제품을 선택하여 사용한다.

CHAPTER 07 매뉴얼 테크닉

01 매뉴얼의 테크닉의 목적 및 효과

1 매뉴얼 테크닉의 정의
그리스어의 Masso(문지르다), Massein(반죽하다, 쓰다듬다)에서 유래되어 오늘날 Massage란 단어로 변형되어 기관과 조직에 여러 동작을 행하는 기술로, 인체의 신지대사의 기능을 높이고 세포를 활성화시켜 신체조직의 기능을 회복하거나 건강한 피부를 유지하기 위한 행위를 의미한다.

2 매뉴얼 테크닉의 목적 및 효과
① 혈액과 림프의 순환 촉진
② 결체조직의 긴장과 탄력성 부여
③ 피부의 모세혈관 강화
④ 조직의 노폐물 제거

02 매뉴얼 테크닉 유의사항

1 매뉴얼 테크닉의 3대 원칙
① 마사지의 시술시간 : 국소부위 10~15분, 전신 1시간~1시간 30분
② 마사지 시술 방향 : 아래 → 위, 말초에서 → 심장방향, 안 → 밖으로, 왼쪽 → 오른쪽, 근육의 결에 따라 행한다.
③ 마사지의 시술 강도 : 리듬감, 밀착감, 적절한 압력, 유연성, 연속성에 의해 정함

2 매뉴얼 테크닉 시술 시 주의사항
① 정확한 동작으로 시술
② 느리고 리드미컬한 움직임으로 시술
③ 고객의 피부가 민감하게 반응하는지 확인
④ 양손을 똑같이 사용하여 시술자 본인의 밸런스 및 상해를 예방
⑤ 관절, 뼈 부위를 마사지할 시 부드럽고 세심하고 정확하게 시술

3 매뉴얼 테크닉 시술을 금해야하는 경우
① 부상 직후
② 전염성, 감염증 및 피부질환이 있을 경우
③ 임신 말기의 임산부, 수술직후나 당뇨병 환자
④ 체온이 정상적이지 않을 경우
⑤ 알레르기 피부
⑥ 심한 혈관확장 피부
⑦ 정기적으로 약물을 복용하는 경우
⑧ 우울증 및 불안감으로 감정의 변화가 심한 경우
⑨ 구토, 설사를 할 경우

03 매뉴얼 테크닉의 종류 및 방법

1 쓰다듬기(무찰법, 경찰법, effleurage)
손바닥을 이용하여 부드럽게 움직이는 기본 동작으로 시작과 끝, 다른 동작 전환시 사용하며 림프 순환 촉진, 모세혈관 확장, 근육이완 신경안정 등의 효과적인 동작

2 문지르기(마찰법, 강찰법, friction)
손가락 또는 손바닥을 이용하여 적절한 압력을 가하면서 원을 그리는 기법으로 관절, 주름이 생기기 쉬운 부위에 사용하여 근육이완, 탄력증진, 신진대사 활성화 등에 효과적인 동작

3 주무르기(반죽하기, 유연법, 유찰법, petrissage)
손가락 전체를 이용하여 근육과 피부조직에 자극을 주는 동작으로 노폐물 배출, 탄력증진, 근육의 긴장 완화, 신진대사 활성화에 효과적인 동작으로 쥐어짜기(squeez), 들어올리기(Lifting), 굴리기(rolling), 좌우로 흔들기(Twisting), 꼬집기(pinch)로 구분

4 떨기(진동법, vibration)
어깨를 이용하여 두 손을 동시에 움직여 진동을 주는 동작으로 경직된 근육 이완, 경련 마비, 혈액과 림프순환 촉진 등에 효과적인 동작

5 두드리기(경타법, 고타법, Tapotement)

손의 각 부위를 이용하여 적용부위에 강약을 조절하여 두드리는 동작으로 경직된 근육이완, 탄력 증진, 신경조직 자극 등에 효과적인 동작으로 태핑(tapping), 슬래핑(slapping), 해킹(hacking), 컵핑(cupping), 비팅(beating)으로 구분

CHAPTER 08 습포

01 습포의 목적 및 효과

1 습포의 정의
습포는 타월에 물기를 적절히 묻혀 온장고나 냉장고에 넣어 사용한다. 온습포와 냉습포는 클렌징과 딥 클렌징 후, 마스크나 팩 사용 중 또는 사용 후 피부 관리시 사용하며 피부유형, 계절에 따라 적절히 사용한다.

2 습포의 효과
① 온습포
모공 확장으로 인한 피지, 면포 등 기타 불순물 제거에 활용하며 피지선의 자극으로 혈액순환 촉진, 근육이완, 적절한 수분 공급에 활용
② 냉습포
모공수축, 수렴효과, 자극을 받아 붉어진 피부에 진정작용 등 마무리 단계시 활용

3 습포 사용시 주의사항
예민성, 모세혈관 확장 피부는 지나치게 뜨겁거나 차가운 습포는 금하며, 여드름 균 등의 세균에 감염되지 않도록 소독된 것을 사용한다.

CHAPTER 09 팩과 마스크

01 팩과 마스크의 목적과 효과

1 팩과 마스크의 정의
'Package'에서 유래된 어원으로 "감싸다, 포장하다, 둘러싸다"의 의미를 가지고 있으며 일시적으로 외부와 차단시켜 피부 표면의 수분 증발을 막고 수분과 영양 공급을 시키는 작용을 말한다.

2 팩과 마스크의 특징
① **팩** : 바른 후 굳어지지 않고 열과 수분 공기가 통과할 수 있어 막을 형성하지 않으며, 젖은 상태로 물로 헹구어 내거나 해면으로 닦아낸다.
- 영양을 공급하는 재료를 선택하여 모공 수축 작용과 모세혈관 수축작용 및 피부 습도 능력 향상
- 효소, 크림, 진흙, 젤 팩 등

② **마스크** : 바른 후 공기가 차단되어 열과 수분이 통할 수 없고 단단하게 굳기 때문에 막이 형성되어 마르면 떼어내거나 벗겨낸다.
- 모공이완, 영양공급, 모세혈관을 이완시켜 피부 혈색 부여
- 석고, 고무, 왁스 팩 등

3 팩과 마스크의 효과
① 혈액 · 림프 순환 촉진
② 피지, 노폐물 흡착 등으로 피부청정 효과
③ 각질제거의 필링 효과
④ 염증완화, 살균 · 수렴 효과
⑤ 보습, 세포 재생, 탄력강화, 미백 효과

02 팩 도포 시 유의사항

1 팩의 도포 방법
① 균일하게 도포
② 건조되는 팩은 인중, 목, 눈 가까이에 도포 금지

③ 팩 붓이나 스파츌라를 이용하여 도포하고, 브러시는 45°각도로 눕혀서 사용
④ 팩 적용시간은 10~20분
⑤ 팩 도포는 양볼 → 턱 → 코 → 이마 순으로 도포

2 팩 도포 시 주의사항
① 피부타입에 맞는 팩 형태를 선택
② 안에서 바깥으로, 아래에서 위의 순서로 도포
③ 눈 부위는 진정용 화장수나 정제수를 적신 아이패드를 반드시 올려준다.
④ 한방 팩, 천연 팩 등은 가급적 즉석에서 만들어 사용

03 팩과 마스크의 분류

1 제거방법에 따른 분류

제거방법	적용 가능한 피부 타입	특징
Peel off type	지성 피부	건조되면서 얇은 막을 형성하여 벗겨지는 타입으로, 팩 제거 시 피지 불순물 및 죽은 각질세포가 함께 제거됨, 탄력 없는 피부, 피지가 왕성한 지성 피부에 적당하며 석고 마스크, 고무 마스크 등이 속함
Wash off type	건성, 민감성 피부	크림이나 겔, 클레이, 분말 등의 형태로 이루어져 일정시간 경과 후 물로 씻어 제거하는 타입, 피부에 자극이 적어 민감성 피부에 주로 사용하며 머드, 천연 팩 등이 속함
Tissue off type	건조, 지친 피부	크림처럼 바른 후 티슈로 닦아내는 방법으로 보습 영양 효과가 뛰어남, 건성, 노화 피부에 적당하며 여드름, 지성 피부에는 부적합
Sheet type	모든 피부	마른 부직포에 화장수나 에센스 등이 묻어 있어 시간이 경과되면 떼어내는 타입으로 피부에 자극이 전혀 없는 유형, 빠른 시간 내에 피부재생 효과를 볼 수 있어 젊은 세대가 많이 사용하는 타입

2 형태에 따른 분

형태	특징
Cream type	• 크림처럼 부드러운 타입으로 제품 도포 후 일정시간이 지나면 유효 성분만 흡수 • 보습 · 유연효과가 우수하여 민감성, 건성, 노화 피부에 사용
Powder type	• 분말 형태로 물과 섞어 사용하는 타입으로 약초추출물, 해초 추출물, 한방재료, 효소 등 다양한 원료를 이용한 것으로, 사용 직전에 화장수나 정제수를 혼합하여 사용 • 크림 팩 보다 흡수가 느려 사용 시 건조를 막기 위해 스팀, 온습포를 사용 • 적외선 이용 시 흡수력 촉진

Clay type (머드팩)	• 진흙, 점토 등이 주성분으로 카올린, 탈크, 아연 이산화티탄 등의 분말성분과 글리세린 등 보습성분을 혼합해서 만든 제품 • 피지 흡착력이 뛰어나 복합성, 지성, 여드름 피부에 적합

3 특수마스크의 분류

종류	특징
벨벳 마스크	• 특수 냉동 건조시킨 천연 콜라겐의 주성분으로 수분을 공급하고 세포 재생, 피부의 탄력 증진 • 노화, 건성, 민감, 수분이 부족한 피부에 사용 • 증류수, 활성 용액을 이용하여 공기가 통하지 않도록 밀착하여 천연용해성 콜라겐의 흡수 침투 용이
왁스 마스크	• 젤라틴과 파라핀이 있으며 온열기를 이용하여 사용직전에 녹여서 사용하며 노폐물 배출과 혈액순환을 도와 영양 성분의 침투 도움 • 손, 발 관리시에도 효과적이며, 노화, 건성, 정상피부에 사용
석고 마스크	• 얼굴의 윤곽을 만들어 주는 의미로 열작용에 의해 피부관리시 유효성분을 피부 안으로 침투시켜 신진대사, 혈액순환을 원활히 하여 노폐물 배출, 리프팅 효과 • 노화, 건성, 늘어진 피부에 효과적이며, 모세혈관 확장 피부, 민감성 피부, 화농성 여드름 피부에는 사용 금지
고무 마스크	• 주로 해조류에서 추출한 활성성분이 주성분으로 증류수, 특수용액 등과 함께 혼합해서 사용 • 모든 피부에 사용 가능
알고 마스크	• 차가운 느낌의 Cool Mask로 수분 공급, 진정 효과가 있으며 온도를 낮춤으로써 임파관의 순환을 촉진

4 천연팩

① 천연팩은 신선한 무농약 과일과 야채를 이용하여 1회분만 만들어 즉시 사용한다.
② 천연물 질 중 자체 독성이 있는 경우는 트러블 유발 가능성이 있다

레몬	미백, 탄력강화	기미, 색소침착, 노화피부
오이	수분공급, 미백, 소염, 진정	색소침착, 여드름
감자	소염, 피부진정	여드름 일소 피부
벌꿀	영양공급, 수분공급	건성, 노화피부
계란	노른자 영양공급 흰자는 피지제거	건성노화피부 여드름, 지성

CHAPTER 10 제모

01 제모의 종류 및 방법

1 제모의 정의
미용상, 미관상 신체의 불필요한 털을 도구를 이용하여 일시적 혹은 영구적으로 제거

2 제모의 종류
① 일시적 제모
- 면도기를 이용한 제모 : 피부표면의 높이에서 털을 제거하는 방법
- 핀셋을 이용한 제모 : 털 제거시 모근까지 제거되므로 체모상태가 오래 유지되는 방법
- 실을 이용한 제모 : 명주실을 이용하여 피부 표면의 털을 제거하는 방법
- 화학적 제모 : 알칼리성의 화학성분을 첨가한 제품을 이용하여 피부 표면에 있는 털을 제거하는 방법
- 왁스를 이용한 제모
    - Warm Wax : 고형의 왁스를 왁스 포트에 녹여 사용하는 왁스
    - Hard Wax : 피부에 녹인 왁스를 도포 후 굳은 후 떼어내는 방법으로 겨드랑이, 입술 등에 시술
    - Soft Wax : 유동상태의 왁스를 노포 후 면 페드를 이용하여 시술
    - Cold Wax : 상온에서 액체로 되어 있어 녹이지 않고 사용할 수 있는 왁스

② 영구적 제모 : 전류를 이용한 제모법으로 잘못 시술 시 흉터를 남길 수 있는 위험이 있다.
- 전기분해법 : 직류 전기를 이용하여 모유두를 분해하는 방법
- 전기응고법 : 단파(고주파)를 이용하여 모근세포를 가열하여 응고시킨 후 털을 제거하는 방법
- 레이져요법 : 털을 만드는 모모세포를 파괴하여 털이 나오지 않도록 하는 시술방법으로 사용이 편리하고 안전한 것으로 평가

3 제모 시술 시 유의사항
① 제모 시술 시 유의사항
- 피부의 과민상태, 피부질환 염증 시 제모 금지
- 정맥류, 혈관장애 시에는 제모 금지

- 사마귀, 점 부위의 털은 제모 금지
- 장시간 목욕, 사우나 후에는 제모 금지
- 제모 한 부위는 유분기, 땀 없이 깨끗해야 함
- 제모 후 24시간 이내에는 피부 감염 방지를 위해 사우나, 수영, 목욕, 메이크업, 선탠, 향수(제모 부위) 금지

CHAPTER 11 전신관리

01 전신관리의 목적 및 효과

1 전신관리의 정의
전신관리는 신체의 혈액순환 및 림프순환을 촉진하여 노폐물의 배설을 도와 근육 이완 및 탄력에 도움을 주어 피로 회복, 피부의 노화 방지 및 아름다움을 추구하는 것을 의미한다.

2 전신관리의 효과
① 혈액, 림프의 순환 및 신진대사를 촉진하여 영양분 공급, 독소 배출
② 신경계의 영향으로 스트레스 감소
③ 근육 이완을 통한 피로회복 작용

02 전신관리의 종류 및 방법

종류	특징
스웨디시 마사지	• 모든 마사지의 기본이며, 스포츠 마사지의 표본 • 자극적 또는 안정석 테크닉으로 분류(고객의 선호에 따라 강, 약 조절 테그닉 사용) • 근육의 긴장 이완, 피부의 탄력 부여, 혈액순환 촉진, 노폐물 배출 • 에플라지, 바이브레이션, 탑포트먼트, 프릭션, 패트리사지 5가지 기본 동작 구사
아로마테라피	• 스파 산업에서 각광받는 테라피 중 하나 • 식물의 잎, 뿌리, 줄기, 꽃, 과피, 수지, 나무 등에서 추출 • 후각, 피부를 통해 인체에 흡수시켜 주는 자연요법 • 에센셜 오일 + 캐리어 오일 블랜딩 후 사용 • 흡입법, 목욕법, 찜질법, 마사지, 습포법 등으로 사용 • 자율신경의 문제로 인한 스트레스 이완이 주목적이며, 면역 증진, 근육 이완, 혈액순환 촉진, 피부의 재생 기능
Reflexology	• 손·발바닥의 감각 기관 자극하여 특정 기관이나 선, 혹은 근육이 규칙적인 운동을 일으키게 하는 방법 • 장기나 기능을 좋게 하고 몸속의 노폐물을 체외로 배출시켜 혈액순환과 신진대사를 원활히 하여 질병을 예방하고 건강을 증진시키는 자연 치유 요법

경락	• 5000년 전 중국의 『황제내경』이라는 책에 수록된 것으로 인체의 오장육부에 연결된 12개의 기혈 통로를 자극하는 테크닉으로 근육긴장과 통증완화, 체내의 독소배출, 비만에 도움 　- 기 : 에너지 　- 영 : 영양(혈액으로 영양 공급) 　- 위 : 면역 시스템(림프 순환)
Hydrotherapy (수요법)	• 물로 치유하는 요법으로 물이 수압을 이용해 혈액순환 촉진, 독소배출, 세포재생 등의 효과를 증진시키는 방법
로미로미 마사지	• 플리레시안 스웨디시 마사지라고도 하며, 하와이, 태평양 연안 국가에서 전통적으로 전승된 마사지 • 스웨디시 마사지보다 오일을 많이 사용하며, 손이나 대나무를 이용하는 치유적인 마사지
Ayurveda	• 인간의 신체, 마음, 영혼이 하나라는 통합의 원리 • 개인의 식이요법, 생활습관과 신체, 마음, 영혼의 균형을 조절하는 운동을 함으로써 질병으로부터 건강을 지켜 인간의 생명을 오랫동안 유지시키는 인도의 전승 의학 내지 대체 의학 • 많은 오일 필요하며, 두 사람이 같은 동작으로 시행
림프드레나쥐	• 덴마크의 에밀 보더(Emil Vodder)박사에 의해 창안. • 림프가 흐르는 방향으로 실시 • 대사물질과 노폐물 배출에 의해 여드름 피부, 모세혈관확장피부, 알레르기 피부, 부종이 있는 셀룰라이트 피부, 민감성 피부, 수술 후 상처 회복 및 안면 부종 등에 효과 • 정지상태원동작, 펌프동작, 퍼올리기 기법, 회전동작 등이 있다.
스톤테라피	• 고대 아메리카인이나 일본 수도승들의 전통요법으로 자연의 에너지가 응축된 현무암이 품고 있는 원적외선을 이용한 열요법 • 인체를 적정체온으로 유지시켜 정체된 혈액을 촉진하고 신경계 자극을 주어 치유하는 기법

CHAPTER 12 마무리

01 마무리의 목적과 방법

1 마무리의 목적 및 효과
① 피부 정리 및 정돈
② 피부 보호
③ 피부에 영양 공급
④ 피부보습 및 유분 공급
⑤ 피부노화 방지 및 건강 유지

2 마무리 방법
① 팩을 제거하고 냉습포로 닦아 준다.
② 피부에 맞는 화장수를 이용하여 피부결을 정돈한다.
③ 아이크림과 립크림을 도포한다.
④ 시간대별로 마무리 방법이 다르다.
- 낮 : 데이 크림이나 O/W 크림으로 마무리하고 자외선 차단제 도포
- 밤 : 피부타입에 맞는 유효한 활성 성분의 에센스나 나이트 크림 도포

Part
02

피부학

CHAPTER 01 피부와 부속기관

01 피부의 특징 및 기능

1 피부의 특징

① 표피, 진피, 피하조직 3개의 층으로 구분되며 피부 부속기관으로는 한선(땀샘), 피지선(기름샘), 입모근, 모발, 손·발톱 등이 존재한다.
② 피부의 총면적은 1.6 ~2.0㎡이며 성인 체중의 15~17%를 차지한다.
③ 피부의 두께는 부위, 연령, 성별, 영양 상태에 따라 차이가 있다.
- 일반적인 표피의 두께는 평균적으로 0.1~0.4㎜, 진피의 두께는 2~3㎜
- 가장 두꺼운 부위 : 발바닥, 손바닥 1~1.5㎜
- 가장 얇은 부위 : 눈꺼풀 0.04㎜

2 피부의 기능

① 보호 작용
- 물리적 자극 : 외부의 압력, 충격, 마찰 등에 의한 자극으로부터 방어 (각질층과 피하지방)
- 화학적 자극 : 피부표면의 피지막과 각질층의 케라틴 단백질이 화학물질에 대해 저항 (땀과 유분막)
- 태양광선에 의한 보호 : 광선은 멜라닌세포를 자극시켜 진피층까지 흡수하는 것을 방어한다.(멜라닌색소)
- 세균에 대한 보호 : pH 4.5~6.5의 약산성 보호막에 의해 세균 발육 억제(피지막)

② 체온조절 작용
- 모세혈관의 확장 및 수축으로 인한 피부 혈류량의 변화로 발한에 의해 체온조절
- 36.5° 항상성 유지

③ 비타민 D의 합성 작용
- 프로비타민 D가 자외선의 영향으로 비타민 D로 활성화
- 칼슘의 흡수 및 촉진, 피부손상 억제작용

④ 분비 및 배설 작용
- 피지선을 통해 피지가 분비되며 이것으로 인해 피지막을 형성, 수분증발억제 및 유해물질 침투방지
- 한선을 통해 땀을 분비하여 체온조절, 노폐물 배출, 수분 유지작용

⑤ 감각작용
- 외부의 자극을 느끼는 기능으로 촉각, 온각, 통각, 압각, 냉각이 있음
  ※ 통각점(100~200개) 〉압각점(100개) 〉촉각점(25개) 〉냉각점 (6~23개)〉온각점(3개) 순으로 분포됨
⑥ 호흡작용
- 폐호흡의 1% 정도는 피부 표면을 통해 호흡한다.
⑦ 흡수작용
- 피부는 호흡시 1% 정도의 산소와 외부의 온도를 흡수하며 감지한다.
- 각질층을 통한 침투는 지용성 물질이 수용성 물질보다 더 잘 흡수된다.
- 성호르몬, 비타민A, 비타민D 등이 잘 흡수된다.
⑧ 저장작용
- 수분과 영양분, 에너지 등을 저장함
- 과잉의 지방분을 피하조직에 지방으로 저장함

02 피부의 구조 및 기능

1 표피(Epodermis)
① 피부의 가장 바깥 부분으로 무핵층 (각질층, 투명층, 과립층, 유극층)과 유핵층(유극층, 기저층)으로 이루어져 있다.
② 세균 등 외부로부터의 유해물질, 자외선 침입을 막아준다.
③ 표피의 구성세포는 각질형성세포, 멜라닌세포, 랑게르한스세포, 머겔세포가 존재한다.
④ 표피의 구조

각질층	• 외부와 직접 접촉하는 최외각 층으로 라멜라 구조를 이룸 • 무핵세포로, 10~20층으로 구성되어 있으며 10~20%의 수분을 함유함 • 외부자극으로부터 피부를 보호하고 이물질 침투를 막는 기능 • 천연보습인자(NMF) : 각질층의 수분 함유량을 결정함 　- 10% 이하일 때 : 피부가 건조해지고 예민해지며 잔주름을 발생시킴 • 천연 피지막이 있어 각질층의 수분 증발을 막고 화학적 물질, 세균, 기후로부터 피부를 보호 • 각화주기 : 28일
투명층	• 2~3개의 핵이 없는 무핵 세포층 • 엘라인딘(반유동성 물질)을 함유하여 빛 차단 및 외부의 수분 침투를 저지하는 역할을 한다. • 손·발바닥에만 존재
과립층	• 각질화가 시작되는층(2~5개층) • 케라토하이알린이라는 과립이 존재(케라틴 : 단백질이 뭉쳐져서 만들어짐) • 수분저지막(레인 방어막)이 있어 내부의 수분 증발을 막고 표피의 방어막 역할을 한다.

유극층	• 표피중 가장 두꺼운 층 • 유극층 세포 사이에 림프액이 흐르고 있어 피부에 혈액순환과 영양 공급에 관여함 • 면역기능을 담당하는 랑게르한스 세포 존재
기저층	• 표피의 가장 깊은 곳에 위치하며 진피층과 경계를 형성하는 층으로 물결모양을 이루는 층 • 유두층에 있는 모세혈관으로부터 영양을 공급받아 세포분열을 일으켜 표피를 재생하는 층 • 케라틴이라는 단백질을 만들어내는 각질형성세포(케라티노사이트) 4:1와 피부의 색을 결정하는 색소형성세포(멜라노사이트)가 10:1의 비율로 존재

⑤ 표피의 구성 세포

각질형성 세포	• 기저층에서 형성되어 각질층으로 이동 • 세포 생성 및 세포분열 과정 (각화주기 28±3) • 각질화 과정(각화과정) : 피부세포가 기저층에서 각질층에 도달한 후 떨어져 나가는 과정
색소형성 세포 (멜라닌세포)	• 자외선의 흡수·산란시켜 자외선으로부터 피부가 손상되는 것을 방지하는 역할 • 멜라닌 세포의 수는 피부색에 관계 없이 일정함 • 피부의색은 멜라닌세포 양에 따라 결정
랑게르한스 세포 (면역세포)	• 유극층의 존재하며 면역기능 담당
머켈세포 (촉각세포)	• 기저층에 존재하며 신경세포와 연결되어 촉각을 감지하는 세포로 작용

2 진피

① 피부 전체의 90%를 차지하며 피부의 주체를 이루는 층
② 표피보다 10~40배 정도 두꺼운 층으로, 경계가 명확하지 않은 유두층, 망상층으로 구분한다.
③ 신경관, 혈관, 림프관, 땀샘, 기름샘, 모발과 입모근이 존재한다.
④ 콜라겐(교원섬유), 엘라스틴(탄력섬유), 기질(뮤코다당체) 등의 구성물질로 구성된다.
⑤ 진피의 구조

유두층	• 진피의 10~20%를 차지하며, 유두 모양(물결모양)을 하고 있다. • 혈액순환과 림프순환 등의 물질교환을 한다. • 촉각이나 통각 등의 신경 전달 역할 • 모세혈관, 림프관, 신경 등이 많이 분포됨.
망상층	• 진피의 약 80~90%를 차지 • 교원섬유(결합섬유 : 콜라겐), 탄력섬유(엘라스틴), 기질 세포로 구성 • 모세혈관이 거의 없으며 신경종말, 혈관, 피지선, 한선, 털, 모낭 등이 분포

⑥ 진피의 구성 성분

콜라겐 (교원섬유)	• 진피 성분의 90% 차지하며 섬유아세포에서 생성 • 콜라겐 속에 충분한 수분을 포함하고 있어 피부의 탄력 상태 결정 • 노화 진행에 따라 피부탄력 감소와 주름 형성의 원인

엘라스틴 (탄력섬유)	• 콜라겐과 망상구조를 형성하여 피부의 탄력 유지(자기무게의 1.5배) • 피부이완과 주름에 관여함
기질	• 진피의 결합섬유(콜라겐, 엘라스틴)와 세포 사이를 채우고 있는 물질로 형태가 없는 젤상태임 • 무코다당류의 일종으로 콘드로이틴황산, 히야루론산 등으로 구성 • 피부를 유연하고 탄력있게 유지

⑦ 진피의 구성 세포
- 섬유아세포 : 진피의 구성 물질로 콜라겐, 엘라스틴, 기질을 만들어내는 세포
- 비만세포 : 히스타민(염증 반응, 알레르기 반응을 일으키는 물질)을 분비하는 세포
- 대식세포 : 면역을 담당하는 백혈구의 일종으로 세균을 잡아먹는 세포

3 피하조직(=피하지방)

① 진피층 아래에 있는 지방 세포로, 진피에서 내려온 섬유가 엉성하게 결합되어 형성된 망상 조직 사이에 많은 수의 벌집 모양 지방세포가 있다.
② 영양소 저장, 체온 조절, 수분 조절, 탄력 유지, 외부의 충격으로부터 보호 기능을 한다.
③ 피하지방층의 두께에 따라 비만의 정도가 결정되며, 영양상태, 부위, 성별 및 연령에 따라 피하지방층의 두께 및 분포가 다양하다.
  - 남성 〈 여성
④ 몸의 굴곡을 결정(가슴, 엉덩이, 허리, 허벅지 등에 존재)
  - 피하조직이 없는 부위 : 음경, 입술, 눈꺼풀
⑤ 셀룰라이트는 과도한 피하지방으로 혈액순환과 림프순환이 원활하지 않아 축적된 노폐물로 인해 피부가 울퉁불퉁하게 되는 것을 말하며 여성에게 주로 존재한다.

03 피부 부속기관의 구조 및 기능

1 한선(땀샘)

① 하루 평균 1일 700~900cc정도의 땀이 분비된다.
② 땀을 분비하여 체온을 조절하고, 불필요한 노폐물을 배설하며, 피부 표면에 수분 공급을 해주는 천연보습인자 역할 등을 한다.
  ㉠ 소한선(에크린선)
   - 입술, 음부, 손톱을 제외한 전신에 분포(손바닥, 발바닥, 이마, 겨드랑이에 집중분포)
   - 체온조절(온열성 발한), 자율신경계의 교감신경에 영향(정신적 발한)
   - 피부 산성막 유지

- 무색, 무취
ⓒ 아포크린선(대한선)
  - 사춘기 이후에 주로 발달하며 여성이 남성보다 더 발달
  - 사춘기가 되면서 형성되고 땀의 분비량은 적으나 특유의 냄새가 남
  - 귀 주변, 겨드랑이, 성기 주변, 유두, 배꼽 주위 등 특정 부위에 존재
  - 흑인 〉 백인 〉 동양

2 피지선

- 진피의 망상층에 위치하며 모낭과 연결되어 피지 분비
- 피지선은 손바닥, 발바닥을 제외한 신체의 대부분 분포
  - 얼굴, 이마, 목, 코주변, 가슴, 등에 발달
  - 모낭에 연결되어 있고 모공으로 피지 분비(모낭에 연결되지 않은 피지선은 독립피지선으로 입술, 유두, 구강점막, 성기, 눈꺼풀에 존재함)
- 여드름 생성에 영향을 끼침
  - 남성호르몬 : 테스토스테론(안드로겐)의 영향
  - 여성호르몬 : 에스트로겐이 피지분비를 억제
- 피지의 1일 분비량 : 약 1~2g
- 피부에 피지막을 형성하여 수분 증발 억제

3 모발

① 특징
- 경단백질인 케라틴이 주성분이며, 약 130~140만 개 정도 분포
- 1일 평균 0.2 ~0.5mm 성장, 수명은 3~ 6년정도

② 모발의 구조

모간	• 피부 표면 밖으로 나와 있는 부분 – 모표피 : 모발의 가장 바깥쪽을 싸고 있는 얇은 비늘 모양의 층 – 모피질 : 모발의 85~90% 차지하며 멜라닌 색소를 가장 많이 함유하고 있음 – 모수질 : 모발의 중심부에 벌집모양의 형태로 존재하나 연모에는 존재하지 않음, 멜라닌 색소 함유
모근	• 피부 내부에 있는 부분으로 모발 성장의 뿌리 – 모낭 : 모근을 싸고 있는 주머니 모양의 조직으로 피지선과 연결되어 모발에 윤기 부여 – 모구 : 모근의 뿌리 부분으로 둥근 모양의 부위로 털이 성장하는 곳 – 모유두 : 모세혈관을 통해 영양과 산소 공급 – 모모세포 : 세포분열과 증식의 관여로 새로운 모발 형성 부위
입모근	• 자율신경의 영향으로 긴장되거나 추울 때 수축하여 털이 서게 함

③ 모발주기
- 성장기 : 전체모발의 80~90%를 차지하며 모근세포의 세포분열 및 증식작용에 의해 왕성하게 자라는 시기 / 기간 : 3 ~5년
- 퇴화기 : 모발의 1%를 차지하며 모발의 성장이 느려지는 시기/ 기간: 약 1개월
- 휴지기 : 전체 모발의 14~15%를 차지하며 성장이 멈추는 정지 단계/ 기간 : 2~3개월

4 손 · 발톱

- 경단백질인 케라틴(Keratin)과 아미노산으로 구성됨
- 1일 평균 0.1~0.15mm 자람
- 건강한 손톱은 표면이 매끄럽고 광택이 나며 연한 핑크빛을 띠고 투명함
- 건강한 네일은 12 ~18% 수분을 함유하고 있음
- 손 · 발톱의 구조
    - 조체 : 눈으로 보이는 손톱의 부분
    - 조곽 : 조체를 둘러싼 부분
    - 조모 : 세포 분열을 통해 손톱을 생성 하는 부분
    - 조근 : 손톱의 뿌리 부분에 묻혀 있으며 손톱의 성장이 시작되는 부분
    - 조반월 : 손톱이 케라틴화 되지 않아 반달 모양으로 하얗게 보이는 부분
    - 조상 : 조체를 받치고 있는 부분으로 혈관과 신경이 분포되어 있음
    - 자유연(프리에지) : 손톱 끝

CHAPTER 02 피부와 영양

01 영양소

1 영양소의 구분
① 열량 영양소(인체 활동에 필요한 에너지를 공급) : 탄수화물, 지방, 단백질
② 구성 영양소(몸의 조직을 구성하는 성분을 공급) : 단백질, 당질, 지질, 무기질(Ca, P, S)
③ 조절 영양소(인체의 생리작용 및 대사조절) : 비타민, 무기질, 물

2 영양소의 분류
- 3대 영양소 : 탄수화물, 지방, 단백질
- 5대 영양소 : 탄수화물, 지방, 단백질, 무기질, 비타민
- 7대 영양소 : 탄수화물, 지방, 단백질, 무기질, 비타민, 물, 식이섬유

02 영양소의 종류와 기능

1 탄수화물
① 기본적인 에너지원으로 1g당 4kcal의 열량을 냄
② 체온조절, 피로 회복, 세포를 활성화하여 피부세포의 활력과 보습효과
③ 직접적인 에너지원으로 쓰이거나 에너지 저장물질로 쓰임
④ 과잉 섭취 시 글리코겐 형태로 간에 저장하며, 혈당유지, 손톱, 뼈, 연골 및 피부 등의 중요한 구성요소가 됨

2 지방
① 1g당 9kcal의 열량을 냄
② 신체의 중요 구성 성분으로 장기를 보호하고 체온조절, 피부의 탄력과 피부의 건조방지
③ 지용성 비타민 A, D, E, K는 지질이 없으면 흡수·이용·저장이 안 됨
④ 소장에서 글리세린 형태로 흡수

3 단백질

① 1g당 4Kcal의 열량을 냄
② 근육 조성 · 발달을 도와 성장에 영향을 줌(모발, 피부, 혈관, 손 · 발톱 등)
③ 효소와 호르몬을 합성 · 면역세포와 항체 형성 · pH 평형유지
④ 아미노산의 종류
- 필수 아미노산 : 체내에서 합성이 되지않아 반드시 음식물로 섭취
  아이소루신(Isoleucine), 루신(Leucine), 리신(Lysine), 메치오닌(Methionnine), 페닐알라닌(Phenylalanine), 트레오닌(Threonine), 트립토판(Tryptophan), 발린(Valine)
- 불필수 아미노산 : 체내에서 자연적으로 합성되는 것
  알라닌(Alanine), 아르기닌(Arginine), 아스파라긴(Asparagine), 아스파르트산(Aspartic Acid), 시스틴(Cysteine), 글루탐산(Glutamic Acid), 글루타민(Glutamine), 글리신(Glycine), 프롤린(Proline), 세린(Serine), 티로신(Tyrosine)

※ 히스티딘(Histidine) : 어린이에게는 필수 아미노산에 포함됨

4 비타민

① 비타민의 작용
- 소량으로 신체 기능을 조절
- 신체의 내분비기관에서 합성되는 호르몬과 달리 외부로부터 섭취
- 생리작용 조절, 신경안정, 면역기능 강화

② 지용성 비타민
- 기름과 유지용매에 녹음
- 종류 : 비타민 A, D, E, K
- 열에 강하여 식품의 조리 · 가공 중에 손실이 비교적 적음
- 과잉섭취 체내에 축적되어 중독증상이 나타날 수 있음

종류	주요기능	결핍증	함유 식품
비타민 A (레티놀)	세포재생 상처치료	야맹증, 안구건조증, 피부건조증	버터, 동물의 간, 난황, 치즈, 우유, 당근 등
비타민 D (칼시페롤)	칼슘의 흡수촉진:항구루병 비타민	구루병, 골다공증	어간류, 효모, 버섯, 달걀 등
비타민 E (토코페롤)	항산화기능	불임증, 피부영양장애	곡물의 배아, 땅콩 녹색잎 채소, 아몬드 등
비타민 K (메나디온)	혈액의 응고 관여:항출혈성 비타민	피하 출혈, 내출혈	녹색채소, 브로콜리, 해조류, 간 등

③ 수용성 비타민
- 물에 녹는 비타민
- 종류 : 비타민B 복합체, 비타민C, 비오틴, 폴산, 콜린, 이노시톨, 비타민L, 비타민P 등
- 필요량 외에는 저장되지 않고 소변으로 방출되므로 매일 섭취

종류	특징	결핍증
비타민 B1(티아민)	정신적 비타민	각기병, 복통, 구토, 식욕부진, 피로, 손발저림 등
비타민 B2 (리보플라빈)	성장촉진 비타민	구순·구각염, 성장부진 등
비타민 B3 (나이아신)	항펠라그라 비타민	펠라그라, 피부병 등
비타민 B5 (판토텐산)	호르몬, 항피부염 인자, 콜레스테롤, 헤모글로빈 합성	구토, 복통, 권태, 성장장애 등
비타민 B6 (피리독신)	항피부염 비타민	피부병, 지루성 피부, 근육통 등
비타민 B12 (코발아민)	항악성빈혈 비타민	악성빈혈, 성장장애 등
비타민 C (아스코르빈산)	항괴혈성, 항산화, 면역기능, 모세혈관 강화	괴혈병, 색소침착, 면역력저하 등
비타민 P (플라보노이드)	투과성 비타민(루틴), 모세혈관 강화	출혈, 모세혈관 손상, 멍, 만성 부종 등

5 무기질(Mineral)

무기질은 효소, 호르몬의 구성성분으로 산과 염기의 균형을 조절하고, 신체의 필수 영양소로써 신체 자극을 전달하고, 신체의 골격과 치아 형성에 관여한다.

- 칼슘(Ca) : 인체에 꼭 필요한 무기염류 중 하나로 하루에 0.8g 정도 섭취해야 하며, 근육 수축, 혈액 응고 인자의 역할을 함
- 인(P) : 골격과 치아 조직에 함유되어 에너지 대사에 사용되는 핵산의 구성 성분
- 요오드(I) : 갑상선 호르몬인 티록신의 구성요소로, 미역, 김 등 해조류에 다량 함유되어 있음, 활력을 증진 시키고, 건강한 피부를 유지하며, 지방의 연소를 촉진함
- 철(Fe) : 혈액의 헤모글로빈 생성에 기여하며, 피부 혈색 관여, 부족 시 빈혈, 면역기능저하
- 나트륨(Na) : 글리코겐과 단백질 합성에 관여하며 산과 알칼리의 평형을 유지하고, 체내 노폐물 배설 촉진, 신경과 근육, 심장 근육 활동 유지, 과잉 섭취 시 신장병의 원인
- 유황(S) : 인체의 모발, 조갑, 피부를 구성하는 케라틴 단백질 합성에 관여

CHAPTER 03 피부장애와 질환

01 원발진과 속발진

인체의 내적 또는 외적 원인에 의해 나타난 일반적인 피부 병변을 발진이라 하며, 원발진과 속발진으로 구별된다.

1 원발진
원발진은 피부질환의 초기 병변상태를 말한다.
① **반점** : 피부 표면에 융기나 함몰이 없으며, 여러 형태의 크기로 피부 색조의 변화가 있는 상태 (주근깨, 기미, 오타씨 모반, 노화반점 등)
② **홍반** : 모세혈관의 울혈에 의해 피부가 붉어지는 상태
③ **구진** : 여드름의 초기 증상으로 경계가 뚜렷한 직경 1cm 미만의 단단한 융기가 형성된 것
④ **농포** : 가시적인 고름의 집합
⑤ **팽진** : 두드러기 또는 담마진이라고 하며, 다양한 형태의 부종성의 융기로 가려움을 동반 하는 일시적인 피부현상
⑥ **소수포** : 화상, 포진, 접촉성 피부염 등에 나타나는 직경 1cm 미만의 액체를 포함한 물집
⑦ **대수포** : 혈액성 내용물을 담은 직경 1cm 이상의 물집으로 살짝만 건드려도 쉽게 손상됨
⑧ **결절** : 구진과 종양 사이의 중간 형태로 경계가 명확한 단단힌 융기물이며, 진피, 피하지방 까지 침범
⑨ **종양** : 피부에 나타나는 직경 2cm 이상 크기의 증식물로, 악성종양과 양성종양으로 구분
⑩ **낭종** : 여드름 피부 4단계에서 생성되는 것으로, 치료 후 흉터가 남고 생성될 때마다 통증을 동반
⑪ **면포** : 피지덩어리가 막혀 좁쌀크기로 튀어나와 있는 상태 , 얼굴 · 이마 · 콧등에 나타남

2 속발진
속발진은 피부질환의 2차적 증상으로, 원발진이 진행하거나 회복되어 외상 및 외적인 요인에 의해 변화된 상태의 병변을 말한다.
① **인설** : 비듬이나 죽은 각질 세포가 떨어져 나가거나 각화과정의 이상으로 인해 각질의 생성이 비정상일 때 발생

② **찰상** : 소양증으로 손톱으로 긁거나 기계적 자극에 의해 생기는 상처
③ **가피** : 혈청, 농, 혈액 등이 피부 표면에 말라 뭉쳐진 딱지
④ **미란** : 짓무르거나 수포가 터져 표피가 떨어져 나간 상태로, 흉터 없이 치유
⑤ **균열** : 질병이나 외상에 의해 건조하고 습한 상태에서 표피가 갈라진 상태
⑥ **궤양** : 염증성 괴상에 의해 표피, 진피, 피하지방층에 결손이 생긴 상태로, 치유 후 흉터가 남음
⑦ **반흔** : 진피나 심부에 생신 손상이 정상적으로 회복하지 못하고 갈라지거나 흉터로 남은 상태
⑧ **위축** : 표피의 기능 저하에 의해 피부가 얇게 되는 상태
⑨ **태선화** : 코끼리 피부처럼 표피 전체와 진피의 일부가 가죽처럼 두꺼워지고 딱딱해지는 현상

02 피부질환

1 온도에 의한 피부질환
① 화상
- 1도 화상 : 표피층에만 손상을 입는 가벼운 홍반성 화상
- 2도 화상 : 수포성 화상으로 홍반, 통증, 부종 발생
- 3도 화상 : 표피, 진피, 피하조직층의 일부까지 손상되는 괴사성 화상
- 4도 화상 : 피부가 괴사되어 피하의 근육, 신경, 힘줄, 골조직까지 손상

② **동상** : 한냉 상태가 지속적으로 노출되어 혈액공급이 안되거나 감소 될 시 조직에 괴저 발생이 나타나는 현상

2 기계적 손상에 의한 피부질환
① **굳은살** : 손바닥, 발바닥, 관절에 주로 발생하며 각질이 박리되지 않고 쌓여 생기는 국소적인 과각화증
② **티눈** : 압력에 의해 발생되는 각질층의 증식현상으로, 지속적으로 압박을 받을 경우 통증을 동반

3 습진에 의한 피부질환
① 접촉성 피부염
- 원발성 접촉 피부염 : 피부가 원인 물질에 직접 닿아 생기는 모든 피부염
- 알레르기성 접촉 피부염 : 특정 물질에 예민한 반응을 보이는 피부염
- 광독성 접촉피부염 : 일정 농도 이상의 물질과 접촉 시 광선에 노출되어 발생하는 피부염

② **화폐성 습진** : 동전모양을 가진 피부염으로 팔이나 다리 등 건조하기 쉬운 피부에 발생한다.
③ **아토피 피부염** : 만성 습진으로 피부가 건조하고 예민하여 바이러스나 세균에 감염되기 쉬운 피

부 상태를 말한다. 정확한 원인은 알 수 없으나 가을이나 겨울에 주로 발생한다.
④ **건성 습진** : 겨울철이나 노인들에게 나타나는 증상으로, 피부가 건조 시 발생한다.

4 바이러스성 피부질환
① **대상포진** : 수두를 앓은 후 잠복되어 있던 수두 바이러스의 재활성에 의해 발생되며 띠 모양으로 지각신경 분포를 따라 피부 발진이 발생
② **사마귀** : 바이러스에 의해 발생되며 어느 누구에게나 쉽게 발생
③ **수두** : 소아에게 발생하며 피부 및 점막에 수포성 질환으로, 가피 형성 후 흉터 없이 치유
④ **홍역** : 발열과 발진을 동반한 증상이 나타나며, 전염성이 높고 소아에게 발병

5 진균성 피부질환
① **족부백선** : 피부사상균인 곰팡이균에 의해 발생되며, 무좀이라고도 함
② **두부백선** : 두피의 모낭과 그 주위 피부에 피부사상균에 의한 감염되어 발생
③ **조갑백선** : 손톱과 발톱의 무좀으로 피부사상균에 의해 발생

6 색소성 피부질환
① **기미** : 후천적인 과색소 침착증으로, 주로 뺨, 이마, 윗입술, 턱, 코, 목 부위, 일광노출 부위에 좌우 대칭적으로 발생하는 연한 갈색, 흑갈색, 암갈색의 다양한 크기와 불규칙한 형태
② **주근깨** : 선천적인 과색소 침착증으로, 유전적인 요인에 의해 발생되며 일광 노출 부위에 나타남
③ **백색증** : 선천성 멜라닌 결핍으로 나타나는 질환으로, 전신, 눈, 피부, 모발 등에 다양한 형태로 발생
④ **백반증** : 후천성 저색소 침착 질환으로 여러 모양의 크기 및 형태들이 백색을 띠며 나타나는 것

7 안검주위의 질환
① **비립종** : 신진대사 저하로 눈가, 뺨, 이마 등에 발생되는 작은 낭종
② **한관종** : 물사마귀알이라고도 함, 에크린 한관에서 유래한 작은 구진으로, 다발성으로 발생

8 모발질환
① **원형 탈모증** : 다양한 크기의 원형 혹은 타원형의 탈모 증상으로, 정신적 스트레스나 자가면역 이상, 국소 감염, 내분비 장애 등의 원인으로 발생
② **남성형 탈모증** : 남성 호르몬의 증가, 유전적 요인에 의해 발생

CHAPTER 04 피부와 광선

01 태양광선의 개념

태양광선의 정의

태양광선은 모든 생물의 신진대사를 가능하게 하는 에너지의 원천으로 생명계를 유지하는데 반드시 필요하며 자외선, 적외선, 가시광선으로 구분한다. 파장의 단위는 nm로 표시한다.

02 자외선

1 자외선의 정의

자외선은 피부에 자극적인 화학반응을 일으키는 열선으로, 가시광선보다 파장이 길다.

종류	파장	특징
자외선 C(단파장) UV C	200~290nm	표피의 각질층까지 도달 대기 중 오존층에 의해 흡수 바이러스, 병원성 세균의 살균에 효과 피부암의 원인
자외선 B(중파장) UV B	290~320nm	표피의 기저층, 진피상부까지 도달 각질 세포 변형의 원인으로 각질층을 두껍게 함 기미, 홍반, 주근깨, 수포생성, 일광화상의 원인
자외선 A(장파장) UV A	320~400nm	피부의 진피층까지 침투 피부노화 촉진, 즉시 색소침착 광알레르기. 광독성 반응

2 자외선이 피부에 미치는 영향
- 장점 : 비타민 D 형성, 살균 및 소독 효과, 혈액순환 촉진
- 단점 : 홍반 반응, 색소침착 및 광노화, 일광 화상, 광알레르기

3 자외선에 의한 피부 반응
① 홍반반응 : 자외선 노출 1시간 후 피부가 붉어지는 현상

② **색소침착** : 홍반의 강도에 따라 피부색이 검게 변하는 현상
③ **일광화상** : 자외선 B에 의해 발생하며 일주일 후 피부의 두께가 두꺼워지며 피부가 칙칙해 보이는 현상으로 심할 시 염증, 물집 등 발생
④ **광노화** : 진피 내의 모세혈관 확장, 교원섬유의 감소로 인해 피부탄력 저하, 주름 발생, 피부의 건조가 심해 기미, 검버섯 발생

4 피부색을 결정하는 색소

구분	색상	분포부위
멜라닌	흑색	기저층
헤모글로빈	적색	혈관
카로틴	황색	피하조직

03 적외선

1 적외선의 정의
피부 표면에 자극 없이 열을 피부깊이 침투시키는 것으로 열선이라고 한다.

2 적외선의 종류
- 근적외선 : 진피 침투, 자극 효과
- 원적외선 : 표피의 모든 층 침투, 진정 효과

3 적외선의 효과
① 혈관 촉진으로 인한 홍반 현상
② 적외선 노출 부위의 혈액량 증가로 혈액순환 및 신진대사 촉진
③ 근육 조직의 이완과 수축을 원활하게 함
④ 피부 온도 상승으로 혈관 이완 및 혈압 감소
⑤ 통증 완화 및 진정 효과

CHAPTER 05 피부면역

01 피부면역의 종류와 작용

1 피부면역의 정의
피부면역이란 외부로부터 침입하는 미생물이나 화학물질에 의해 신체를 손상시키지 못하도록 저항하는 기능을 의미한다.

2 면역의 종류
① **자연면역(선천적 면역)** : 출생 시부터 선천적으로 가지는 면역으로 인종, 영양상태, 환경, 체내로 침입한 미생물에 대해 일차적 방어하는 작용을 말한다.
② **획득면역** : 질병 후 또는 예방접종 후 후천적으로 생기는 면역으로 능동면역과 수동면역으로 구분된다.
- 자연능동면역 : 질병 후 얻어지는 면역 (장티푸스, 성홍열, 백일해, 페스트, 두창, 홍역, 수두, 풍진, 유행성 이하선염)
- 인공능동면역 : 접종에 의해 얻어지는 면역
  - 생균백신 : 폴리오, 홍역, 풍진, 결핵, 황열, 탄저, 공수병, 유행성 이하선염
  - 사균백신 : 백일해, 콜레라, 일본뇌염
- 수동면역 : 모체에 의해 얻어지는 면역
  - 자연수동면역 : 홍역, 폴리오 등의 태반 면역, 모유 면역
  - 인공수동면역 : 면역혈청 접종 후 얻어지는 면역
③ **림프구(백혈구)** : 면역반응을 결정짓는 가장 중요한 세포
- B림프구 : 체액성 면역으로 면역글로불린이라는 형체를 생성함
- T림프구 : 세포성 면역으로 혈액내 림프구의 70~80% 차지 직접 다른 세포를 죽이는 세포로 항원에 대해 직접 면역반응에 관여함으로써 면역반응에서 매우 중요함

CHAPTER 06 피부노화

01 피부노화의 개념

1 피부노화의 정의
피부노화란 시간의 진행에 따라 인체가 지니고 있는 능력이 소진해가는 과정으로, 피부의 주름, 처짐, 건조, 피지분비 감소, 색소침착 등의 현상으로 진행되는 것을 말한다.

2 노화의 원인 및 분류
① 내인성 노화(자연노화) : 자연 노화라고 하며 나이가 들어감에 따라 나타나는 신체 변화, 또는 유전적 체질에 의해 나타나는 노화를 말한다.
- 일반적인 변화 : 피부 위축, 피부탄력 저하, 지지량 감소
- 병적인 변화 : 노인성 색소반, 노인성 백반, 자극에 의한 피부염
- 피부 부속기관 변화 : 피지선 증식, 피지분비 감소, 한선의 수와 기능 감소
- 피부조직 변화 : 진피 내 섬유아세포의 수 감소, 진피와 표피 경계부가 편평해짐

② 외인성 노화(광노화) : 지속적으로 빛이라는 외인성 인자에 의해 피부 노화가 진행되는 것을 의미한다.
- 일반적인 변화 : 건조, 거칠어짐, 탄력 저하, 멜라닌 색소가 불균일하게 분포
- 병적인 변화 : 흑자, 주근깨, 일광 화상, 색소침착, 피부임
- 피부조직 변화 : 콜라겐 합성 능력 저하, 엘라스틴 수와 굵기 감소

3 내인성 노화와 외인성 노화의 차이점

분류		내인성 노화(자연노화)	외인성 노화(광노화)
표피	두께	감소	증가
	주름	증가	증가
	건조	증가	증가
	늘어짐	증가	증가
	멜라닌생성	감소	증가
	랑게르한스세포	약간감소	감소

	두께	감소	증가
진피	콜라겐	감소	많이 감소
	엘라스틴	감소	많이 감소
	혈관	감소	확장
	비만세포	감소	증가

Part 03

해부생리학

해부생리학

01 세포와 조직

1 해부생리학의 정의
- 해부학(Anatomy) : 생물체를 구성하는 기관이나 조직의 구조, 형태를 연구하는 학문
- 생리학(Physiology) : 생물체의 계통이나 기관의 기능, 작용을 연구하는 학문

2 인체의 구성
① 인체의 구조적 단계 : 세포 – 조직 – 기관 – 계통 – 인체
② 항상성 : 인체의 모두 구조와 기능을 일정하게 유지하려는 능력

3 세포
모든 생물체의 기능적, 구조적, 유전적인 기본 단위로 세포막, 세포질, 핵으로 구성되어 있고, 세포와 세포 사이의 공간에 들어있는 용액을 조직액이라고 한다.

1) 세포의 구성 : 세포막, 핵, 세포질

① 세포막(원형질막)

세포질을 둘러싼 얇은 인지질의 이중 단위막으로 지질, 단백질, 탄수화물로 구성되어 있다.
물질의 분자들이 선택적으로 투과할 수 있도록 하고, 세포 사이의 정보전달 역할을 한다.

② 핵

핵막, 염색질, 인으로 구성되어 있고, 양성자와 중성자로 구성되며, 세포의 증식과 유전 정보를 함유하고 있다.

③ 세포질

세포의 성장과 생활에 필요한 수분, 영양물질, 효소, 세포소기관 등을 포함하고 있다.

㉠ 미토콘드리아(사립체)
- 세포 내의 호흡생리를 담당
- 섭취된 음식물의 산화과정에 의해 에너지원인 ATP 생성
- DNA와 RNA의 존재로 세포질 유전에 관여

ⓒ 소포체(형질 내 세망)
- 세포질 내에 연결된 망상구조로 물질이동의 통로 역할
- 조면 소포체 : 표면에 리보솜이 부착되어 리보솜에서 합성된 단백질을 합성
- 활면 소포체 : 리포솜이 없는 소포체로 지질, 인지질, 스테로이드가 합성

ⓒ 리보솜 : 단백질 합성 장소로, 세포질 그물의 막에 결합된 형태로 존재한다.
ⓔ 골지체(Golgi Complex) : 소포체에서 합성된 단백질을 농축 저장했다가 필요시 분비한다.
ⓜ 리소좀(용해소체) : 가수분해 효소 함유에 의해 체내에 들어온 외부물질 소화에 관여한다.
ⓗ 중심소체 : 2개의 중심립이 직각으로 배열되며 세포 분열 시 방추사를 형성하여 염색체 이동에 관여한다.

4 세포막의 물질 이동

- 확산 : 농도가 높은 곳에서 낮은 곳으로 이동하는 현상으로, 양쪽의 농도가 같아지면 더 이상 물질이 이동하지 않는다.
- 삼투 : 반투막을 경계로 용질의 농도가 높은 곳으로 용매가 이동하는 현상
- 여과 : 압력차에 의해 물질이 이동하는 과정으로 높은 압력에서 낮은 압력으로 이동
- 능동 수송 : 필요한 물질을 적극적으로 세포 내로 끌어들이거나 불필요한 물질을 세포 외로 배출시키는 것으로 낮은 농도에서 높은 농도로 물질이 이동하는 것

5 조직의 구조 및 작용

1) 상피조직

상피조직은 신체의 표면을 덮고 있는 조직으로 보호, 감각, 분비, 흡수 등에 관여한다.
① 편평상피 : 얇고 편평한 모양의 세포로 물질이 확산이나 여과가 일어나는 부위에 분포
② 입방상피 : 표면에 배열된 세포로, 난소의 표면, 한선, 피지선 등에 존재
③ 원주상피 : 길이가 길고 가는 모양의 세포로, 남성의 요도해면체부, 남성요도 등에 분포
④ 이행상피 : 여러 층으로 배열되어 수축과 확장이 이루어지는 곳으로, 방광, 신우, 요관 등에 분포

2) 결합조직

결합조직은 인체에 분포된 세포나 조직, 장기 사이사이를 연결하여 형태와 구조를 지지 또는 유지시키는 조직을 말하며, 섬유성 결합, 치밀 결합, 연골, 뼈, 인대, 지방, 힘줄 등을 포함한다.

3) 근육조직

근육조직은 운동을 담당하는 조직으로 근섬유에 의해 근육과 내장기관을 이루는 조직이다.

형태	위치	섬유모양	조정
심근 (심장근육)	심장을 구성하는 근육	선모양	불수의근
골격근 (뼈대근육)	뼈에 붙어있는 근육 가로무늬근육이라고도 한다.	선모양	수의근
평활근 (내장근육)	내장을 구성하는 근육 민무늬근육이라고도 한다.	원추모양	불수의근

4) 신경조직
신경조직은 신경계를 이루는 신경섬유 단위들이 모인 집합체로 여러 정보를 수용하고 통합·분석하여 세포의 활동을 조절하고 통제하는 기능을 가진 조직을 말한다.
① 뉴런 : 자극을 받아들이는 동시에 다른 세포에 전달하는 신경조직의 기본 단위이다.
- 시냅스 : 신경세포의 신경돌기 말단이 다른 신경세포에 접하는 부위
- 축삭돌기 : 신경세포로부터 받은 자극을 다른 신경세포에 전달하는 역할
- 수상돌기 : 다른 신경세포에서 오는 자극을 받아 전달하는 기능

02 골격계통

1 골격의 구성
성인 체중의 20%를 차지하는 인체의 골격은 관절을 형성하여 인체의 기본적인 구조를 이루는 것으로 206개의 뼈로 구성되어 있다.

2 골격의 기능
지지기능, 보호기능, 운동기능, 조혈기능, 저장기능

3 골격의 형성에 따른 분류

구분	형태	종류
장골(긴뼈)	길이가 긴 뼈	대퇴골(넙다리뼈), 상완골(위팔뼈), 요골(노뼈), 척골(자뼈), 경골(정강뼈), 비골(종아리뼈)
단골(짧은뼈)	길이가 짧은 뼈	수근골(손목뼈), 족근골(발목뼈)
편평골(납작뼈)	납작한 뼈	두개골(머리뼈), 견갑골(어깨뼈), 늑골(갈비뼈), 관골(볼기뼈)
불규칙골(불규칙뼈)	모양이 일정하지 않은 뼈	척추, 접형골(나비뼈)
함기골	공기를 함유하는 뼈	사골(벌집뼈), 상악골(위턱뼈), 전두골(이마뼈)
종자골	씨앗 모양의 뼈	슬개골(무릎뼈)

4 골격의 구조

① **골막(뼈막)** : 뼈의 표면을 덮고 있는 결합조직으로, 뼈를 보호하고 뼈의 성장에 관여
② **골조직** : 뼈의 외측, 골막 아래 위치하며 뼈의 단단한 부분을 이루는 조직으로 치밀골(치밀뼈)과 해면골(해면뼈)로 구성
③ **골수강(뼈속질공간)** : 뼈의 내측조혈기관으로서 골수가 차 있는 공간에 칼슘과 인산염을 저장하며, 적혈구와 백혈구를 생산하는 조혈 기능을 함

5 인체의 골격

① 전신골격

체간골격		체지골격	
두개골(머리뼈) 22개	뇌두개골(뇌머리뼈)(8개)	상지대(팔이음뼈)(4개)	쇄골(빗장뼈)(2개)
	안면골(얼굴머리뼈)(14개)		견갑골(어깨뼈)(2개)
이소골(귀속뼈)(6개)	추골(망치뼈) 2개 침골(모루뼈) 2개 등골(등자뼈) 2개	자유상지골(팔뼈)(60개)	상완골(위팔뼈)(2개)
			척골(자뼈)(2개)
			요골(노뼈)(2개)
			수근골(손목뼈)(16개)
설골(목뿔뼈)(1개)	설골(목뿔뼈) 1개		중수골(손허리뼈)(10개)
			수지골(손가락뼈)(28개)
척추골(척주) (26개)	경추(목뼈) 7개 흉추(등뼈) 12개 요추(허리뼈) 5개 천골(엉치뼈) 1개 미골(꼬리뼈) 1개	간골(볼기뼈)(2개)	관골(볼기뼈)(2개)
		하지대(다리뼈)(60개)	대퇴골(넙다리뼈)(2개)
			비골(종아리뼈)(2개)
			경골(정강이뼈)(2개)
흉골(복장뼈)(1개)	흉골(복장뼈) 1개		슬개골(무릎뼈)(2개)
			족근골(발목뼈)(14개)
늑골(갈비뼈)(24개)	늑골(갈비뼈) 24개		종족골(발허리뼈)(10개)
			족지골(발가락뼈)(28개)
합계	80개	합계	126개
총계 206			

- 뇌두개골(뇌머리뼈) : 전두골(이마뼈) 1개, 두정골(마루뼈) 2개, 측두골(관자뼈) 2개, 후두골(뒤통수뼈) 1개, 접형골(나비뼈) 1개, 사골(벌집뼈) 1개(총 8개)
- 척추골(척주뼈) : 경추(목뼈) 7개, 흉추(등뼈) 12개, 요추(허리뼈) 5개, 천골(엉치뼈) 1개, 미골(꼬리뼈) 1개(총 26개)

② 관절

두 개의 뼈가 만나는 부분으로, 관절은 뼈와 뼈를 연결해 준다.
- ㉠ 섬유관절 : 두 개의 뼈로 구성되어 있으며, 섬유조직으로 결합되어 움직이지 않음
- ㉡ 연골관절 : 두 개의 뼈가 연골조직에 연결되어 약간의 움직임만 나타냄
- ㉢ 윤활관절 : 윤활액에 의해 움직임을 나타내며 팔다리에서 볼 수 있음

03 근육계통

1 근육의 구조

근육은 체중의 45%를 차지하며 골격이나 피부에 부착하여 인체를 형성하고 신경자극을 통해 수축과 이완에 의해 전신운동을 가능하게 한다.

2 근육의 분류

구분	역할	무늬	신경지배
골격근 (뼈대근육)	골격에 붙어있는 근육으로 자세 유지, 관절 안정 및 혈액 순환과 열 생산에 관여	가로무늬근 (횡문근)	수의근
심근 (심장근육)	심장벽을 이루는 근육으로 심근을 수축시켜 혈액을 전신에 보내는 역할	가로무늬근	불수의근
평활근 (내장근육)	내장기관 및 혈관을 형성하는 근육	민무늬근	불수의근

3 근육의 기능

① 자세 유지 기능
② 체열 생산 기능
③ 체중의 지탱 기능
④ 신체 운동 담당 기능
⑤ 소화관 운동 기능

4 근육의 종류

① **적색근** : 골격근 가까운 심층부에 분포하여 지속적인 동작에도 피로하지 않고 오래 수축할 수 있으며, 에너지를 얻기 위해 유산소 대사활동에 관여
② **백색근** : 체표면 가까이에 존재하여 신속히 수축하는 동작은 근육이 쉽게 피곤해진다.

5 근수축의 종류

① **연축** : 단일 근육 자극으로 일시적인 수축을 일으키는 것
② **강축** : 적당한 시간 간격을 둔 반복적인 근육 자극으로 인해 연축이 합쳐져 지속적인 수축을 일으키는 것
③ **긴장** : 미세한 자극이 반복적으로 근육에 나타나는 것
④ **강직** : 병적 상태로, 근육이 과도하게 피로할 때 근육이 딱딱하게 뭉치는 것

6 전신근육

① 안면근육(얼굴근육) : 감정을 표현하는 안면의 근육이다.

구분	작용	구분	작용
전두근 (이마근)	이마주름 형성, 눈썹 올리는 작용	소근 (입꼬리당김근)	보조개 형성
추미근 (눈썹주름근)	미간주름 형성 작용	이근 (턱끝근)	턱주름 형성
안륜근 (눈둘레근)	눈을 감고 뜨는 작용	교근 (씹기근)	씹는 작용
관골근 (광대근)	웃거나 미소 지을 때 입술을 올리는 작용	측두근 (관자근)	교근의 협동근
구륜근 (입둘레근)	입을 열고 닫는 작용	외측익돌근 (가쪽날개근)	입 열 때 사용
상순비익거근 (위입술콧방울올림근)	윗입술 올리는 작용	내측익돌근 (안쪽날개근)	턱 닫을 때 사용
하순하체근 (아랫입술 내림근)	아랫입술을 아래로 당기는 작용		

② 경부(목)의 근육

구분	작 용
광경근(넓은목근)	목의 전면에 넓게 퍼져 있으며 목주름 형성
흉쇄유돌근(목빗근)	목의 굴곡과 목을 상, 하, 좌, 우로 움직일 때 사용

③ 등 근육, 어깨, 팔의 근육

구분	기능
승모근(등세모근)	등과 어깨 전체에 분포하며, 팔을 올리고 내릴 때 사용
광배근(넓은등근)	목 뒤 중간 부위에 위치하며, 팔을 돌릴 때 사용
척추기립근(척주세움근)	상태 지지 근육
상후거근(위톱니근)	늑골을 올리거나 숨을 쉴 때 사용
하후거근(아래톱니근)	숨을 내쉴 때 사용
삼각근(세모근)	팔을 올리거나 돌릴 때 사용
상완이두근(위팔두갈래근)	팔꿈치를 굽히거나 손바닥을 아래로 돌릴 때 사용
상완근(위팔근)	전완을 굴곡시키는 근육
극상근(가시위근)	어깨 관절의 팔 회전 시 사용

④ 복부의 근육

구분	작용
복직근(배곧은근)	척추의 굴곡이나 허리를 구부릴 때 사용
외복사근(바깥배빗근)	복부측벽을 구성하여 사선으로 작용
내복사근(속배빗근)	복부의 외측으로 배에 힘을 주는 근육

⑤ 하지의 근육 : 다리에 작용하는 근육들은 엉덩이, 무릎, 발의 관절에 관여

구분	작용
대둔근(큰볼기근)	엉덩이를 만드는 근육
중둔근(중간볼기근)	대퇴의 안전과 회전에 사용, 주사 맞는 부위의 근육
소둔근(작은볼기근)	작고 심층에 있는 둔근
장요근(엉덩허리근)	서혜부의 전면에 위치하는 근육
내전근(모음근)	대퇴의 내측근육으로 말타는 기수가 사용하는 근육
대퇴사두근(넙다리 네갈래근)	대퇴의 굴곡과 신전을 주도
봉공근(넙다리빗근)	인체에서 가장 긴 근육으로 다리 회전, 양반다리 시 사용
슬건근(넙다리뒤근)	허리를 구부릴 때 사용
전경골근(앞정강근)	하퇴전면에 부착하여 발의 배굴을 일으키는 근육
비복근(장딴지근)	하퇴후면 종아리 근육으로 족저굴곡시키는 근육, 발끝으로 서 있을 때 사용
넙치근(가자미근)	발을 족저굴곡시키는 근육
장비골근(긴종아리근)	하퇴외측면에 부착하여 족저굴곡, 족저궁을 지지하는 근육

04 신경계통

1 신경계의 기능
신경계는 다른 모든 신체기관을 통합·조절하여 균형을 잡고 효율적으로 작용하게 한다.
① 감각 정보의 수용 기능
② 운동기능
③ 조정기능
④ 자극 전달 기능
⑤ 항상성 유지

2 신경계의 구성

중추신경계	뇌		대뇌, 소뇌, 간뇌, 중뇌, 연수
	척수		약 40~45cm, 연수에서 제1~2요추까지 위치
말초신경계	체성신경계		뇌신경 12쌍
			척수신경 31쌍
	자율신경계		교감신경
			부교감신경

3 중추신경
① 뇌
  체중의 약 2.5%의 무게로 20%의 혈액이 흐르고 25%의 산소 소비량을 가지는 기관이다.
  ㉠ 대뇌 : 감각과 수의운동의 중추, 기억, 판단, 사고, 생각, 학습 등 정신활동의 중추
  ㉡ 소뇌 : 운동 기능 조절 중추
  ㉢ 간뇌
    • 시상 : 전신의 감각 중계 역할
    • 시상하부 : 온도 조절, 수분 조절, 뇌하수체 분비 조절
  ㉣ 중뇌(중간뇌) : 시각, 청각의 반사 중추
  ㉤ 교뇌(다리뇌) : 연수를 보조하며, 소뇌와 대뇌의 연결고리 역할
  ㉥ 연수 : 호흡 조절, 심장박동, 소화기관의 활동 등 조절 중추
② 척수
  척수는 뇌와 말초 신경 사이에 흥분을 전달하는 통로를 말한다.

4 말초신경

① **체성신경** : 체성신경은 뇌신경 12쌍과 척수신경 31쌍으로 이루어져 있다.

㉠ 뇌신경

신경명	구분	기능
제Ⅰ뇌신경	후신경(후각신경)	냄새 맡는 감각 담당
제Ⅱ뇌신경	시신경(시각신경)	시각을 전달하는 신경
제Ⅲ뇌신경	동안신경(눈돌림신경)	안구 상하 운동, 동공크기 조절, 안검 올리는 기능 담당
제Ⅳ뇌신경	활차신경(도르래신경)	안구의 후·하방과 외측회전 담당
제Ⅴ뇌신경	삼차신경(삼차신경)	각막의 지각, 누선, 상순, 윗니, 인두 부분의 지각, 혀와 아랫니의 지각, 저작 운동
제Ⅵ뇌신경	외전신경(갓돌림신경)	안구의 외측 운동
제Ⅶ뇌신경	안면신경(얼굴신경)	안면근육운동, 표정과 맛 지각
제Ⅷ뇌신경	내이신경(속귀신경)	청각, 평형감각
제Ⅸ뇌신경	설인신경(혀인두신경)	혀의 맛 감각, 연하, 타액분비 조절
제Ⅹ뇌신경	미주신경(미주신경)	연하, 가스 교환, 혈압 조절, 장내 반사
제Ⅺ뇌신경	부신경(더부신경)	발성, 두부 운동, 어깨 운동
제Ⅻ뇌신경	설하신경(혀밑신경)	혀의 운동 담당

㉡ 척수신경

분류	척수신경의 수
경신경(목신경)	8쌍
흉신경(가슴신경)	12쌍
요신경(허리신경)	5쌍
천골신경(엉치신경)	5쌍
미골신경(꼬리신경)	1쌍

② **자율신경계** : 대뇌의 지배 없이 우리 몸의 기능을 자율적으로 조절하는 신경을 말한다.

㉠ 교감신경
- 스트레스 신경으로 흥분 시 아드레날린을 분비
- 심장박동 증가, 혈압 상승, 소화액 분비 억제, 한선의 분비 촉진

㉡ 부교감 신경
- 휴식신경으로 아세틸콜린 분비
- 혈압 하강, 동공 축소, 심박동수 저하, 소화액 분비 촉진

05 순환계통

순환계는 산소와 영양을 공급하고 이산화탄소와 노폐물을 체외로 배설하기 위한 운반시스템으로 심장혈관계(심장, 혈관, 혈액)와 림프계(림프관, 림프절, 림프액)로 구성된다.

1 심장과 혈관

1) 심장

① 심장의 구조
- 2심방 2심실(좌심방, 좌심실-동맥혈, 우심방, 우심실-정맥혈) 구성
- 심방과 심실사이에 혈액 역류 방지를 위한 판막이 존재하여 일정한 방향으로 혈액이 흐름(삼첨판, 이첨판, 폐동맥판막, 대동맥판막)
- 수축과 이완에 의한 혈액순환

② 심장의 기능
- 체순환과 폐순환을 통해 혈액량 및 혈압 조절
- 산소와 영양소 공급
- 심장박동의 중추는 연수이며 자율신경이 심장의 활동 조절

2) 혈액

혈액은 약 80%의 수분을 포함하는 혈관 속의 액상조직을 말한다.

① 혈액의 기능
- 물질 운반 : 산소와 이산화탄소, 영양분과 노폐물, 호르몬 운반 작용
- 면역 작용 : 각종 면역물질 함유로 신체 보호 작용
- 항상성 유지 : 조직의 pH 조절, 체온 조절, 조직액과 수분 교환을 통한 수분 조절
- 혈액응고 작용 : 피브리노겐의 혈액응고 작용으로 혈관 파괴에 의한 혈액 유출 방지

② **혈액의 구성** : 성인 몸무게의 7%, 약 5~6ℓ의 혈액 존재, 45% 혈구, 55%의 혈장
- 혈장은 90%의 물 + 단백질, 포도당, 아미노산, 지방, 무기염류로 구성
- 영양소, 노폐물 운반, 삼투압 및 체온 조절, 혈액응고에 관여
- 알부민, 글로불린, 피브리노겐으로 구성

적혈구	조직세포에 산소를 공급하고 이산화탄소를 제거하는 역할
백혈구	외부로부터 침입한 세균을 처리하는 식균작용에 의해 병원균으로부터 우리 보호하는 방어 기능에 의한 면역력 담당
혈소판	트롬보플라스틴(트롬보키나아제)라는 효소에 의해 지혈 및 혈액응고 작용에 관여

③ 심장의 혈액 순환경로
- 체순환(대순환) : 좌심실 → 대동맥 → 온몸의 모세혈관(물질교환) → 대정맥 → 우심방
- 폐순환(소순환) : 우심실 → 폐동맥 → 폐포의 모세혈관(가스교환) → 폐정맥 → 좌심방

3) 혈관

혈관은 혈액을 운반하는 통로를 말한다.

동맥	혈액이 심장에서 온몸으로 나가는 혈관으로 탄력과 근육층 형성
정맥	혈액이 심장으로 들어오는 혈관으로 역류 방지막이 존재하는 얇은 근육층
모세혈관	동맥과 정맥을 이어주는 그물모양의 얇은 혈관으로 조직과 혈액의 물질교환 역할

2 림프계

1) 림프계의 기능 : 체액의 균형, 지방 흡수, 방어 기능

2) 림프계의 구성

림프액	림프관을 흐르는 조직액으로 세균 및 이물질 제거, 면역반응에 관여 림프의 흐름 : 모세림프관 – 림프관 – 림프절 – 림프 본관 – 정맥
림프관	판막이 발달하고 곳곳에 림프절이 존재하여 독성 물질 파괴
림프절	여과 및 식균작용, 림프구 생산, 항체 형성

06 소화기계통

1 소화의 정의

소화란 소화관을 통해 들어온 영양소를 체내 세포와 조직에서 흡수 가능한 작은 크기로 분해하는 것을 말한다.

2 소화기계의 구성

① 기관 : 입 → 인두 → 식도 → 위 → 소장 → 대장 → 항문
② 부속기관 : 간, 담낭, 췌장, 침샘

3 소화기관의 종류

구강	저작작용에 의해 녹말 분해 효소인 프티알린이라는 아밀라아제에 의해 녹말을 포도당과 엿당으로 분해
인두	구강과 식도 사이에 위치. 음식물이 인두를 통해 식도를 거쳐 들어가는 연하작용

식도	입 속에 들어온 음식물을 인두 쪽으로 밀어 넣는 작용
위	식도로 넘어온 음식물을 임시로 저장했다가 염산과 펩신 등의 위액의 분비로 소화하여 소장으로 보내는 기능(위액이 분비 되는 물질 : 펩신, 무신, 염산)
소장	체내 음식물이 소화, 흡수되는 기관으로 장액, 췌장액, 담즙을 분비
대장	맹장, 결장, 직장으로 구성되며 소화효소의 분비는 없으나 수분흡수로 인해 변의 활동 작용을 도와준다.
간	좌엽과 우엽으로 구분되며 재생이 가능한 장기 • 해독 기능 • 포도당을 글리코겐으로 합성 저장 • 지용성 비타민의 저장 • 담즙 생성 및 분비 기능 • 철분의 저장 · 합성 기능 • 혈류 조절
담낭	간에서 분비된 담즙을 농축 · 저장시키는 작용을 하여 장관 내 음식물 부패를 방지하는 기능
췌장	소화와 탄수화물 대상에 관여하며 이자액을 분비하고 혈당 조절에 관여 • 외분비 : 이자액 • 내분비 : 호르몬(인슐린, 글루카곤)

Part
04

피부미용 기기학

피부미용 기기학

01 기본용어와 개념

1 물질의 정의
물질이란 질량과 부피를 차지하는 지구상의 모든 것.

2 물질의 분류
① 온도와 압력에 따른 분류
- 고체 : 외부조건이 바뀌어도 일정한 모양과 부피를 가지고 있는 물질(얼음)
- 액체 : 일정한 부피는 있으나 일정한 형태를 갖지 않는 물질(물)
- 기체 : 일정한 형태가 없으며 유동성에 의해 무한히 팽창하는 물질(공기)

② 구성에 따른 분류

원소		물질을 이루는 기본 성분으로 다른 물질로 분리되지 않는 것 예) 구리, 철, 수소, 산소, 탄소 등
화합물		두 가지 이상의 원소가 합하여 만들어진 물질 예) 물(H_2O), 암모니아(NH_3) 등
혼합물	불균일 혼합물	두 가지 이상의 순물질의 비율이 일정하지 않게 섞여있는 혼합물 예) 흙탕물, 우유, 암석 등
	균일 혼합물	두 가지 이상의 순물질의 비율이 일정하게 섞여있는 혼합물 예) 설탕물, 소금물, 청동, 공기 등

3 물질의 구성

원자	원소의 성질을 가지는 최소단위로 화학적 방법으로 더 이상 쪼개지지 않는 작은 입자를 말하며 양성자(+), 중성자, 전자(−)로 이루어져 있다.
분자	몇 개의 원자가 모여 물질의 성질을 가진 작은 알갱이로 화학적 성질을 가진 물질의 최소 단위
이온	원자를 구성하는 전자 중 전하를 몇 개 잃거나 다른 인접한 전자로 전하를 얻은 상태 • 양이온 : 양전하를 띠고 있는 이온(원자가 전자를 잃어버리면 양(+)이온 • 음이온 : 음전하를 띠고 있는 이온(원자가 전자를 받아들이면 음(−)이온

02 전기와 전류

1 전기의 정의
전자가 한 원자에서 다른 원자로 전자가 이동하는 현상을 전기라 한다.

2 전류의 흐름
전류의 흐름은 전자의 흐름과 반대이다.
① **전자** : 음극(−)에서 양극(+)으로 이동
② **전류** : 양극(+)에서 음극(−)으로 이동

3 전류의 분류
① **직류** : 전류의 방향이 시간의 흐름에 따라 변하지 않고 한쪽 방향으로 흐르는 전류
(예: 축전지, 건전지)

− 극	+ 극
• 알칼리성 반응	• 산성반응
• 유연화 작용	• 수렴작용
• 혈액 공급 증가	• 혈액 공급 감소
• 신경 자극 증가	• 신경 자극 감소
• 혈관 확장	• 혈관 수축
• 조직 연화 작용	• 조직 강화 작용
• 음이온 물질 침투에 응용	• 양이온 물질 침투에 응용
• 전기세정법	• 이온영동법

② **교류** : 전류의 방향과 크기가 시간의 흐름에 따라 주기적으로 변하는 전류(예: 가정용 전원, 엘리베이터)

저주파	주파수 1,000Hz이하의 전류로 신경이나 근육의 전기적 자극에 활용
중주파	주파수 1,000Hz부터 10,000Hz까지의 전류를 말하며 피부자극이 거의 없음
고주파	주파수 100,000Hz이상의 높은 주파수를 가진 교류전류로 인체의 심부에 열을 투여할 목적으로 사용

• 감응전류 : 시간의 흐름에 따라 극성과 크기가 비대칭적으로 변하는 전류
• 정현파 전류 : 시간의 흐름에 따라 방향과 크기가 대칭적으로 변하는 전류
• 격동 전류 : 전류의 세기가 순간적으로 강 · 약을 반복하는 전류

4 전기 용어
① **볼트(Volt)** : 전압의 단위
② **암페어(Ampere)** : 전류의 세기

③ 옴(Ohm) : 전기 저항의 실용 단위
④ 와트(Watt) : 전기를 사용할 때드는 전력의 단위
⑤ 주파수(Hz:헤르츠) : 전류가 1초 동안 진동하는 전기적 진동수
⑥ 도체 : 전류가 잘 통하는 물체 (예 : 금, 은, 구리, 철, 알루미늄 등)
⑦ 비전도체 : 전류가 통하지 않는 절연체 (예 : 유리, 고무, 나무)

03 피부미용 기기의 종류 및 기능

1 피부진단기

수분측정기	• 유리로 만들어진 탐침을 피부에 눌러주어 화면에 수치로 표피 각질층의 수분 함유량 측정(0~220) • 온도 20-22도, 습도 40-60% 이상적인 측정 환경 유지
유분측정기	• 특별히 고안된 플라스틱 테이프에 묻은 피지의 빛 통과도를 광도 측정하여 피부 표면의 유분함유량 측정 • 알코올 성분이 없는 클렌징제로 세안 2시간 후 측정 • 온도 20-22도, 습도 40-60% 이상적인 측정 환경 유지
pH 측정기	• 피부의 산성도와 알칼리 정도를 측정하는 분석기 • 피부의 예민도나 유분을 측정(건강한 피부 : pH 4.5~5.5약산성)
스킨스코프	• 모니터를 통해 고객과 관리사가 동시에 피부 상태를 분석하는 진단기 • 피부의 주름상태, 모공크기, 피지량, 색소침착, 각질상태, 피부결 등 관찰 • 피부·두피 상태는 80배율, 모발의 큐티클 상태는 200~300배율로 관찰
확대경	• 육안으로 판별하기 어려운 문제성 피부를 5~10배로 확대하여 측정 • 육안으로 판별하기 어려운 잔주름, 색소침착, 면포 등 측정 • 피부분석 및 여드름 입출 시 사용 • 클렌징 후 아이패드로 눈 보호 후 진단부위와 적당한 거리 확보 후 사용
우드램프	• 특수한 자외선 램프를 통해 피부상태에 따라 나타나는 색을 통해 피부상태 분석 • 피부의 민감도, 피지상태, 색소침착, 모공크기, 트러블 등 관찰 • 클렌징 후 아이패드로 눈을 보호하여 5~6cm 정도의 거리 확보 후 어두운 조명에서 실시 | 정상피부 | 형광색 | 건성피부 | 연보라 | | 민감성피부 | 진보라 | 지성피부 | 오렌지 | | 노화피부 | 암적색 | 색소침착 | 암갈색 | | 각질 | 흰색 | | |

2 안면미용 기기

스티머	• 코일의 센서에 의해 가열되어 멸균기능을 띤 증기를 안면에 적용하는 기기로 증기공급형과 오존공급형으로 구분 • 혈액순환 촉진, 노폐물배출, 각질연화작용 등 효과 • 클렌징 후 아이패드 사용 • 관리전 10분전에 예열하며 스팀이 나오기 시작할 시 오존 공급 • 피부유형별 사용시간과 거리 <table><tr><td>노화, 건성, 지성</td><td>15분</td><td>30cm</td></tr><tr><td>정상</td><td>10분</td><td>35cm</td></tr><tr><td>민감성, 알레르기, 여드름, 모세혈관확장피부</td><td>5분</td><td>40~50cm</td></tr></table> • 물통은 식초물로 세척후 보관 • 피부감염시, 모세혈관확장피부, 상처 있는 피부, 일광에 손상 피부, 천식환자는 사용 금지
후리마돌 (브러싱머신)	• 천연 양모 소재의 브러시를 피부에 적용해 클렌징, 딥 클렌징, 마사지 효과를 주는 기기 • 젖은 브러시는 수직방향으로 피부 상태에 따라 회전속도를 조절하여 얼굴 굴곡에 따라 이동하며 사용 • 사용한 솔은 세척 후 솔을 정돈하여 소독기에 넣어 소독 · 건조시켜 보관 • 피부질환, 예민피부, 상처난 피부, 수술직후 등 사용 금지
진공흡입기	• 벤토즈(유리 재질의 컵이나 플라스틱 컵)을 이용하여 진공의 압력을 통해 림프 · 혈액순환을 도와 기초대사량을 높이며 각질 및 노폐물 제거 효과 • 사용시 오일이나 크림을 도포하여 림프절 방향을 따라 컵에 피부가 20%를 올라오지 않게 강도를 조절하여 멍이 들이 않게 사용 • 예민피부, 모세혈관확장피부, 멍든 피부, 탄력저하피부 등은 사용주의
갈바닉기기	• 60~80v의 낮은 전압이 한 방향으로 흐르는 직류를 사용한 이온토포레시(+)와 디스인크러스테이션(-)으로 구분한다. • 이온토포레시스(+) : 피부 흡수가 어려운 수용성 물질인 비타민C 앰플, 세럼 등 고농축액의 유효성분을 피부에 침투시키는 방법 • 디스인크러스테이션(-) : 딥 클렌징의 단계로 음극봉에서 생성되는 알칼리에 의해 피지를 용해시켜 각실세거와 노폐물 제거하는 방법 • 효과 <table><tr><td>양 극 (+)</td><td>음 극 (-)</td></tr><tr><td>• 산성반응 • 수렴작용 • 혈액 공급 감소 • 신경 자극 감소 • 진정 효과 • 혈관 수축 • 통증 감소 • 조직 단단함 • 양이온 물질 침투에 응용 • 이온영동법</td><td>• 알칼리성 반응 • 유연화 작용 • 혈액 공급 증가 • 신경 자극 증가 • 자극 효과 • 혈관 확장 • 통증 발생 • 조직 연화 작용 • 음이온 물질 침투에 응용 • 전기세정법</td></tr></table> • 관리시 고객의 금속성 악세사리를 제거한 후 시술하며, 전극봉 사용시 피부에 밀착시킨 다음 스위치 작동 • 임산부, 모세혈관 확장 피부, 인공심장 박동기 · 몸속 금속류 착용자, 사용 금지

고주파	직접법	– 고객의 피부에 직접 전극봉을 접촉시킨 후 전원을 킨 다음 관리 – 관리시 관리사의 손이나 다른 사람의 손이 고객 몸에 접촉되지 않도록 주의 – 오존을 발생시켜 박테리아 살균 및 소독작용, 진정작용에 효과
	간접법	– 고객 손으로 전극봉을 잡고 관리사 손을 이용하여 관리 – 관리시 관리사의 손이 고객 몸에서 떨어지지 않도록 주의 – 심부열 발생으로 혈액순환촉진, 세포재생 및 진정효과, 건성피부 잔주름에 효과
	• 초당 100,000Hz이상의 주파수를 가진 교류전류를 이용하여 열을 발생 시켜 혈액순환과 신진대사 촉진, 모세혈관을 확장시켜 제품 침투를 돕는 기기 • 금속물질 및 액세서리 제거 후 시술 • 임산부, 피부질환자, 심장병 환자, 동맥경화 환자, 인공 심박기 부착자, 치아 보철 착용자는 사용금지	
초음파	• 17,000~18,000Hz 이상의 진동음파로 인체 조직과 피부 세포 간에 미세한 진동과 온열 작용을 일으켜 신진대사를 촉진시키는 기기 • 세정작용, 지방분해작용, 마사지 작용 효과 • 망막과 시신경에 피해를 줄 수 있으므로 눈 부위의 자극은 주의 • 모세혈관 확장 피부, 염증성 여드름 피부, 알레르기성 민감 피부, 일광이나 화상으로 자극된 피부, 담마진 같은 피부질환자 사용 금지	
리프팅기	• 약한 전류로 근육을 자극하여 피부근육을 운동시켜 신진대사 기능을 강화시키고 탄력을 잃은 피부에 효과인 기기 • 주파수가 낮을수록 근육 깊숙이 전류가 침투하고, 높은 주파수에서는 표피에 영향을 준다. • 피부질환자, 치아 보철기 착용자 등은 사용금지	

3 전신미용 기기

진공흡입기	• 벤토즈를 이용하여 피부 표면을 진공 상태로 만들어 세포와 조직에 적절한 압력을 가하여 혈행촉진과 노폐물배출에 효과적인 기기 • 림프순환, 혈액순환, 노폐물배출, 부종완화, 지방제거, 셀룰라이트 분해 등에 효과 • 컵에 피부가 10~20% 흡입하여 한 부위를 집중해서 관리하지 않고 림프절 가까이로 이동하며 관리 • 모세혈관확장 피부, 정맥류, 탄력이 떨어진 피부, 민감성 피부, 찰과상이 있는 피부에는 사용을 주의
엔더몰로지	• 진공 음압에 의해 혈액순환과 림프순환을 촉진시켜 지방 분해 작용에 도움이 되는 기기 • 부황요법, 지방분해, 셀룰라이트 분해, 노폐물 축척 방지, 부종완화, 피부탄력, 면역기능, 근육강화 등 효과 • 오일 도포 후 말초신경에서 심장방향으로 시술 • 뼈 부위, 정맥류, 모세혈관 확장 부위는 피하고 멍이 들지 않도록 주의
바이브레이터 (G5)	• 진동에 의해 전신순환을 촉진시키는 기기로 5종류의 액세서리를 통해 체형관리에 활용 • 근육이완 및 근육통완화, 혈액순환, 신진대사 촉진, 노폐물배출 등 효과 • 적당한 압력에 의해 멍이 들지 않도록 적용하며 뼈 부위는 시술을 피함 • 모세혈관 확장피부, 정맥류, 임산부, 민감성 피부, 최근 시술자, 상처나 흉터 있는 자는 사용 금지
저주파기	• 1~1,000HZ 이하의 저주파 전류로 전기자극을 이용하는 기기로 근육에 전기 자극을 주어 지방을 분해하는 원리 • 체지방 감소, 근육운동 및 근육통증 완화 체형관리 등 효과 • 고객의 상태에 따라 주파수를 선택하여 고객이 통증을 느끼지 않도록 관리 • 금속물 및 인공 심박기 삽입한 자, 임산부, 심장질환자, 자궁근종 및 물혹이 있는 자, 고혈압 및 저혈압, 근육 손상이 있는 자는 사용 금지

4 광선미용기기

적외선	• 파장이 770~220,000nm사이의 전자기파로 적색의 불가시광선으로 물질을 따뜻하게 하는 성질로 열선이라고 함 　- 근적외선 : 파장이 가장 짧은 것으로 700~1,500nm의 파장을 지닌 광선으로 피부의 피하조직과 혈관, 신경에 영향을 줌 　- 중적외선 : 근적외선과 원적외선 사이의 중간 파장 　- 원적외선 : 파장이 가장 긴 것으로 피부 침투효과가 적고 자극적이지 않아 오래도록 관리를 유지 가능 • 유효성분 침투용이, 신진대사 및 노폐물배출, 근육이완, 통증완화 효과 • 45~90cm의 적정거리를 유지하며 감각이 없거나 둔한 경우 화상에 주의 • 모세혈관확장 피부, 화농성 피부, 악성 종양, 수술 직후, 일광 화상 부위, 고열일 경우 사용 금지
자외선	• UVA(장파장) : 광노화의 원인, 진피, 모세혈관까지 침투, 태닝효과 • UVB(중파장) : 홍반, 수포 유발, 표피 기저층까지 침투 • UVC(단파장) : 피부의 각질층에 도달, 살균효과로 인한 박테리아, 세균 파괴, 피부암 유발 • 고객으로부터 5~6cm떨어진 거리에서 UV-A를 방출하는 것을 사용 • 피부면역강화, 선텐 및 살균효과, 여드름 치료, 비타민 D 생성, 여드름 치료, 피부재생 촉진 등 효과 • 피부질환자, 고열이 있는 자, 두통, 현기증 증세가 있는 자는 사용 금지
컬러페타피	• 눈에 보이는 빛의 파장과 색상의 따른 효과로 신체에 적용하는 기기 | 빨강 | • 혈액순환촉진, 세포재생촉진, 근조직이완, 셀룰라이트 개선 • 노화, 여드름, 셀룰라이트 피부적용 | | 주황 | • 신진대사 활성 및 노폐물 배출 효과, 세포 재생 작용 • 민감성 피부, 알레르기성 피부, 건성피부 | | 노랑 | • 뇌에 자극, 소화기능 강화, 콜라겐·엘라스틴의 증가 작용 • 문제성 피부, 수술 후 회복 관리 | | 초록 | • 신경안정, 지방분비기능조절, 피지선기능조절, 면역력 강화 • 여드름, 비만, 색소 관리 | | 파랑 | • 염증 및 열 진정 작용, 모세혈관확장증, 부종완화 • 지성 및 염증성 여드름 피부 관리 | | 보라 | • 면역 활동 강화, 림프계 활동 증가 작용, 식욕조절 • 모세혈관확장피부, 화농성여드름, 셀룰라이트, 건성피부 | • 주위를 어둡게 하고 빛의 강도와 시간을 목적에 맞게 선택하여 빛을 수직으로 조사 • 광알레르기성 피부, 임산부, 질병이 있는 자, 피부염, 습진 등이 있는 자는 사용 금지

Part
05

화장품학

CHAPTER 01 화장품학개론

01 화장품의 정의

1 화장품
인체를 청결·미화하여 매력을 더하고 용모를 밝게 변화시키거나 피부·모발의 건강을 유지 또는 증진하기 위해 인체에 사용되는 물품으로 인체에 대한 작용이 경미한 것을 말한다.

2 화장품의 기원
① **보호설** : 자연으로부터 몸을 보호하기 위한 수단
② **미화설** : 아름다움을 유지하기 위한 본능
③ **신분표시설** : 성별, 사회적 계급, 소속집단 등 신분을 나타내기 위한 수단
④ **종교설** : 신에게 재앙을 예방하는 의식 수단
⑤ **이성유인설** : 이성에게 매력적인 모습을 보이기 위한 수단

3 화장품의 4대 요건
① **안전성** : 피부에 대한 자극, 알레르기, 독성이 없는 것
② **안정성** : 보관의 변질, 변색, 변취, 미생물의 오염이 없는 것
③ **사용성**
　　- 사용감(피부 친화성, 촉촉함, 부드러움 등)
　　- 편리성(크기, 중량, 기능성, 휴대성 등)
　　- 기호(디자인, 색, 향기 등)
④ **유용성** : 보습 효과, 노화 억제, 자외선 차단, 미백 효과, 세정 효과, 색채 효과 등을 부여할 것

4 기능성 화장품
① 피부의 미백에 도움을 주는 제품
② 피부의 주름 개선에 도움을 주는 제품
③ 피부를 곱게 태워주거나 자외선으로부터 피부를 보호하는 데에 도움을 주는 제품
④ 모발의 색상 변화·제거 또는 영양 공급에 도움을 주는 제품
⑤ 피부나 모발의 기능 약화로 인한 건조함, 갈라짐, 빠짐, 각질화 등을 방지하거나 개선하는데에 도움을 주는 제품

5 화장품, 의약외품, 의약품의 분류 기준

구분	화장품	의약외품	의약품
사용대상	정상인	정상인	환자
사용목적	청결, 미화	위생, 미화	질병치료 및 예방
사용기간	장기간, 지속적	장기간 또는 단기간	일정기간
사용범위	전신	특정 부위	특정부위
부작용	없어야 함	없어야 함	어느 정도는 있음

02 화장품의 분류

화장품의 목적에 따른 분류

분류	사용목적	주요제품
기초화장품	세안, 세정, 청결	클렌징, 크림, 클렌징 폼, 클렌징 오일
	피부정돈	화장수, 마사지 크림, 팩
	피부보호	로션, 에센스, 크림
메이크업화장품	베이스 메이크업	메이크업 베이스, 파운데이션, 페이스 파우더
	포인트 메이크업	립스틱, 아이섀도, 네일 에나멜
모발화장품	세정	샴푸
	컨디셔닝, 트리트먼트	헤어 린스, 헤어 컨디셔너, 헤어 트리트먼트
	정발	헤어 스프레이, 헤어 무스, 포마드
	퍼머넌트 웨이브	퍼머넌트 웨이브 로션
	염색, 탈색	염모제, 헤어 브리치
	육모, 양모	육모제, 양모제
	탈모, 제모	탈모제, 제모
방향화장품	향취부여	퍼퓸, 오데코롱
바디화장품	세정용	바디클렌저, 바디 스크럽, 버블 바스
	신체정돈, 보호	바디로션, 바디오일, 핸드크림
	체취방지, 땀 억제	샤워코롱, 데오드란트

CHAPTER 02 화장품 제조

01 화장품의 원료

1 화장품 원료 선택 요건
- 피부에 자극 및 독성이 없는 것
- 피부의 구조를 변화시키지 않는 것
- 피부에 생리적인 변화와 방해를 주지 않는 것
- 미생물의 번식, 증식을 촉진하지 않는 것
- 안전성이 높은 것

2 수성원료 : 물에 녹는 성분
① **정제수** : 화장품 제조에 있어 물은 가장 중요한 원료 중 하나임
② **에탄올** : 휘발성 성분으로 수렴제, 살균제, 청결제, 가용화제 등에 이용되며 수렴·청정 효과로 지성, 여드름 피부에 주로 사용된다.
③ **보습제** : 피부의 건조를 막아 피부를 촉촉하게 하는 물질로 온도, 습도, 바람 등의 영향을 받지 않고 흡습 능력이 지속되어야 한다.

종류	특징
글리세린	• 무색, 무취의 액체이며 보습제로 가장 많이 사용 • 수분을 흡수하는 성질이 강해 보습효과가 뛰어나고 단맛이 남 • 유연제 작용을 하여 피부를 부드럽고 윤기와 광택이 나도록 함 • 피부에 부작용과 자극이 없으며, 끈적임
프로필렌글리콜	• 무색, 무향으로 산뜻한 느낌을 줌 • 점성이 있는 액체로, 수분을 흡수하는 성질이 있음 • 글리세린보다 침투력이 강하나 자극을 줄 수 있음 • 가격이 저렴
콜라겐	• 우수한 수화 능력, 많은 물을 보유하고 결합하는 능력이 있어 피부관리 제품에 많이 사용 • 보습작용이 우수하여 피부에 촉촉함을 부여 • 과거에는 송아지에서, 현재는 돼지 또는 식물에서 추출
히아루론산	• 피부에 윤활성과 유연성 우수 • 분자량의 점도에 따라 보습성 성질이 다름 • 과거에는 닭벼슬에서 추출했으나 현재는 미생물 발효에 의해 생산 • 보습, 유연 효과로 화장수 등에 이용
부틸렌글리콜	• 무색, 무취의 액체로 안전성이 양호하여 크림, 유액 등에 주로 사용

2 유성원료 : 기름에 녹는 성분

① 오일의 목적
- 외부로부터의 유해물질 침투 방지
- 피부와 모발에 유연성, 윤활성, 광택 효과 부여
- 피부표면의 수분 증발 억제로 피부건조 예방

② 식물성 오일 : 수분증발을 억제하고 사용감을 향상시킴

종류	특징
올리브 오일	• 올리브 열매에서 추출 • 피부표면의 수분 증발 억제, 사용 감촉 향상 • 식물성 오일 중 피부흡수율이 높아 선탠오일에 사용
아보카도 오일	• 아보카도의 열매에서 추출 • 피부보호 작용, 재생 작용으로 건성 피부에 적절 • 크림, 마사지 오일 등에 사용
살구씨 오일	• 살구씨에서 추출 • 감촉의 우수해 크림류에 사용
스위트 아몬드 오일	• 아몬드 씨앗에서 추출 • 비타민 A, B와 미네랄이 풍부하여 피부탄력, 보습력 우수, 화상, 염증에 진정 작용 • 크림, 마사지 오일 등 사용
맥아유	• 밀베아에서 추출 • 항산화 작용, 세포 재생, 혈액순환 촉진 • 기초 제품, 메이크업, 모발 화장품 등 광범위하게 사용
호호바(조조바) 오일	• 호호바 종자에서 추출 • 인체의 피지와 유사한 화학구조의 물질 • 퍼짐성, 침투성, 친화성 우수 • 피지 분비 조절과 상처치유 효과로 지성 피부에도 효과 • 쉽게 산화되지 않아 보존성이 높음

③ 동물성 오일 : 식물성 오일에 비해 생리활성은 우수하지만 색상이나 냄새가 좋지 않고 쉽게 산화되어 변질되므로 화장품 원료로 널리 이용되지 않음

종류	특징
라놀린	양털에서 추출하며 피부에 대한 침투 및 유연효과가 우수하나 정제도에 따라 피부 트러블 유발 가능성이 높음. 건성, 노화 피부에 주로 사용
밍크오일	밍크의 피하조직에서 추출하며 피부에 친화성이 우수하고 유분감이 적어 유아용 오일과 각종 크림 등에 사용

④ 광물성 오일 : 석유 등 광물질에서 추출하며, 색과 냄새가 없고 피부흡수가 비교적 좋다.

종류	특징
유동파라핀	• 미네랄 오일이라고 함 • 무색, 무취, 피부에 막을 형성하여 수분 증발 억제 효과 • 광물성 오일 중 기초, 메이크업 화장품에 가장 널리 사용
바셀린	• 무취, 불활성 • 기초, 메이크업, 모발 화장품의 유성 성분으로 사용
스쿠알란	• 심해 상어의 스쿠알렌에 수소를 첨가하여 얻은 것으로 안정성이 높아 크림, 유액 등 기초 화장품에 주로 사용

⑤ 합성오일 : 화학적으로 합성한 오일로, 식물성 오일이나 광물성 오일에 비해 쉽게 변질되지 않고 사용감이 우수하다.

종류	특징
실리콘오일	• 무기물질인 실리콘에 유기물질의 결합으로 만들어진 성분 • 무색, 투명, 무취 • 피부유연성과 매끄러움, 광택부여 • 색조화장품의 내수성을 높이고, 모발 제품에 자연스러운 광택을 부여함
팔미틸산	• 팜유 등을 비누화 분해하여 얻는 것으로 크림, 유액에 사용

⑥ 왁스 : 지방산과 고급 알코올의 에스테르로 립스틱 등을 고화시켜 광택을 부여하고 사용감을 향상시키는데 사용한다.

종류	특징
카나우바 왁스	• 카르나우바 야자에서 추출 • 립스틱, 크림, 왁스 등에 사용
칸데릴라 왁스	• 칸데릴라 식물에서 추출 • 립스틱 등 광택제, 방수제로 사용
밀납	• 벌집에서 추출 • 알레르기 유발 가능성 있음 • 에몰리엔트, 립스틱, 팔모왁스, 포마드 등 유상 원료로 사용

3 방부제

방부제는 화장품의 변질을 방지하고, 세균의 성장을 억제·방지하기 위해 첨가하는 물질이다.

종류	특징
파라옥시향산메틸	• 수용성 물질에 대한 방부효과가 좋음
파라옥시향산프로필	• 지용성 물질에 대한 방부 효과가 좋음
이미다졸이디닐 우레아	• 세균에 강하고 파라벤류와 함께 사용 • 독성이 적어 기초화장품, 유아용 샴푸 등에 사용

4 색소

- 염료 : 물이나 기름, 알코올 등에 용해되고, 용해상태로 존재하며 색을 부여할수 있는 물질
- 안료 : 물과 오일 등에 모두 녹지 않는 불용성 색소

① **무기안료** : 광물성 안료/색상은 화려하지 않지만 빛, 산, 알칼리에 강하며 커버력이 우수하다.
- 체질안료(탈크, 카올린, 마이카)
  - 피부에 대한 퍼짐성이 좋고 매끄러움 부여
  - 하얀색의 아주 미세한 분말로 이루어짐
  - 페이스 파우더의 가루분이나 파운데이션에 주로 사용
- 백색안료(산화아연, 이산화티탄)
  - 피부의 커버력 결정
- 착색안료(산화철류)
  - 색채의 명암을 조절하고 커버력을 높이는데 사용

② **유기안료** : 타르색소로 유기합성 색소 종류가 많고 화려하며 대량 생산이 가능하다. 빛, 산, 알칼리에 약하나 색상이 선명하여 립스틱이나 색조화장품에 사용된다.

③ **레이크** : 수용성 염료에 알루미늄, 칼슘, 마그네슘, 지르코늄 염을 가해 침전시켜 만든 불용성 색소이다.

④ **펄안료(진주광택 안료)** : 펄이 들어가 진주광택, 홍채색 등의 효과를 내며 피부에 부착되면 빛을 반사함과 동시에 빛의 간섭을 일으켜 금속의 광택을 나타낸다.

⑤ **천연색소** : 헤나, 카르타민, 카로틴, 클로로필 등 동식물에서 얻어지며 안전성이 높다. 그러나 대량 생산이 불가능하며 착색력, 광택성, 지속성이 약해 많이 사용하지 않는다.

5 향료

① 천연향료

종류	특징
식물성향료	• 식물에서 추출한 향료 • 피부자극과 독성이 있어 알레르기를 일으킬 수 있으며 가격이 싸고 종류가 많음
동물성 향료	• 동물에서 추출한 향료 • 피부자극과 도성이 없어 피부에 안전하나 가격이 비쌈 • 사향(노루), 영묘향(고양이분비물), 용연향(고래의 장내), 해리향(버너의 생식선) 등이 존재

② **합성향료** : 정유와 석유화학제품이 기초 원료를 화학적으로 합성하여 만든 향료
③ **조합향료** : 천연향료나 합성향료를 조합한 향료

6 산화방지제

화장품을 보관할 때 공기 중에 산소를 흡수해서 자동 산화를 일으켜 산패되는 것을 억제하기 위해 첨가함. 부틸히드록시툴루엔(BHT), 부틸히드록시아니솔(BHA), 비타민 E(토코페롤)가 있다.

7 pH 조절제

시트러스 계열, 암모늄 카보나이트가 있다.

8 계면활성제

① 한 분자 내에 물과 친화성을 갖는 친수기와 오일과 친화성을 갖는 친유기를 동시에 갖는 물질로서, 계면에 흡착하여 계면 장력 등 계면의 성질을 현저히 바꿔 주는 물질
② 기능

종류	특성	제품
양이온 계면활성제	정전기 발생 억제, 살균, 소독 작용	헤어 린스, 헤어트리트먼트
음이온 계면활성제	세정 작용, 기포 작용 우수	비누, 샴푸, 클렌징 폼 등
양쪽성 계면활성제	세정 작용, 피부자극 적음	저자극 샴푸, 베이비 샴푸
비이온 계면활성제	피부자극 적음, 화장품에 가장 많이 사용	화장수의 가용화제, 크림의 유화제, 클렌징 크림의 세정제

– 계면활성제의 피부 자극 : 양이온성 > 음이온성 > 양쪽성 > 비이온성

9 피부 유형별 활성 성분

피부유형	활성성분의 작용
건성 피부	• 콜라겐 : 고분자 단백질로 보습 작용이 우수하여 피부에 촉촉함을 부여하나 열에 약하여 파괴되기 쉬움 • 엘라스틴 : 수분 증발 억제 작용 • 히아루론산 : 자기 질량의 최소 수백 배의 수분을 흡수하여 보습 효과 우수 • 알로에 : 항염증, 진정작용, 보습작용에 여드름, 민감성, 건성, 노화 피부 사용 가능 • 세라마이드 : 수분증발 억제, 유해물질 침투억제
노화 피부	• 비타민 E(토코페롤) : 항산화, 항노화, 재생 효과 작용 우수 • 프로폴리스 : 밀랍에서 추출, 피부진정, 상처 치유, 항염증 작용, 면역력 향상 작용 • 비타민 A(레티놀) : 상피조직의 재생 효과, 재생 작용 • 알란토인 : 보습, 상처 치유, 재생 작용 • AHA : 천연의 과일이나 우유에 추출하는 성분 – 글라이콜릭산(사탕수수), 젖산(우유), 구연산(오렌지,레몬), 사과산(사과), 주석산(포도)
미백	• 비타민C : 수용성 비타민, 항산화, 항노화, 미백, 재생, 모세혈관 강화 • 하이드로퀴논 : 미백 효과가 뛰어나며 의약품에서만 사용 • 코직산 : 누룩곰팡이에서 추출하며 티로시나제의 활성화 억제 • 알부틴 : 월귤나무에서 추출, 티로시나제의 활성 억제 • 닥나무추출물: 닥나무에서 추출, 미백, 항산화 효과

민감성 피부	• 아줄렌 : 카모마일에서 추출, 항염증, 진정, 상처치유 효과 • 위치하젤 : 하마멜리스에서 추출, 살균, 소독, 수렴, 항염증 효과 • 판테놀 : 항염증, 보습, 치유 작용
지성, 여드름 피부에 적용 가능한 성분	• 벤조일퍼옥사이드 • 살리실산 : 살균작용, 피지억제, 화농성 여드름에 효과 • 캄포 : 피지조절, 항염증, 수렴 작용, 혈액순환 촉진

02 화장품의 기술

① **가용화** : 물에 소량의 오일 성분이 계면활성제에 의해 투명하게 용해되어 있는 상태를 말하는 것
예) 화장수, 에센스, 헤어 토닉, 헤어 리퀴드, 향수 등

② **분산** : 물 또는 오일 성분에 미세한 고체입자가 계면활성제에 의해 균일하게 혼합된 상태를 말하는 것
예) 아이라이너, 마스카라, 파운데이션, 립스틱 등

③ **유화** : 물과 오일 성분처럼 섞이지 않는 두 가지 액체의 한쪽을 작은 입자로서 다른 쪽의 액체 중에 안정한 상태로 분산시키는 것. 물과 오일 성분이 계면활성제에 의해 우유빛으로 백탁화된 상태
- O/W형 에멀전(수중유형) : 물 〉 오일 피부흡수 빠르고 수분증발이 빨라 시원하고 가볍지만 지속성이 낮음 (예) 로션류 : 선텐로션, 보습로션
- W/O형 에멀전(유중수형) : 오일 〉 물 유분감이 많아 피부흡수가 느리고 사용감이 무겁지만 지속성이 높음 (예) 크림류 : 영양크림, 클렌징 크림, 헤어크림, 선크림

03 화장품 보관 및 취급 시 주의사항

- 사용 후에는 반드시 마개를 닫아둔다.
- 고온 또는 저온의 장소 및 직사광선이 닿는 곳에는 보관하지 않는다.
- 유아·소아의 손이 닿지 않는 곳에 보관한다.
- 스패튤러를 이용하여 사용할 만큼 덜어서 사용한다.
- 제품 설명서를 잘 읽고 올바른 사용방법에 따라 사용한다.
- 눈에 들어가지 않게 주의 한다.
- 상처가 있는 부위, 습진, 피부염 등 이상이 있는 부위는 사용하지 않는다.

CHAPTER 03 화장품의 종류와 기능

01 기초 화장품

1 기초 화장품의 목적
① 피부를 청결히 하고 피부의 pH 조절
② 건강하고 아름다운 피부 유지 및 회복
③ 피부를 정상이 되도록 향상성 유지

2 기초 화장품의 기능
① **세정작용** : 메이크업, 노폐물 제거
② **정돈작용** : 세정에 의해 약알칼리성으로 기울어진 피부를 약산성으로 만드는 것(화장수)
③ **보호작용** : 피지막과 수분을 보호하여 외적 자극으로부터 피부가 약해지는 것 방지(크림, 로션, 에센스)

3 세안 화장품
세안 화장품이란 피부 표면에 묻은 이물질인 땀, 먼지, 각질, 메이크업 잔여물을 제거하는 과정을 말한다.
① 클렌징제의 성분 요건
- 노폐물 제거가 잘 되어야 함
- 피지막을 파괴하지 말 것
- 피부 타입에 적절하기 사용
- 피부 표면을 상하게 하지 말 것

② 클렌징제의 종류
- 물
- 비누 : 대부분 알칼리성, 산성 피지막 파괴
- 메이크업 리무버 : 케라틴 성분 함유, 색조 화장 제거
- 클렌징 밀크 : 수중유형(O/W형 친수성), 크림류보다 세정력 낮음, 민감성, 건성, 노화피부에 효과
- 클렌징 로션 : O/W형, 사용감 가볍고 이중세안 필요 없음, 모든 피부 사용 가능
- 클렌징 크림 : 유중 수형(W/O형 친유성), 이중세안 필요, 지성피부 자제

- 클렌징 젤 : 친수성 세안제, 예민성, 알레르기성, 지성, 여드름
- 클렌징 오일 : 포인트 메이크업 제거시 사용.
- 클렌징 폼 : 거품이 나는 비누 타입, 이중 세안제

③ 피부 유형별 클렌징제 선택
- 중성피부 : 오일, 크림, 로션, 젤, 워터
- 건성피부 : 오일, 로션, 크림
- 지성피부 : 젤, 워터

4 화장수

화장수는 세안 후 남아 있는 노폐물이나 메이크업의 잔여물을 제거하여 피부를 청결히 하고, 각질층에 수분을 공급하거나 피부 생리 작용을 조정하는 기능을 한다.

① 화장수의 종류
- 유연 화장수(수분 공급 + 피부 유연)
  - 스킨로션, 스킨토너, 스킨소프너라고도 함
  - 알칼리성 : 노화된 각질을 녹이며 수분과 보습성분의 침투를 촉진시켜 피부를 촉촉하게 함
  - 중성 : 피부를 부드럽게 하고 탄력성을 줌
  - 약산성 : pH 5.5~6.5인 것으로 피부를 매끄럽게 하고 세균 침투를 예방
- 수렴 화장수(수분공급 + 모공 수축) : 알코올 함유
  - 아스트리젠트, 토닝로션이라고도 함
  - 수분 공급, 모공 수축, 피지분비 억제, 소독 효과
  - 지성 피부, 여드름 피부에 화장수로 주로 사용
  - 아스트리젠트–토닝로션–밸런스 토너 등으로 변화
  - 건성, 노화, 민감성 피부에는 자극 부여
- 소염 화장수(천연추출물)
  - 수렴과 소염을 동시에 주는 화장수
  - 무알콜 화장수는 식물성 약초 추출물인 알란토인 캄파 성분 함유로 살균·소독에 효과가 있어 여드름, 염증성 피부에 사용

5 크림

크림은 세안 시 소실되는 천연 보호막을 보호하기 위해 사용하는 제품의 유형으로 유·수분 밸런스 유지, 피부의 보습 및 외부 자극으로부터 보호 작용을 한다.

- 크림의 종류
  - 모이스쳐 크림: 피부보습, 영양, 재생
  - 마사지 크림: 혈액순환 촉진, 마사지 효과

- 미백크림: 화이트닝 기능
- 자외선 크림: 자외선으로부터 피부보호
- 헤어크림: 모발 수분 공급, 모발보호 효과

6 에센스
에센스는 세럼, 컨센트레이트, 부스터라고도 부르며, 보습 효과, 자외선 차단, 미백, 산화 방지, 소염 등의 기능을 가진 고농축영양 화장품이다.

02 기능성 화장품

1 주름개선 기능성 화장품
① 섬유아세포를 자극하여 콜라겐과 엘라스틴의 생성을 촉진하고, 피부의 탄력과 주름 억제 작용
② 각화세포의 각화주기를 촉진시켜 새로운 세포 생성에 관여
③ 활성산소와 프리라디칼을 제거하는 물질
④ 주름개선 성분으로 레티놀, 레티놀 팔미데이트, 아데노신, 코엔자임 Q10 등

2 미백개선 기능성 화장품
① 티로시나아제의 활성을 억제하는 물질
② 도파산화를 억제하는 물질로 멜라닌 합성을 저해
③ 각질세포를 벗겨내어 멜라닌 색소를 제거하는 물질
④ 멜라닌 세포 생성을 억제
⑤ 자외선을 흡수하거나 산란시킴으로 멜라닌 생성을 억제
⑥ 미백 성분으로는 알부틴, 닥나무 추출물, 감초추출물, 비타민 C 유도체 등

3 자외선 기능성 화장품
① **자외선 산란제(물리적 방법)**
- 자외선 반사·산란 작용에 의해 자외선이 피부로 침투하는 것을 방지
- 차단효과가 우수하고 접촉성 피부염의 부작용이 없이 없으나 화장이 밀림
- 발랐을 때 불투명함
- 원료 : 이산화티탄, 산화아연, 티타늄디옥사이드, 카오린, 징크옥사이드 등

② **자외선 흡수제(화학적 방법)**
- 유기물질을 이용하여 화학적인 방법으로 자외선을 흡수시켜 피부침투를 차단

- 많이 배합 시 접촉성 피부염 유발 가능성이 있음
- 기초 화장품 중 크림, 로션 등에 응용
- 원료 : 옥시벤존, 티타늄디옥사이드, 옥틸메톡시 신나메이트 등

③ SPF(자외선차단지수) : UV B를 차단하는 지수

- $SPF = \dfrac{\text{자외선차단제를 도포한 피부의 최소 홍반량}}{\text{자외선 차단제를 도포하지 않은 피부의 최소 홍반량}}$

- PA : UV A를 차단하는 지수

03 메이크업 화장품

1 메이크업 화장품의 사용 목적

메이크업 화장품은 기초 화장품 후 얼굴의 장점을 살리고 단점을 커버하여 개성미를 살리고 얼굴에 입체감을 부여하기 위해 사용한다.

2 메이크업 화장품의 종류

- 메이크업 베이스 : 얼굴색을 보완해주고 파운데이션의 밀착감과 지속력을 유지
- 파운데이션 : 피부의 결점을 커버하고 외부 자극으로부터 피부를 보호하여 피부색의 통일감 부여
- 페이스 파우더 : 파운데이션의 유분기를 제거하고 차분한 피부로 표현해주며 파운데이션의 지속력을 높이고 자외선으로부터 피부를 보호
- 콤팩트 : 가루분을 압축한 고형분으로, 케이크 형태로 되어 있어 분첩과 솔을 이용
- 트윈케이크 : 파운데이션과 콤팩트의 이중효과로 커버력이 뛰어나고 빠른 화장 시 유용
- 아이섀도 : 눈에 색감과 음영을 주어 입체감을 부여하여 개성 있는 눈매를 연출
- 아이라이너 : 눈의 윤곽을 또렷하고 선명하게 표현
- 마스카라 : 속눈썹을 길고 짙게 보이기 위해 활용
- 립스틱 : 입술에 색조감과 건조를 예방하여 입술을 보호하는 제품
- 블러셔 : 볼 부위에 입체감을 주는 마지막 단계

04 모발 화장품

1 세정제
세정용 모발 화장품은 두피, 모발에 존재하는 피지, 땀, 비듬, 각질, 먼지, 화장품, 찌꺼기 등을 세정하는 기능과 모발에 영양공급을 시키는 기능을 한다.
- 샴푸제 : 두피의 피지 및 노폐물을 제거하고 건강 유지
- 린스제 : 모발의 유분을 공급하고 유연성을 부여하여 윤기를 주는 세정용 화장품

2 정발제
모발을 고정하고 정돈하는 화장품
- 헤어 오일, 포마드, 헤어 크림 및 로션, 헤어 스프레이, 헤어 젤, 헤어 무스, 헤어 왁스

3 양모제
두피의 영양공급 및 살균
- 헤어 트리트먼트, 헤어 팩, 헤어 토닉, 헤어오일, 헤어 에센스 등

05 향수

1 좋은 향수의 조건
- 향의 특징을 가질 것
- 향의 확산성이 좋을 것
- 향기의 조화가 적절할 것
- 세련되고 격조 있는 향일 것

2 향수의 분류

종류	부향률	지속시간	특 징
퍼퓸	15~30%	6~7시간	향이 오래 도록 지속은 있으나 가격이 비쌈
오데퍼퓸	9~12%	5~6시간	퍼퓸보단 지속력이나 부향률이 낮으나 경제적임
오데토일렛	6~8%	3~5시간	가벼운 느낌과 향수의 지속성 부여, 일반적으로 가장 많이 사용함
오데코롱	3~5%	1~2시간	가볍고 산뜻해 처음 접하는 사람에게 적당
샤워코롱	1~3%	1시간	전신용 방향제품으로 가볍고 신선함

※ 향수의 부향률 순서 : 퍼퓸〉오데퍼퓸〉오데토일렛〉오데코롱〉샤워코롱

3 향수의 발산 단계

탑노트 Top Note	• 3시간 이내에 발산되는 휘발성이 강한 향 • 가장 먼저 느껴지는 향 • 신선하고 달콤한 향 • 오렌지, 레몬, 페퍼민트, 바질 등
미들노트 Middle Note	• 약 24~36시간 정도 지속되는 향으로 알코올이 발산된 후 느끼는 향 • 부드럽고 따뜻한 느낌의 향으로 소화기관에 도움을 주는 향 • 라벤더, 로즈우드, 제라늄, 마조람 등
베이스 노트 Base Note	• 약 1주 이상 지속되는 향으로 공기 중 휘발력이 가장 느린 향 • 나무와 뿌리, 수액에서 추출한 오일 • 샌달우드, 패츌리, 프랑킨센스, 시더우드, 벤조인, 베티버 등

06 에센셜 오일 및 캐리어 오일

1 아로마테라피의 정의

아로마테라피의 어원은 Aroma(향기, 방향) + Therapy(치료, 요법)에서 왔으며, 향기나는 식물에서 추출한 휘발성 물질을 사용하여 심신을 건강하게 하는 향기(방향)요법이다.

2 에센셜 오일

① 에센셜 오일의 추출 부위

추출부위	효능	오일
꽃	성기능 강화, 항우울	장미, 네놀리, 일랑일랑, 자스민
꽃잎	해독작용	라벤더, 로즈마리, 제라늄, 바질
잎	호흡기 질환	페퍼민트, 티트리, 유칼립투스, 제라늄
열매	독소배출, 이뇨작용	그레이프프루트, 오렌지, 버가못, 레몬, 쥬니퍼
수지	항균, 호흡기 질환	프랑킨센스, 벤조인 미르
나무	비뇨, 생식기	시더우드, 샌더우드, 로즈우드
뿌리	신경계 강화	베티버, 진저

② 에센셜 오일의 추출 방법
- 증류법
  - 오래된 증류법으로 수증기 증류법과 물 증류법으로 구분
  - 짧은 시간에 대량 추출 가능
  - 라벤더, 페퍼민트, 유칼립투스, 로즈마리, 티트리, 카모마일 등 전체 80% 이상 해당

- 압착법
  - 시트러스 계열 오일에서 추출
  - 열에 의한 손상과 자연적 손상이 적으나 산패가 빠름
  - 버가못, 레몬, 오렌지, 그레이프 프루트, 만다린 등
- 용매추출법
  - 휘발성 : 벤젠, 석유 에테르, 알코올 등에 의해 화향 성분 등을 추출하는 방법
  - 수증기 증류가 어려운 에센셜 오일을 추출할 경우, 식물의 섬세한 향을 파괴할 우려가 있는 경우에 사용
- 냉침법
  - 동물성 기름에 꽃잎을 넣어 획득한 향지를 증류하여 추출하는 방법으로 천연 꽃향기를 그대로 재현하는 방법
  - 장미, 재스민 등
- 온침법
  - 냉침법에 비해 시간과 노력이 절약되는 방법
  - 돈지 사용에 의해 향이 변질될 우려가 있어 현재는 사용하지 않는 방법

③ 에센셜 오일의 활용 방법
- 흡입법
  - 공기 중에 발산된 향기를 들이마시는 방법
  - 천식, 감기, 기침, 두통, 편두통, 호흡기 감염에 효과적
  - 건식 흡입법, 증기 흡입법, 스프레이 분사법, 아로마 확산기
- 마사지법
  - 아로마테라피의 여러 방법 중 가장 효과적인 방법
  - 노폐물 배출 촉진
  - 혈액순환과 림프순환의 흐름을 개선한다.
  - 근육이완과 근육피로의 감소 효과
- 목욕법
  - 전신욕 : 정유를 떨어트려 15분에서 20분 정도 따뜻한 물을 담은 욕조에 몸을 담그는 방법
  - 전신욕, 반신욕, 족욕법, 수유법
- 습포법
  - 통증 부위에 찜질하는 방법
  - 염증, 타박상, 염좌 시 냉습포 사용
  - 혈액순환 촉진, 통증 완화, 어깨 결림 해소를 위해서는 온습포 사용

④ 에센셜 오일의 종류

종류	효능	주의사항 및 특징
티트리	살균 방부, 여드름 피부 진정	• 민감성 피부 주의
버가못	살균제, 항우울제, 이뇨제, 방부제, 진경제, 항독소, 소화제, 방취제, 해열제, 식욕촉진제	• 고농축 시 피부 자극
페파민트	호흡기계, 해독작용, 소화불량, 피부염증에 효과	• 간질, 심장병 금지
유칼립투스	거담제, 해열제, 진통제, 항균제, 상처치료제, 방충제, 살균제, 이뇨제	• 고혈압, 간질사용금지
쟈스민	진정제, 항우울제, 최음제, 세포재생제, 살균제, 호르몬균형제	• 임산부 사용금지 • 건조하고 민감한 피부에 효과적
라벤더	이완제, 진정제, 진통제, 해독작용, 스트레스, 피부재생	• 여드름성 피부, 습진, 화상 등에 효과적
레몬	항균제, 해열제, 발적제, 강장제, 지혈제, 수렴제, 항바이러스제, 혈압강화제, 강장제	• 피부자극 우려 • 광독성에 의해 직사광선 피할 것
패출리	항염제, 항우울제, 수렴제, 세포재생제, 항균제, 이뇨제, 항진균제	• 주름살 예방 • 노화피부, 여드름, 습진에 효과적
로즈마리	진통제, 곤충 퇴치, 항염제, 월경촉진제, 이뇨제, 발적제, 각성제, 강장제, 소화제	• 임산부, 고혈압, 간질환자 사용금지
일랑일랑	각성제, 진정제, 항우울제, 최음제, 강장제, 살균제, 항지루제, 혈압강화제	• 민감한 반응 • 과다사용 시 구역질 두통 우려

⑤ 에센셜 오일의 보관 방법
- 갈색병에 담아 냉암소에 보관
- 직사광선을 피해 통풍이 잘되는 어둡고 차고 건조한 곳에 보관
- 공기와 접촉 시 산화되어 변질이 쉽기 때문에 뚜껑을 닫아야 함
- 어린이 손에 닿지 않는 곳에 보관

3 캐리어 오일

캐리어 오일이란 피부에 대한 정유의 전달자 역할을 하는 100% 천연 식물성 오일을 말한다.

① 캐리어 오일의 효과
- 에센셜 오일 증발 억제
- 피부에 영양 공급
- 에센셜 오일의 약리 성분 효과적 침투

② 캐리어 오일 유의사항
- 에센셜 오일의 희석 비율 : 얼굴 1~2%, 바디 2~3%
- 정제되지 않은 순수한 오일 사용

③ 캐리어 오일의 종류

종류	특징 및 효능
호호바 오일	• 화학 구조가 사람의 피지성분과 비슷하기 때문에 피부와의 친화성이 높고 침투력이 우수하여 모든 피부에 사용 가능 • 항박테리아 작용이 있어 여드름 피부에 좋고 건선, 습진, 비만관리 시 피부를 보호하고 영양 공급에 효과
윗점 오일	• 비타민 A, B와 비타민 E의 성분에 의해 천연산화방지제 역할 • 다른 캐리어 오일과 혼합 사용 • 피부재생, 건성 및 노화 피부, 알레르기성 피부에 효과적
스위트 아몬드 오일	• 비교적 저렴한 가격의 오일로 가장 많이 사용 • 항산화물질인 비타민 E의 포함으로 피부보호, 가려움증, 습진, 건성피부에 효과
그레이프시드 오일	• 콜레스테롤이 없으며 유분기가 가장 적은 캐리어 오일로 가벼운 느낌으로 피부에 흡수력이 우수 • 항균 작용, 수렴 효과로 여드름 피부에 사용
아보카도 오일	• 비타민 A, D, E, 단백질, 지방산, 칼륨 등 영양이 풍부 • 진정 효과, 보습 효과가 높아 건성 및 민감성 피부, 기저귀 발진 피부에 효과적
이브닝 프라임로즈 오일	• 달맞이 꽃 종자에서 추출하는 오일로 감마리놀렌산이 함유되어 항염증 및 항균 작용이 우수 • 호르몬, 콜레스테롤 조절 작용
마카다미아 오일	• 마카다미아 식물에서 추출 • 사람의 피지와 비슷한 성분이기 때문에 침투가 쉽고 피부를 유연하게 하여, 노화를 방지하고 혈액이나 임파액의 흐름을 활발하게 함

Part 06

공중위생관리학

공중위생관리학

01 공중보건 총론

1 건강과 질병

① 건강의 정의(1948년 세계보건기구, WHO)
   질병이 없거나 허약하지 않을 뿐 아니라 육체적·정신적·사회적 안녕이 완전한 상태를 말함.
② 건강의 중요성: 인간들은 누구나 행복한 삶을 영위하기를 바란다. 건강은 행복의 조건일 뿐만 아니라 생존의 조건이기도 하다.
③ 질병 예방 단계
   - 1차 예방(질병 발생 전 단계) : 환경개선, 건강관리, 예방접종 등
   - 2차 예방(질병 감염 단계) : 조기검진, 건강검진, 악화방지 및 치료 등
   - 3차 예방(불구 예방 단계) : 불구된 기능 재활, 사회적응 복귀 등
   - 보건소 보급 : 지역사회 보건사업이 시작

2 공중보건

① 공중보건학의 정의 : (미국 Yeil대학의 윈슬러(Winslow)교수, 1920)
   공중보건학은 조직된 지역사회의 노력을 통하여 질병을 예방하고 수명을 연장하여 육체·정신적 효율을 증진시키는 과학인 동시에 기술이다.
   ㉠ 대상 : 모든주민(지역주민) 전체
   ㉡ 목적 : 질병 예방, 수명 연장, 신체·정신적 건강 및 효율의 증진 및 장수라는 생득권의 실현
② 공중보건학의 범위
   ㉠ 환경보건 분야 : 환경위생, 식품위생, 환경오염, 산업보건
   ㉡ 보건관리 분야 : 보건행정, 보건영양, 인구보건, 모자보건, 보건교육, 정신보건, 사고관리
   ㉢ 질병관리 분야 : 감염병 관리, 역학, 기생충 관리

3 인구보건

① 인구의 정의 : 어느 특정시간, 일정한 지역에 거주하고 있는 사람의 집단을 말한다.
② 인구의 구성

피라미드형(인구 증가형)	출생률이 높고 사망률이 낮은 인구형태
종형(인구 정지형)	출생률과 사망률이 낮은 이상적인 인구형
항아리형(인구 감소형)	출생률이 사망률보다 낮은 선진국형
별형(유입형)	도시의 인구형태
기타형(유출형)	농촌의 인구형태

③ 인구조사
- 인구정태 : 성별, 연령별, 국적별, 학력별, 직업별, 산업별조사
- 인구동태 : 출생, 사망, 전입, 전출 등의 조사

④ 인구 증가시 문제점 : 경제발전 저해, 자원부족, 환경오염, 식량부족, 공중보건의 공급부족

4 보건지표

① 보건지표 : 지역주민의 건강수준을 평가하기 위한 척도
② WHO의 보건지표
- 보통(조)사망률, 평균수명, 비례사망지수, 영아사망률(국가의 건강수준을 나타내는 대표지표)

02 역학 및 질병관리

1 역학 : 인구 또는 질병에 관한 학문

역학의 궁극적 목적	• 질병 발생의 원인을 제거함으로써 질병 예방

역학의 범위 및 역할	• 범위 : 감염성, 비감염성 질환 연구
	• 역할
	  – 질병발생의 원인규명
	  – 질병발생 및 유행의 감시
	  – 질병자연사 연구
	  – 보건의료 서비스 연구
	  – 임상분야에 대한 역할

역학적 연구방법	• 실험 연구 방법
	• 관찰적 방법
	  – 기술역학
	  – 분석역학
	  – 단면조사 연구
	  – 환자–대조군 연구
	  – 전·후향성 조사 연구
	  – 코호트 연구

질병 발생 단인설	• 삼각형 모형설 : 병인적 요인, 숙주적 요인, 환경적 요인들의 평행상태가 깨졌을 때 질병이 발생한다는 이론 • 원인망 모형설(거미줄 모형설) : 여러 요인들이 거미줄 모형과 같이 얽혀 발생한다는 이론 • 바퀴모형설 : 여러 요인들이 상호작용에 의해 발생한다는 이론
역학의 시간적 특성	• 추세변화 : 장티푸스, 디프테리아, 인플루엔자 • 주기변화 : 인플루엔자 A, 인플루엔자, 백일해, 홍역
실험역학의 방법론	• 무작위 추출할당 : 실험군과 대조군을 정할 때 조사대상 집단으로부터 무작위 추출하여 연구 대상 집단을 형성하고 이들을 동일한 확률에 의해 배당한다. • 이중맹검법 : 대상자 자신이나 연구자들이 사실을 인지하지 않도록 하여 편견을 배제한다. 즉 실험자와 피실험자가 특정인이나 본인이 실험군인지 대조군인지 모르게 하는 것이다. • 위약투여법 : 심리적 작용으로 발생하는 편견을 제어하기 위하여 위약은 진짜약과 색깔, 냄새, 형태, 맛 등을 똑같이 하여 투약하는 사람이나 복용하는 사람이 분별할 수 없도록 한다.

2 감염병

① 감염병의 발생설

    ① 종교설 ② 점성설 ③ 장기설 ④ 접촉전염설 ⑤ 미생물병인론

② 감염병의 3대 요인

    ㉠ 병인체(전염원) : 병원체의 보유로 감수성 숙주에게 병원체를 전파하는 근원

       환자, 보균자, 감염동물, 흙, 물

    ㉡ 환경(전염경로) : 전염원에 의해 병원체가 감수성 보유자에게 전달되는 과정

       직접접촉전파, 공기전파, 동물매개전파, 개달물전파

    ㉢ 숙주(감수성 숙주) : 면역력이 낮아 침입한 병원체에 감염이 잘되는 숙주

③ 병원체

  • 세균

    – 육안으로 볼 수 없어 현미경으로 관찰

    – 콜레라, 이질, 장티푸스, 디프테리아, 임질, 매독, 결핵, 페스트, 파상풍 등이 있다.

  • 바이러스

    – 살아있는 세포 내에 기생하며, 전지현미경으로만 관찰

    – 에이즈, 일본뇌염, 간염, 홍역, 폴리오, 인플루엔자, 유행성이하선염, 광견병 등이 있다.

- 리케차
  - 세포 안에서 기생하는 특징으로 세균과 바이러스의 중간 크기
  - 발진티푸스, 발진열, 쯔쯔가무시병(양충병), 로키산홍반열 등이 있다.
- 진균 또는 사상균
  - 효모에서부터 곰팡이(사상균), 버섯에 이르기까지 종류가 매우 다양
  - 무좀 , 칸디다증
- 기생충
  - 동물성 기생체로 육안으로 식별 가능
  - 말라리아, 아메바성이질, 사상충, 회충, 십이지장충, 유구조충, 무구조충, 간디스토마, 페디스토마 등이 있다.

④ 병원소
- 인간병원소
  - 환자 : 병원체에 감염되어 임상증상이 있는 모든 사람
  - 보균자 : 임상증상은 없으나 균을 배출하여 전염원으로 작용하는 사람

보균자	특징	전염병
회복기보균자 (병후 부균자)	전염성 질환에 이완 후 임상증상이 소실되었으나 병원체를 배출하는 감염자	디프테리아, 세균성 이질, 장티푸스 등
잠복기보균자	전염성 질환에 감염된 후 잠복기간 중에 병원체를 배출하는 보균자	디프테리아, 홍역, 백일해, 유행성 이하선염 등
건강보균자	임상증상이 전혀 없고 건강한 사람과 다름이 업지만 병원체를 배출하는 보균자	일본뇌염 ,폴리오, 유행성수막염 등

- 동물 병원소
  - 동물이 병원체를 보유하고 있어 인간숙주에게 전염시키는 전염원으로 작용
  - 사람 및 동물에 공통적으로 옮기는 질병을 인수공통전염병 또는 인축공동전염병 이라고 한다.
    * 쥐: 페스트, 살모넬라증, 발진열, 서교증(쥐물음증), 양충병, 렙토스피라증
    * 소: 결핵, 탄저병, 살모넬라증, 파상열
    * 개: 광견병, 톡소플라마증
    * 돼지: 탄저병, 일본뇌염, 살모넬라증, 렙토스피라증, 파상열
    * 고양이: 톡소플라마증, 살모넬라증
    * 양: 파상열, 탄저병
    * 말: 유행성뇌염, 탄저병, 살모넬라증

⑤ 병원소로부터 병원체의 탈출
- 호흡기계 탈출 : 가장 흔한 탈출 경로로 대화 기침, 재채기가 공기의 의해 전파. 이것을 포말감염이라 한다.(결핵, 디프테리아, 홍역, 수두, 백일해)
- 소화기계 탈출 : 위, 장관을 통한 탈출 경로(분변, 토사)
- 비뇨생식기계 탈출 : 소변이나 생식기로 탈출(성병)
- 개방병소로 직접 탈출 : 농양, 피부병 등 상처부위로 직접 탈출(한센병)
- 기계적 탈출 : 흡혈성 곤충인 모기, 이, 벼룩 등에 의해 탈출, 또는 주사기(매독, AIDS)로의 탈출

⑥ 전파
- 직접전파 : 병원체가 어떠한 매개체 없이 직접 새로운 숙주에게 전파되는 경우
    성병, 나병, 홍역, 결핵, 파상풍, 탄저병 등이 있다.
- 간접전파 : 병원체가 공기, 물, 음식 등의 중간매개체를 거쳐 감염되는 경우

⑦ 새로운 숙주로의 침입
- 경구적 침입 : 오염 식품, 물
- 호흡기계 침입 : 비말, 비말 핵
- 기계적 침입 : 곤충, 주사기
- 경피 침입 : 점막, 상처부위

⑧ 법정감염병 분류 및 종류

구분	제1급감염병	제2급감염병	제3급감염병	제4급감염병
특성	생물테러감염병 또는 치명률이 높거나 집단 발생의 우려가 커서 발생 또는 유행 즉시 신고, 음압격리와 같은 높은 수준의 격리가 필요한 감염병 (17종)	전파가능성을 고려하여 발생 또는 유행 시 24시간 이내에 신고, 격리가 필요한 감염병 (21종)	발생을 계속 감시할 필요가 있어 발생 또는 유행 시 24시간 이내 신고하여야 하는 감염병 (27종)	유행 여부를 조사하기 위하여 표본감시 활동이 필요한 감염병 (22종)
종류	1. 에볼라바이러스병 2. 마버그열 3. 라싸열 4. 크리미안콩고출혈열 5. 남아메리카출혈열 6. 리프트밸리열 7. 두창 8. 페스트 9. 탄저 10. 보툴리눔독소증 11. 야토병 12. 신종감염병증후군1) 13. 중증급성호흡기증후군(SARS) 14. 중동호흡기증후군(MERS) 15. 동물인플루엔자 인체감염증 16. 신종인플루엔자 17. 디프테리아	1. 결핵 2. 수두 3. 홍역 4. 콜레라 5. 장티푸스 6. 파라티푸스 7. 세균성이질 8. 장출혈성대장균감염증 9. A형간염 10. 백일해 11. 유행성이하선염 12. 풍진 13. 폴리오 14. 수막구균 감염증 15. b형헤모필루스인플루엔자 16. 폐렴구균 감염증 17. 한센병 18. 성홍열 19. 반코마이신내성황색포도알균(VRSA) 감염증 20. 카바페넴내성장내세균목(CRE) 감염증 21. E형간염	1. 파상풍 2. B형간염 3. 일본뇌염 4. C형간염 5. 말라리아 6. 레지오넬라증 7. 비브리오패혈증 8. 발진티푸스 9. 발진열 10. 쯔쯔가무시증 11. 렙토스피라증 12. 브루셀라증 13. 공수병 14. 신증후군출혈열 15. 후천성면역결핍증(AIDS) 16. 크로이츠펠트-야콥병(CJD) 및 변종크로이츠펠트-야콥병(vCJD) 17. 황열 18. 뎅기열 19. 큐열 20. 웨스트나일열 21. 라임병 22. 진드기매개뇌염 23. 유비저 24. 치쿤구니야열 25. 중증열성혈소판감소증후군(SFTS) 26. 지카바이러스 감염증 27. 매독	1. 인플루엔자 2. 회충증 3. 편충증 4. 요충증 5. 간흡충증 6. 폐흡충증 7. 장흡충증 8. 수족구병 9. 임질 10. 클라미디아감염증 11. 연성하감 12. 성기단순포진 13. 첨규콘딜롬 14. 반코마이신내성장알균(VRE) 감염증 15. 메티실린내성황색포도알균(MRSA)감염증 16. 다제내성녹농균(MRPA) 감염증 17. 다제내성아시네토박터바우마니균(MRAB) 감염증 18. 장관감염증 19. 급성호흡기감염증 20. 해외유입기생충감염증4) 21. 엔테로바이러스감염증 22. 사람유두종바이러스감염증
신고주기	즉시	24시간 이내	24시간 이내	7일 이내

03 질병관리

1 감염병의 종류

① 급성감염병
- 소화기계 감염병 : 장티푸스, 콜레라, 세균성이질, 유행성 간염, 폴리오, 파라티푸스
- 호흡기계 감염병 : 디프테리아, 백일해, 홍역, 성홍열, 유행성 이하선염, 풍진, 인플루엔자
- 절지동물 매개 감염병 : 페스트(쥐), 발진티푸스(이), 말라리아(중국얼룩날개모기)
  유행성 일본뇌염(작은 빨간집모기), 쯔쯔가무시병(털진드기),
  신증후군출혈열(쥐)
- 동물 매개 감염병 : 공수병(개), 랩토스피라증(들쥐), 탄저(소,말,양)

② 만성감염병
- 결핵(생후 4주 이내 BCG 예방접종), 성병(매독,임질), B형 간염, AIDS

③ 비전염성 질환
- 원인 : 유전적요인, 사회경제적 요인, 습관적 요인, 지역적 요인, 영양상태, 고혈압, 뇌졸중, 허혈성 심장질환,당뇨병, 악성신생암

2 기생충의 종류

① 선충류
  ㉠ 회충 : 소장에 기생
  - 증세 : 발열, 식욕이상, 소화장애, 구토, 복통 등
  - 예방 : 분변의 위생처리, 야채의 생식에 유의, 정기적 구충제 복용
  - 오염된 야채, 불결한 손, 파리의 매개체에 의해 입을 통해 인체에 침입
  ㉡ 구충 : 소장에 기생
  - 증세 : 기침, 구토, 빈혈, 소화장애
  - 예방 : 인분을 사용한 토양 노출시 피부의 청결 유지
  ㉢ 요충 : 맹장, 결장에 기생
  - 증세 : 항문 주위 가려움과 습진
  - 예방 : 아이들에게 주로 발생, 청결한 생활 습관
  ㉣ 편충 : 대장
  - 증세 : 복통, 구토, 미열, 두통, 복부팽만
  - 예방 : 정기적 구충제 복용, 과일, 채소류 섭취시 깨끗이 세척

② 흡충류
  ㉠ 간 디스토마(간흡충증)

- 감염 : 민물고기 생식이나 오염된 물, 오염된 조리기구를 통해서 감염
- 예방 : 생식을 금하고 유행지역의 생수를 마시지 않는다.
ⓒ 폐 디스토마(폐흡충증)
- 감염 : 감염된 게, 가재의 식함으로 감염
- 예방 : 게, 가재를 생식을 금하고 유행지역의 생수를 마시지 않는다.

③ 조충류
㉠ 유구조충(갈고리촌충)
- 감염 : 돼지고기
- 예방 : 돼지고기를 충분히 익혀 먹는다.
㉡ 무구조충(민곤충)
- 감염 : 오염된 풀을 먹인 쇠고기
- 예방 : 소고기를 충분히 익혀 먹는다.
㉢ 광절 열두조충(긴 촌충)
- 감염 : 감염된 물고기
- 예방 : 송어나 연어의 생식을 금한다.
㉣ 아나사키충
- 감염 : 바다생선
- 예방 : 바다생선 생식 주의

3 구충구서

① 쥐가 발생시키는 질병 종류

페스트, 서교열, 살모넬라증, 렙토스피라증, 질환발진열, 쯔쯔가무시병, 유행성출혈열, 아메바성이질, 선모충증, 리슈마니아

② 파리가 발생시키는 질병종류

장티푸스, 파라티푸스, 이질, 콜레라, 식중독, 결핵, 디프테리아, 회충, 요충, 편충, 촌충, 소아마비, 화농균 등의 전파와 흡혈에 의한 피해, 불쾌감, 수면 방해등.

③ 모기가 발생시키는 질병 종류

말라리아, 일본뇌염, 활열병, 일본뇌염, 뎅기열 등

④ 바퀴가 발생시키는 질병 종류

유행성 간염 및 소아마비, 결핵, 디프테리아, 회충, 요충, 편충, 촌충

⑤ 일반적 구제법
- 서식 장소를 완전히 없애 산란 또는 어미벌레 등이 서식하지 못하게 한다.
- 애벌레 또는 어미벌레 등의 발생이나 출입을 막기 위하여 적절한 시설을 갖춘다.

- 쥐잡기, 벌레잡기용 약제를 사용하여 쥐, 파리, 모기, 바퀴 등을 없애야 한다.

04 가족 및 노인보건

1 가족계획
① **가족계획의 정의** : 계획적으로 가족 구성원을 형성하여 가족 전원이 행복한 가정생활을 영위하여 생활의 질을 높이기 위한 생활 운동이다.
② **가족계획의 필요성**
- 모자보건과 여성인권 존중
- 가정의 경제생활 향상과 생활양식 개선
- 자녀의 수와 양육, 육아 등 조절

2 모자보건
① **정의** : 모성보건과 영유아보건을 총칭하는 용어로, 모성 및 영유아의 생명과 건강을 보호하고 건전한 자녀의 출산과 양육을 도모함으로써 국민보건 향상에 이바지함을 목적으로 한다.
② **모자보건법에 따른 분류**
- 미숙아 : 임신 37주 미만의 출생아, 출생 시 체중 2.5kg 미만인 자
- 조산 : 임신 28주에서 38주 사이의 분만
- 사산 : 임신기간에 관계없이 태아가 모체 밖으로 나오기 전에 사망한 경우
- 분만 : 자궁 내 있던 태아와 그 부속물이 만출력의 기전에 의해 산도를 지나 모체 밖으로 배출되는 현상

3 노인보건
① **노인보건의 정의** : 노인의 질병에 대한 예방적, 임상적, 치료적 및 사회적 측면을 다루는 것을 의미한다.
② **노인보건의 문제성**
- 노령화에 따른 경제능력 부족
- 만성, 비전염성 질환의 비중 증가
- 독거노인의 증가로 외로움 급증
③ **노인성 질환**
- 노인의 질병 요인
  - 합병증 발생에 의해 회복의 속도 저조

- 면역력의 약화로 질병 발생
- 약 복용 시 약에 대한 효과가 적고 부작용 우려 급증
• 노인성 질환
- 골다공증, 치매, 당뇨, 고혈압, 비뇨기장애, 암, 호흡기 질환 등

05 환경보건

1 환경위생

환경위생이란 인간의 신체 발육, 건강 및 생존에 유해한 영향을 미치거나 미칠 가능성이 있는 물리적 생활환경에 있어서의 모든 요소를 관리·통제하는 것을 말한다.

자연적 환경	물리적 환경	기후, 물, 토양, 햇빛, 소리 등
	생물학적 환경	동식물, 미생물 등
사회적 환경	인위적 환경	주택, 의복, 위생시설, 산업시설 등
	문화적 환경	정치, 사회, 경제, 종교, 교육 등

① 기후
- 기후의 정의 : 한 장소에서 매년 반복되는 현상으로 대기 중에 일어나는 자연현상
- 기후의 요소 : 기온, 기습, 기류, 복사열, 강우, 강설 등
- 체온조절의 온열조건 : 여름 21~22℃, 겨울 18~21℃

> • 기후의 3대 요소 : 기온, 기습, 기류
> • 4대 온열 요소 : 기온, 기습, 기류, 복사열
> • 기온 18±2, 기습 40~70%, 기류 0.5m/sec이하, 복사열 : 태양의 적외선에 의한 열

② 공기
- 공기의 조성 : 질소(78.1%), 산소(20.1%), 아르곤(0.93%), 이산화탄소(0.03%), 기타(0.04%)
- 공기의 자정 작용 : 희석 작용, 산화 작용, 교환 작용, 세정 작용, 살균 작용
- 실내공기오염 : 생활수준의 향상으로 실내공기 질에 대한 관심 증가로 인한 적절한 관리 요구

> 군집독
> 다수가 실내에 밀집 시 물리적, 화학적 변화로 인해 불쾌감, 두통, 현기증, 구토 증세 유발

- 공기와 건강

구분		발생	증상
산소	산소중독	고농도의 산소에서 발생되는 증상	폐부종, 호흡 억제, 저혈압, 흉통, 심할 시 사망
	저산소증	산소 부족 시 발생되는 증상	호흡곤란, 질식
이산화탄소		무색, 무취, 비독성 기체상 물질	호흡곤란, 질식사
질소		고기압에서 정상기압으로 복귀 시 발생	혈액 속의 질소에 기포 발생
일산화탄소		무색, 무취, 무미, 무자극성의 기체	혼수상태, 심할 시 사망

③ 물
- 물의 역할
  - 체온 조절, 산소 운반 및 노폐물 배설, 영양분 흡수 등 생물체의 생존에 필수
  - 하루 평균 성인 기준 2.0~3.0L 필요
  - 자연생태계에 있어 지표의 침식과 퇴적 작용에 의해 지형의 변화를 형성
  - 여러 가지 물질을 변화시키고 운반하여 영양소의 분포 변화
- 물과 건강
  - 수인성 질병의 감염원 : 콜레라, 장티푸스, 파라티푸스, 세균성 이질 등
  - 기생충 질병의 감염원 : 간흡충, 폐흡충, 광절열두조충, 주혈흡충, 회충, 편충 등
  - 유해물질의 오염원 : 수은, 카드뮴, 유기인, 페놀, 비소 등
  - 불소의 함량 : 과잉함량 → 반상치의 원인, 저함량 → 충치의 원인

④ 주택
  ㉠ 환기 : 자연환기/인공환기
  ㉡ 냉방 및 난방
  - 실내온도 : 18±2℃ / 습도 40~70%
  - 냉방 : 26℃ / 난방 : 10℃
  ㉢ 채광
  - 자연조명
    - 창의 방향은 채공시간이 길고 밝은 남향이 적당
    - 창의 면적은 거실 바닥 면적의 1/5~1/7 이상(15~20%)이 적당
  - 인공조명
    - 직접조명 : 효율이 크고 경제적이나 강한 음영은 불쾌감을 줌
    - 간접조명 : 광원의 빛을 반사시켜 이용하는 것으로 눈이 부시지 않고 눈의 피해가 적음
    - 표준조도 : 거실, 식당, 사무실은 80~120룩스, 독서실, 일반교실, 보통작업은 300룩스

2 환경오염

환경오염이란 사람의 활동에 의해 지구의 공기, 토양, 물 등이 오염되어 사람의 건강, 재산 및 경제적인 피해와 자연환경의 악화를 초래하는 것을 말한다.

① 대기오염
- 입자상태의 대기오염 : 먼지, 연무질, 매연, 흄, 액적 등
- 기체 상태의 대기오염물 : 황화합물, 질소화합물, 산소화합물, 할로겐화합물, 유기화합물

② 수질오염
- ㉠ 정수과정
  - 침전 : 보통 침전, 약품 침전
  - 여과 : 완속여과법, 급속여과법
  - 소독 : 염 소소독, 오존 소독, 가열 소독, 자외선 소독
- ㉡ 수질오염 관련 용어
  - 수소이온농도지수 : 물에 존재하는 수소이온의 농도를 나타내는 지수
  - 용존산소 : 수중에 녹아있는 산소량
  - 생물학적 산소요구량 : 하수의 오염도를 나타내는 지표
  - 화학적 산소요구량 : 수중의 유기물량을 간접적으로 나타내는 수질 오염을 판단하는 지표
  - 부유물질 : 물중에 떠있는 0.1± 이상의 입자 상태의 유기, 무기 물질
- ㉢ 하수처리과정
  - 예비처리 : 부유물질이나 침강성 물질을 물리적인 방법으로 제거
  - 본처리 : 본처리로 생물학적 처리 방법으로 혐기성처리, 호기성처리로 나눔
  - 오니처리 : 수중의 질소, 인 등을 제거

3 산업보건

산업보건이란 근로자들이 육체·정신적 건강을 유지, 증진시키기 위해 쾌적한 작업환경을 조성하여 질병을 예방하고 근로자의 안전 보장을 지켜주는 것을 말한다.

① **산업보건의 목적** : 근로자의 건강과 행복을 보장하고 작업능률 향상성을 높이는 것
② **재해의 개념** : 산업현장에서 원하지 않은 사건의 발생으로 상해를 입은 것
③ **산업재해의 발생 요인** : 환경적 요인, 인적 요인, 생리적 요인, 심리적 요인 등
④ 재해지표
- 도수율 = 재해건수 / 연근로 시간 수 × 1,000
- 건수율 = 재해건수 / 평균 실근로일수 × 1,000
- 강도율 = 근로 손실일수 / 연 근로일수 × 1,000

⑤ 직업병
- 이상기온에 의한 건강 장애

분류	원인	증상	대처법
열경련	고온 환경에서 심한 육체노동 시 수분과 염분의 감소	경련, 발작	수분, 염분 보충
일사병(열사병)	장시간 고온 환경 노출 시 체온조절중추신경의 장애로 발생	혼수상태	냉찜질
열 피로	장시간 고온 환경 노출 시 혈관신경의 부조화, 심박출량의 부족에 의해 발생	실신	5% 포도당 주사

- 저온체온에 의한 건강 장애

분류	원인	대처법
참호족(참수족)	한랭 상태 시 물에 잠기게 될 경우	전신체온강화
동상	조직의 동결에 의해 세포구조 기계적 파괴	

- 감압과정에 의한 건강 장애

분류	원인	대처법
잠함병(감압병)	급격한 감압에 의해 순환장애와 조직 손상	1기압씩 상승

- 분진에 의한 건강 장애

분류	원인	비고
진폐증	분진흡입에 의해 폐조직의 변화로 일으킨 상태	
규폐증	유리규산의 분진에 의해 폐조직에 만성섬유증식을 일으키는 증상	가장 큰 독성 유발
석면폐증	석유섬유가 세소기관지에 부착하여 섬유증식을 일으키는 증상	

- 공업중독

분류	유해작업장	증상
납중독	배기가스, 도자기 제조, 인쇄업, 용접업 등	빈혈, 위장장애, 중추신경 장애
수은중독	수은 제조, 도금, 도료 등	근육경련, 불면증, 구내염 등
크롬중독	전기도금 작업, 안료공장, 가죽 제조, 염색 등	과뇨증, 요독증, 비중격천공 등
카드뮴중독	금속도금 작업, 플라스틱 제조, 용접, 안료 등	폐기종, 신장기능 장애, 단백뇨
벤젠중독	농약·벤젠 제조, 벤젠 분무, 증류 등 작업장	근육마비, 의식상실

⑥ 작업환경관리의 원칙 : 대치, 격리, 환기, 교육

06 식품위생과 영양

1 식품위생의 개념
① 식품과 기생충 질병
- 수육 : 쇠고기의 무구조충, 돼지고기 유구조충, 선모충
- 민물고기 : 참게, 가재의 폐디스토마, 참붕어 등의 간디스토마
- 바다생선 : 대구, 청어, 고등어, 조기 등의 아나사키스증
- 채소 : 회충, 구충, 편충, 이질아메바, 동양모양선충, 람블편모충 등

② 식중독 : 유해물질, 세균 등이 음식물과 함께 입을 통해 섭취되어 생리적인 이상을 초래하는 현상을 말한다.
- 세균성 식중독 : 미생물 또는 독소를 섭취하여 생기는 증상

감염형 식중독	살모넬라 식중독	• 원인 : 위, 파리, 바퀴 등에 오염된 음식물을 섭취, 육류, 우유 등 • 증상 : 발열, 두통, 복통, 설사 등의 증상이 나타나며, 심한 경우 사망
	비브리오 패혈증	• 원인 : 어패류(신선한 어패류에도 오염될 수 있음) • 증상 : 급성위장염, 복통, 설사, 구토의 증상이 특징이며 심한 경우 사망
	병원성 대장균 식중독	• 원인 : 우유, 채소 등에 의하여 발생하며 대장균이 주원인 • 증상 : 설사, 복통
	장출혈성대장균 감염증(O-157)	• 원인 : 동물의 오염된 고기를 덜 익혀서 먹을 경우(생간, 육회, 덜 익힌 햄버거 고기) • 증상 : 혈변, 복통, 설사, 오심, 구토, 때때로 발열
독소형 식중독	포도상구균 식중독	• 원인 : 화농부위, 피부 등에 존재 하며, 황색 포도상구균이 원인 • 원인식품 : 우유, 치즈 등의 유제품과 김밥 등이 원인식품 • 증상 : 구토, 설사 등의 증상을 나타내나 1~3일이면 회복
	보툴리늄 식중독	• 원인 : 통조림, 소시지 등 산소 분압이 낮은 혐기성 환경에서 발육하는 신경독소를 분비히는 균 • 증상 : 신경 증세와 시각 및 청각에 이상이 생기고 근육마비현상이 발생 • 발열이나 위장증상은 없지만 치사율이 매우 높다.

2 화학물질 식중독

첨가물질에 의한 식중독	• 식품의 품질, 영양, 위생적 가치를 높이고 장기 보존하기 위해 첨가되는 물질에 의한 식중독 • 원인 : 착색료, 향신료, 감미료, 산화방지제, 방부제, 살균제, 표백제 등
기구, 용기, 포장에 의한 식중독	• 기구, 용기, 포장 재질의 유해물질이 식품 속으로 들어가거나 음식물과 서로 상호작용하여 발생하는 식중독 • 원인 : 구리, 아연, 납, 비소 등의 금속류와 포름알데히드, 석탄산 등의 화합물

3 자연 독에 의한 식중독

① 동물성 식중독
- 복어

  원인 : 복어의 난소, 간장, 고환, 위장 등에 존재하는 테트로도톡신이라는 유독성분

  증상 : 감각이 둔해지고 호흡곤란, 허탈, 위장장애 등을 나타내는 신경독 치사율이 매우 높다
- 모시조개, 검은 조개

  원인: 모시조개의 베네루핀, 검은 조개의 미틸로톡신

② 식물성 자연 독
- 독버섯 : 무스카린
- 은행 : 긴놀
- 청매 : 아미그달린
- 감자 : 솔라닌
- 맥각균 : 에코타민, 에고톡신, 에고메트리

4 식품의 보존 방법

① 물리적 보존 방법
- 냉장 및 냉동법
  - 움저장(과실,채소류) : 온도를 약10℃로 유지
  - 냉장(야채,과일,육류) : 온도를 약 0~4℃로 보존
  - 냉동(육류,어류) : 온도를 0℃이하 본존
- 건조법·탈수법 : 수분 함유량을 감소시켜 건조 저장
- 가열법
  - 미생물을 죽이거나 효소를 파괴하여 미생물의 작용을 저지함으로써 식품의 변질을 방지하여 보존하는 방법
  - 80℃에서 30분 사멸 / 120℃에서 20분이면 완전 멸균
- 자외선 및 방사선 조사법
  - 자외선 살균법 : 2,500 ~ 2,700Å 사이에서 살균작용
  - 방사선 살균법 : 감마선에 의해 살균작용

② 화학적 보존 방법
- 절임법 : 염장, 당장, 산장
- 보존료 첨가법
- 복합처리법 : 훈증, 훈연
- 생물학적 처리법 : 세균, 곰팡이 및 효모의 작용으로 식품을 저장

07 보건행정

1 보건행정의 정의
공중보건의 목적을 달성하기 위해 공중보건의 원리를 적용하여 행정 조직을 통해 행하는 일련의 과정

2 보건행정의 특징
공공성 및 사회성, 봉사성, 조장성 및 교육성, 과학성

3 보건행정의 범위(WHO)
보건관계기록의 보존, 대중에 대한 보건 교육, 환경위생 전염병관리, 모자보건, 의료, 보건간호

4 우리나라 중앙 보건 행정조직
① 보건복지부
② 식품의약품 안전청
③ 보건복지부 소속기관 : 국립정신병원, 국립소록도병원, 국립 결핵병원, 질병관리본부, 국립의료원, 국립재활원

5 우리나라 지방보건 행정조직
① 시·도 보건행정조직 : 보건복지부(국립의료원, 질병관리본부, 국립검역소, 국립병원), 식품의약품안전청
② 시·군·구 보건행정조직 : 보건소, 보건의료원

08 소독학

1 소독의 개념
① 소독의 정의
　　병원 미생물의 성장을 저지하거나 파괴하여 감염의 위험성을 없애는 것
② 소독의 용어
　• 멸균 : 병원성 또는 비병원성의 미생물을 완전 사멸시켜 무균상태로 만드는 방법
　• 방부 : 병원성 미생물의 발육과 그 작용을 정지 또는 저지시켜 음식물 등의 부패나 발효를 방지하는 조작 (냉동법, 건조법, 설탕, 소금, 된장, 방부제 등)

- 소독 : 병원체의 생활력을 파괴시켜 감염이나 증식을 제거하는 방법
- 살균(Sterilization) : 병원균만 제거 사멸시키는 방법
- 무균: 미생물이 전혀 존재하지 않은 상태
- 소독력 : 멸균 〉 살균(소독) 〉 방부 〉 세정

2 미생물의 증식환경

① 영양소

탄소, 질소원, 무기염류, 발육소 등이 충분히 공급 되어야 한다.

② 수분

미생물의 발육, 증식하는데 필요한 수분량은 종류에 따라 다르다.
보통 40% 이상이어야 한다.

③ 온도(병원 미생물의 발육 최적 온도)

대부분의 병원균은 28~38℃에서 증식이 가장 왕성하게 일어난다.
- 저온균 : 15 ~ 20℃
- 중온균 : 27 ~ 35℃
- 고온균 : 50 ~ 5℃

④ pH(수소이온농도) 세균이 가장 잘 자라나는 수소이온 농도
- 중성 약알카리 : pH 7.0 ~ 7.5
- 강산성 알칼리 : pH 5.0 ~ 5.5
- 약산성 알칼리 : pH 7.0 ~ 6.5
- 강알칼리성 : pH 8.0 ~ 8.5

2 소독방법

① 물리적(이학적)소독 : 열과 광선 이용

종류		방법
건열멸균법	화염멸균법	소독 대상물을 20초 이상 불꽃에 접촉하여 가열하는 방법 금속, 도자기류, 유리기구 등에 적용
	건열멸균법	160℃~170℃에서 1~2시간 가열하여 아포균을 완전 멸균하는 방법 유리제품, 금속제품, 주사기, 오일류 등에 적용
	소각법	병원성 미생물에 오염된 것을 태우는 방법으로 가장 확실한 멸균법 병원균에 오염된 가운, 거즈, 수건, 객담 등에 적용

습열멸균법	자비소독법	100℃의 끓는 물에 10~20분간 처리하는 방법 금속기구, 접시, 도자기, 주사기 등 소독 시 적용	
	고압증기 멸균법	압력을 이용한 증기 멸균법으로 121℃에서 15분간 처리하여 미생물을 멸균시키는 방법 수술기구, 금속제품, 유리제품, 식기 등 적용	
	저온소독법	파스퇴르 고안한 법으로 60~65℃에서 30분간 처리하는 살균법으로 결핵균은 살균되나 대장균은 살균되지 않고 안전한 방법 우유에 가장 많이 사용	
무가열처리법	자외선소독기	UV C 광선을 이용한 강력한 살균력을 지닌 멸균 방법 외과수술실, 무균실, 미용용 가위나 빗 등 적용	
	초음파 멸균법	매초 8,800㎐의 음파를 이용하여 멸균하는 방법이나 살균력은 일정하지 않다. 식품, 액체약품, 시약 등의 멸균에 적용	
	방사선 멸균법	코발트(Co), 세슘(Cs) 등에서 방출하는 방사선 이용하여 멸균 방법 식품, 의료품같은 피멸균품에 적용하여 살균하는 방법	
	세균여과법	0.1~0.4㎛의 여과지를 이용하여 열에 불안정한 물질 멸균시 사용 음료수, 혈청이나 약제, 백신 등에 적용	

② 화학적 소독 : 약품을 이용방법

종류	방법	적용률
알코올	무색 투명하고 휘발성이 있으며 모든 병원균의 단백질을 응고 변성시켜 손, 피부 및 기구 소독에 적용	70% 농도적용
석탄산 (페놀)	단백질 응고 및 세포를 용해시키는 작용 장점: 고온일수록 살균력이 강함 단점: 피부점막에 자극적이며 온도 낮으면 효력이 약함 환자의 오염 의류, 용기, 오물, 실험대 소독	3%수용액
크레졸	석탄산 보다 2배의 살균력을 가지고 있음 피부 자극성이 적어 손, 피부 소독에 유효하며 화장실이나 하수구 등 소독	1% 피부, 손소독 3% 객담, 기구 등
승홍 수	강한 살균력과 독성으로 단백질을 응고시킴 장점 : 온도 높을수록 살균력 강하고 가격이 저렴하다단점 : 독성이 강해 점막을 자극시키며 금속을 부식시킨다	0.1%
생석회	산화칼슘을 98%이상 포함한 냄새없는 백색 또는 회백색의 분말로 생석회에 물 첨가시 열이 발생되며 알카리성으로 단백질을 변성시켜 살균작용으로 작용 재래식 화장실, 분뇨, 토사물 등의 소독에 적당	
과산화수소수	강력한 산화력으로 미생물을 살균할 수 있는 소독제 표백, 탈취, 살균 등의 작용 상처, 구내염, 인두염, 입안 청소 사용	2.5~3.5%
약용비누	양이온계면활성제를 이용한 것으로 물에 잘 녹고 거품이 잘 일어나지만 세정력은 거의 없다. 피부 소독, 기구 등의 소독에 적합	

포르말린	1~1.5% 수용액, 실내기구 소독 장점 : 세균 단백질 응고시켜 살균력 보임 단점 : 눈,코 자극이 심하고 냄새 강함	

- 화학적 소독의 조건
    - 살균력이 강하고 인체에 해가 없어야 한다.
    - 표백 부식력이 없어야 한다.
    - 안전성과 용해성이 높아야 한다.
    - 사용법이 간단하고 경제적이어야 한다.
    - 사용 후 냄새가 없어야 한다.
- 소독효과에 영향을 미치는 인자
    - 온도, 시간, 습도, 수소이온농도, 미생물의 종류에 따라 소독 효과에 영향
    - 수분 : 있는 것이 더 좋다
    - 온도 : 높을수록 더 효과적
    - 농도 : 정확한 사용농도
    - 시간 : 길수록 더 효과적이다

3 위생과 소독

① 미용기구의 소독기준
- 자외선 : 1㎠당 85㎼이상의 자외선을 20분 이상 쬐어준다.
- 건열멸균소독 : 섭씨100℃ 이상의 건조한 열에 20분 이상 쐬어준다.
- 증기소독 : 섭씨100℃이상의 습한 열에 20분 이상 쐬어준다.
- 열탕소독 : 섭씨100℃이상의 물속에 20분 이상 끓여준다.
- 석탄산수소독 : 석탄산수용액(석탄산3% 물97% 의 수용액을 말한다)에 10분이상 담가둔다.
- 크레졸소독 : 크레졸수(크레졸3% 물 97% 의 수용액을 말한다)에 10분이상 담가둔다.
- 에탄올소독 : 에탄올수용액에 10분 이상 담가두거나 에탄올 수용액을 머금은 면 또는 거즈로 기구의 표면을 닦아준다.

② 피부관리실 소독
- 튜브류 : 깨끗하게 세정 70% 알콜에 20분 이상 담가둔다.
- 유리제품, 브러시 : 미온수에 세탁하여 자외선소독기
- 면봉 : 소독된 것으로 사용
- 스파츌라 : 금속재나 플라스틱은 소독하여 사용, 나무는 1회용
- 해면 스펀지 : 채광과 통풍이 잘되는 곳에 건조 후 자외선소독기에서 소독
- 솜, 크린징 패드, 바늘 : 1회용으로 사용

- 기구 : 70% 알코올에 묻혀 닦아준다.
- 터번, 타월 : 삶아서 사용

09 공중위생관리법규

1 목적 및 정의
공중이 이용하는 영업의 위생관리 등에 관한 사항을 규정함으로써 위생수준을 향상시켜 국민의 건강증진에 기여하고, 공중위생영업업, 이용업, 미용업, 건물위생관리업 등으로 정의할 수 있다.

2 영업의 신고
공중위생영업의 종류별로 보건복지부령이 정하는 시설 및 설비를 갖추고 시장·군수·구청장에게 신고해야 한다.

3 제출서류
영업시설 및 설비개요서, 교육필증, 면허증

4 변경신고
① 보건복지부령이 정하는 중요한 사항 : 영업소의 명칭 또는 상호, 영업소의 소재지, 대표자의 성명 또는 생년월일, 미용업 업종 간 변경, 신고한 영업장 면적의 3분의 1 이상의 증감
② 영업신고사항 변경시 제출 서류: 영업신고증, 변경사항을 증명하는 서류

5 이용사 및 미용사의 면허
① **자격기준법**
  이용사 또는 미용사가 되고자 하는 자는 다음의 어느 하나에 해당하는 자로서 보건복지부령이 정하는 바에 의하여 시장.군수.구청장의 면허를 받아야 한다.
  ㉠ 전문대학 또는 이와 동등 이상의 학력이 있다고 교육부장관이 인정하는 학교에서 이용 또는 미용에 관한 학과를 졸업한 자
  ㉡ 학점인정 등에 관한 법상 대학 또는 전문대학을 졸업한 자와 동등 이상의 학력이 있는 것으로 인정되어 이용 또는 미용에 관한 학위를 취득한 자
  ㉢ 고등학교 또는 이와 동등의 학력이 있다고 교육부장관이 인정하는 학교에서 이용 또는 미용에 관한 학과를 졸업한 자
  ㉣ 교육부장관이 인정하는 고등기술학교에서 1년 이상 이용 또는 미용에 관한 소정의 과정을 이수한 자

ⓜ 국가기술자격법에 의한 이용사 또는 미용사의 자격을 취득한 자
　　※ 면허가 취소되거나 정지된 자는 지체 없이 관할 시장·군수·구청장에게 면허증을 반납하여야 하고 반납된 면허증은 해당 면허정지기간 동안 관할 시장·군수·구청장이 이를 보관한다.

② 결격사유법

다음의 사유 중 하나라도 해당하는 자는 면허를 받을 수 없다.

　ⓐ 피성년후견인
　ⓑ 정신보건법상 정신질환자. 다만, 전문의가 이용사 또는 미용사로서 적합하다고 인정하는 경우 제외
　ⓒ 공중의 위생에 영향을 미칠 수 있는 감염병 환자로서 보건복지부령이 정하는 자(예: 감염성 결핵환자)
　ⓓ 마약, 기타 대통령령으로 정하는 약물중독자(예: 대마 또는 향정신성의약품 중독자)
　ⓔ 면허가 취소된 후 1년이 경과되지 아니한 자

6 위생교육

① 공중위생영업자는 매년 위생교육을 받아야 한다.
② 위생교육은 매년 3시간으로 하며, 시장·군수·구청장이 이를 실시한 후 수료증을 교부한다.

7 벌칙 및 과태료

① 벌칙
　ⓐ 1년 이하의 징역 또는 1천만원 이하의 벌금
　　• 시장·군수·구청장에게 공중위생영업의 신고를 하지 아니한 자
　　• 영업정지명령 또는 일부 시설의 사용중지명령을 받고도 그 기간중에 영업을 하거나 그 시설을 사용한 자 또는 영업소 폐쇄명령을 받고도 계속하여 영업을 한자
　ⓑ 6월 이하의 징역 또는 500만원 이하의 벌금
　　• 변경신고를 하지 아니한 자
　　• 공중위생영업자의 지위를 승계한 자로서 동조 제4항의 규정에 의한 신고를 하지 아니한 자
　　• 건전한 영업질서를 위하여 공중위생영업자가 준수하여야 할 사항을 준수하지 아니한 자
　ⓒ 300만원 이하의 벌금
　　• 면허가 취소된 후 계속하여 업무를 행한 자
　　• 면허정지기간 중에 업무를 행한 자
　　• 면허를 받지 않고 이용 또는 미용의 업무를 행한 자

② 과태료
　ⓐ 300만원 이하의 과태료
　　• 보고를 하지 아니하거나 관계공무원의 출입·검사, 기타 조치를 거부·방해 또는 기피한 자

- 개선명령에 위반한 자
- 시·군·구에 이용업신고를 하지 않고 이용업소표시등을 설치한 자

ⓒ 200만원 이하의 과태료
- 이용업소의 위생관리 의무를 지키지 아니한 자
- 미용업소의 위생관리 의무를 지키지 아니한 자
- 영업소 외의 장소에서 이용 또는 미용업무를 행한 자
- 위생교육을 받지 아니한 자

ⓒ 규정에 따른 과태료는 대통령령으로 정하는 바에 따라 보건복지부장관 또는 시장·군수·구청장이 부과·징수한다.

Part
07

7년간
출제예상문제

1회 • 출제예상문제

01 피부미용에 대한 정의이다. 바르게 설명된 것은?
① 두피 및 모발을 포함한 전신의 상태를 개선 시키는 관리.
② 의약품을 이용하여 피부의 기능을 증진 시켜 건강한 피부를 유지 시키는 것.
③ 물리적, 화학적 방법을 이용하여 내·외적인 요인에 의한 미용상의 문제점을 개선 시키는 것.
④ 안면 및 전신의 피부 상태를 분석·관리하여 개선 시켜 근육과 골절 등을 정상화 시키는 것.

해설 | 피부미용이란 두피 및 모발을 제외한 얼굴 및 전신의 피부기능을 정상으로 유지 시켜 물리적, 화학적 방법을 이용하여 내·외적인 요인으로 인한 미용상의 문제점을 개선시키는 방법을 의미한다.

02 피부 관리실의 환경조건에 대한 설명이다. 잘못된 것은?
① 작업실과 준비실을 분리하여 청결과 일의 효율성을 높인다.
② 소독 기구와 소독하지 않은 기구를 구분하여 보관한다.
③ 피부진단과 관리시에는 간접조명, 휴식과 안정을 취할 시에는 직접조명을 한다.
④ 작업실의 조명은 75룩스 이상의 밝기를 유지한다.

해설 | 피부진단과 관리를 할 때는 직접조명, 휴식과 안정을 취할 시에는 간접조명

03 피부분석 방법을 설명한 것이다. 틀린 것은?
① 문진법은 개인의 사생활을 파악하여 고객의 라이프 스타일을 알아보는 방법이다.
② 견진법은 육안으로 보거나 기기를 이용하여 피부색, 피지분비, 피부두께, 여드름 상태 등을 알아보는 방법이다.
③ 촉진법은 손으로 만져 피부의 탄력, 피부결, 예민도 등을 알아보는 방법이다.
④ 피부분석 기기를 통해 눈으로 식별할 수 없는 피부유형을 알아보는 방법이다.

해설 | 문진법은 묻고 답하는 형식으로 개인의 신상, 가족관계, 식습관, 알레르기 유무, 사용화장품 등을 파악하는 방법이다.

04 차가운 물을 피부에 사용할 때 미치는 영향은?
① 혈관, 모공수축에 도움이 된다.
② 피지분비 및 혈액순환 촉진에 도움이 된다.
③ 노폐물 배출, 각질제거가 용이하다.
④ 세정효과가 우수하다.

해설 | 15~20℃ : 가벼운 세정, 각질제거/21~35℃는 세정효과, 혈액순환촉진/35℃이상 : 노폐물배출, 피지분비·혈액순환촉진

01 ③ 02 ③ 03 ① 04 ①

05 과일에서 추출한 천연유기산이 주성분인 필링제는?

① 코엔자임 Q-10
② AHA
③ TCA
④ latic acid

해설 | AHA(알파하이드록시 엑시드)는 사탕수수, 포도, 사과, 감귤류 등에서 추출한 천연산이다

06 건성피부, 중성피부, 지성피부로 구분이 되는 가장 기본적인 피부유형 분석 기준은?

① 피지분비상태
② 피부의 조직상태
③ 피부색
④ 모공 크기 상태

해설 | 피부를 구분하는 기본적인 분석기준은 피지분비상태이다.

07 메뉴얼테크닉 동작 중 손가락 전체를 이용하여 피부를 뒤틀듯이 잡아서 반죽하는 방법으로 메뉴얼테크닉 기본 동작 중 가장 강한 동작은?

① 반죽하기(유찰법, 유연법)
② 쓰다듬기(경찰법, 무찰법)
③ 두드리기(고타법, 경타법)
④ 진동하기(진동법)

해설 | 반죽하기는 손가락 전체를 이용하는 동작으로 피부의 탄력증진, 근육의 긴장 완화, 신진대사 활성화의 효과를 가진다.

08 닥터 자켓법에 대한 설명이다. 잘못된 것은?

① 지성, 여드름 피부에 효과적이다.
② 엄지와 검지를 이용하여 꼬집듯이 튕겨 주는 동작이다.
③ 피지와 여드름 등 모낭 내부의 노폐물을 배출시키는 동작이다.
④ 관절부분의 운동과 근육마비 시에 효과적이다.

해설 | 관절부분이 운동과 근육 마비시에 효과적인 것은 관절 운동법에 해당된다.

09 웜 마스크(Warm Mask)에 대한 설명이 아닌 것은?

① 열을 발생시켜 유효성분을 피부 깊숙이 흡수시킨다.
② 혈관을 수축시켜 피부에 탄력성을 준다.
③ 석고 마스크, 파라핀마스크 등이 있다.
④ 민감성 피부에 가장 적합하다.

해설 | 열의 발생은 피부에 자극을 줄 수 있어 민감성 피부는 피하는 것이 좋다.

10 피지분비가 많고 노폐물 축적의 원인이 되는 지성, 여드름 피부에 효과적인 팩은?

① 계란노른자팩
② 클레이팩
③ 석고팩
④ 파라핀마스크

해설 | 점토팩은 지성, 여드름 피부에 효과적이다.

11 일시적 제모를 위해 사용되는 도구가 아닌 것은?

① 핀셋
② 왁싱
③ 제모 크림
④ 전기바늘

해설 | 전기바늘은 영구적 제모에 사용되는 도구이다.

05 ② 06 ① 07 ① 08 ④ 09 ④ 10 ② 11 ④

12 셀룰라이트의 발생 원인으로 틀린 것은?

① 유전적 원인
② 호르몬의 작용
③ 스트레스
④ 과도한 수면

해설 | 셀룰라이트의 원인은 유전, 호르몬, 정체된 림프순환, 과식, 알코올, 니코틴, 스트레스 등 으로 해석된다.

13 각질층 상층의 올바른 수분함량은?

① 10%미만
② 15%정도
③ 25%정도
④ 60%정도

해설 | 각질층은 10~20%의 수분을 함유한다.

14 피부의 구성 중 모세혈관, 림프관, 신경관, 땀샘, 기름샘, 모발과 입모근 등 피부의 부속기관을 포함하고 있는 곳은?

① 각질
② 표피
③ 진피
④ 피하지방

해설 | 진피는 표피의 아래층으로 피부의 90%를 차지하며, 유두층과 망상층 두 개의 층으로 구분되어있다.

15 액체나 반고형 물질이 표피, 진피, 피하지방층까지 침범해있어 피부의 표면이 융기되어있으며 심한 통증을 동반하고, 여드름 피부의 4단계에서 생성되며 치료 후 상처가 남는 것은?

① 농포
② 가피
③ 낭종
④ 면포

해설 | 낭종은 원발진에 속한다.

16 표피의 색소에 포함되지 않는 것은?

① 잡티
② 기미
③ 주근깨
④ 오타씨 모반

해설 | 오타씨 모반 : 청갈색 또는 청회색의 진피성 색소반점을 말한다.

17 우리 몸의 대사과정에서 배출되는 독소, 노폐물 등이 배설되지 못하고 피부조직에 남아 비만으로 보이며 림프순환이 원인이 되는 피부 유형은?

① 알레르기
② 켈로이드
③ 셀룰라이트
④ 쿠퍼로즈

해설 | 켈로이드 : 피부가 손상된 후 발생하는 상처 치유과정에서 비정상적으로 결합조직이 밀집되게 성장하는 질환을 말한다.
쿠퍼로즈 : 피부표면에 가까운 작은 모세혈관의 영구적인 팽창을 말한다.

18 손톱을 구성하고 있는 주성분은?

① 엘라스틴
② 칼슘
③ 콜라겐
④ 케라틴

해설 | 손·발톱은 경단백질인 케라틴과 아미노산으로 이루어진 피부부속기관이다.

19 피부가 추위를 감지하면 근육을 수축시켜 털을 세우게 한다. 털을 세우게 하는 근육은?

① 전두근
② 안륜근
③ 입모근
④ 승모근

12 ④　13 ②　14 ③　15 ③　16 ④　17 ③　18 ④　19 ③

해설 | 입모근(기모근): 속눈썹, 눈썹, 겨드랑이를 제외한 대부분의 모발에 존재한다.

20 성인의 1일 평균적으로 흐르는 정상적인 땀의 분비량은?
① 0.3~0.5L/일
② 0.6~1.2L/일
③ 1~5L/일
④ 5~15L/일

해설 | 땀은 하루에 700~900cc정도 배출한다.

21 기미에 대한 설명으로 잘못된 것은?
① 30~40대의 중년여성에게 잘 나타나고 재발이 잘된다.
② 자외선의 과다노출이나 선텐기 사용 시 기미가 생길 수 있다.
③ 경계가 명백한 갈색의 점으로 나타난다.
④ 피부 내에 멜라닌이 합성되지 않아서 나타나게 된다.

해설 | 피부 내에 멜라닌이 합성되지 않아 생겨나는 것은 백반증이나 백색증을 말한다.

22 셀룰라이트는 인체 구성 조직 중 발생 되는 조직은?
① 신경조직
② 상피조직
③ 결합조직
④ 근조직

해설 | 셀룰라이트 피부는 육안으로 보면 울퉁불퉁한 오렌지 껍질과 같다하여 '오렌지 피부'라 하며, 주로 여성의 둔부, 허벅지, 상완 등에 많이 발생한다.

23 성인의 뼈는 약 몇 개로 이루어지는가?
① 약 265개
② 약 216개
③ 약 206개
④ 약 365개

해설 | 인체의 골격은 두개골(22개), 이소골(6개), 솔골(1개), 척추(26개), 흉골(1개), 늑골(24개), 상지골(64개), 하지골(62개), 총 206개로 이루어져 있다.

24 다음 중 인체의 구조를 작은 순서부터 나열한 것은?
① 조직 – 세포 – 계통 – 기관 – 인체
② 세포 – 조직 – 기관 – 계통 – 인체
③ 세포 – 기관 – 인체 – 계통 – 조직
④ 조직 – 기관 – 계통 _ 인체 – 조직

해설 | 세포 – 조직 – 기관 – 계통 – 인체의 순이다.

25 골격계(뼈)의 기능이 아닌 것은?
① 열 생산 기능
② 저장 기능
③ 지지 기능
④ 보호 기능

해설 | 열 생산은 근육계의 기능이다.

26 이마를 주름지게 하고 눈살을 찌푸리게 근육은?
① 구륜근
② 추미근
③ 안륜근
④ 이근

해설 | 추미근은 눈살근으로 미간에 주름을 형성한다.
• 구륜근: 입둘레 근, • 안륜근: 눈둘레 근
• 이근 : 턱끝 근

20 ②   21 ④   22 ③   23 ③   24 ②   25 ①   26 ②

27 인체의 조직 중 가장 많은 비중을 차지하는 조직은?
① 상피조직
② 근육조직
③ 신경조직
④ 결합조직

해설 | 결합조직은 신체에서 가장 양이 많고, 널리 퍼져있다.

28 근육 기능의 움직에서 서로 반대되는 작용을 하는 근육을 무엇이라 하는가?
① 주모근
② 길항근
③ 반건양근
④ 협력근

해설 | 서로 반대되는 작용을 하는 근육은 길항근이다.

29 혈액의 기능으로 아닌 것은?
① 산소와 이산화탄소의 운반 작용
② 노폐물 배설 작용
③ 호르몬 분비 작용
④ 면역작용

해설 | 혈액은 호르몬을 운반하지만 분비하지는 않는다.

30 뇌하수체는 인체의 중요한 호르몬을 분비한다. 뇌하수체를 조절하는 것은?
① 대뇌
② 소뇌
③ 시상하부
④ 시상

해설 | 시상하부에서 뇌하수체를 조절한다.

31 다음 중 척수신경이 아닌 것은?
① 미주신경
② 흉신경
③ 천골신경
④ 경신경

해설 | 척수신경은 경신경 8쌍, 흉신경 12쌍, 요신경 5쌍, 천골신경 5쌍, 미골신경 1쌍으로 구성되어 있다. 미주신경은 뇌신경에 포함된다.

32 다음의 보기 중 순환계가 아닌 것은?
① 림프계
② 혈관계
③ 신장
④ 심장

해설 | 신장은 비뇨기계이다.

33 전기에 대한 설명으로 옳지 않은 것은?
① 전자가 한 원자에서 다른 원자로 이동하는 현상을 말한다.
② 전류가 통하는 물질을 전도체라 하며 유리, 고무 등의 물질이 해당된다.
③ 일정시간 사용된 전류의 양의 단위는 와트(Watt)라 한다.
④ 전류를 흐르게 하는 압력을 전압이 라 하고 단위는 볼트(Volt)라 한다.

해설 | 전류가 통하지 않는 물질을 부도체(비전도체)라 하며 유리, 고무 등의 물질이 있다.

34 다음 중 교류 전류가 아닌 것은?
① 중주파
② 갈바닉 전류
③ 고주파
④ 저주파

해설 | 갈바닉은 직류 전류이다.

27 ④ 28 ② 29 ③ 30 ③ 31 ① 32 ③ 33 ② 34 ②

35 피부 분석기 중 스킨스코프에 대한 설명으로 바르지 않은 것은?

① 모니터를 통해 고객과 함께 피부 상태를 확인 할 수 있는 기기이다.
② 자외선램프를 통해 피부 상태에 따라 다른 색을 나타낸다.
③ 피부 위 주름 상태, 모공 크기, 피지량, 색소 침착, 각질, 피부결 등을 관찰할 수 있다.
④ 고객이 직접 본인의 피부 상태를 확인 할 수 있어 시간을 절약할 수 있다.

해설 | 자외선램프를 통해 피부상태에 따라 다른 색을 나타내는 기기는 우드램프이다.

36 브러싱 머신(프리마돌)의 사용법 및 주의사항에 대한 설명으로 잘못된 것은?

① 클렌징 로션 도포 시 피부 표면에 솔이 눌리거나 꺾이지 않게 수직으로 닿도록 한다.
② 강한 압을 이용하여 원을 그리며 굴곡에 따라 이동한다.
③ 피부타입에 따라 회전속도를 조절한다
④ 화농성 여드름, 모세혈관 확장 피부에는 사용하지 않는다.

해설 | 손목에 힘을 빼고 가볍게 원을 그리면서 사용한다.

37 갈바닉 전류의 양(+)극의 효과가 아닌 것은?

① 신경안정 및 피부진정
② 혈관, 모공, 한선 수축
③ 혈액공급 감소
④ 알카리성 물질 침투

해설 | 음(-)극은 알칼리성 반응, 알칼리성 물질 침투, 신경자극 및 피부활성화, 혈관·모공·한선 확장, 혈액공급증가, 피부조직의 연화, 전기세정법의 효과를 가지고 있다.

38 다음 중 초음파의 효과가 아닌 것은?

① 각질제거 및 피부 정화 작용
② 피부탄력 및 셀룰라이트 분해 작용
③ 제품 흡수 및 리프팅 효과
④ 상처 및 염증 치유 작용

해설 | 상처 및 염증 부위 사용을 금한다.

39 적외선이 피부에 미치는 영향은?

① 피부 표면을 따뜻하게 한다.
② 피부 표면을 자극하여 진정시켜준다.
③ 피부 깊은 층을 따뜻하게 한다.
④ 피부 깊은 층을 자극하는 것을 막아준다.

해설 | 심부열을 이용하여 근육이완, 통증완화, 노폐물 배출 작용을 한다.

40 바이브레이터(G5)의 효과에 대한 설명으로 잘못된 것은?

① 근육이완 및 근육통 완화 효과
② 체형관리 및 운동 효과 부여
③ 노폐물 배출 및 촉진
④ 홍반 반응 및 색소 침착에 효과

해설 | 홍반 반응 및 색소 침착은 자외선에 대한 설명이다.

41 화장품의 수분증발을 막는 성분은?

① 탈크
② 메탄올
③ 글리세린
④ 페놀

해설 | 글리세린은 수분을 흡수하는 성질이 강해 보습이 뛰어나고 무향으로, 단맛이 난다.

35 ②   36 ②   37 ④   38 ④   39 ③   40 ④   41 ③

42 화장품에서 요구되는 4대 품질 조건은?

① 방부성, 안전성, 방향성, 유효성
② 안전성, 안정성, 사용성, 유효성
③ 안정성, 사용성, 방향성, 안전성
④ 방향성, 사용성, 안정성, 발림성

해설 | 화장품의 4대 요건은 안전성, 안정성, 사용성, 유효성이다.

43 화장품에서 피부를 촉촉하게 하는 작용을 하며 화장수, 로션, 크림의 기초 물질로 사용되는 것은?

① 에탄올
② 정제수
③ 오일
④ 계면활성제

해설 | 정제수는 세균과 금속이온(칼슘, 마그네슘 등)이 제거된 물이다.

44 미백화장품의 매커니즘에 해당하지 않는 것은?

① 도파(DOPA) 산화억제
② 자외선 차단
③ 멜라닌 합성 저해
④ 티로시나아제 활성화

해설 | 도파(DOPA)산화억제: 비타민 C 및 유도체
자외선 차단: 옥틸디메틸 파바, 이산화티탄 등
티로시나아제의 작용 억제: 알부틴, 코직산, 상백피 추출물, 닥나무 추출물, 감초 추출물 등

45 포인트 메이크업에 대한 기능이 아닌 것은?

① 화장의 매력을 높여준다.
② 눈의 윤곽을 강조한다.
③ 화장의 입체감을 부여해준다.
④ 피부색을 정돈해 준다.

해설 | 피부톤을 정리해주는 것은 메이크업 베이스이다.

46 화장품의 정의에 대한 설명 중 틀린 것은?

① 정상인이 사용하는 것이다.
② 피부에 경미한 작용을 주는 것이다.
③ 치료목적으로 사용하는 것이다.
④ 장기간 사용하는 것이다.

해설 | 치료를 목적으로 하는 것은 의약품이다.

47 인체 피지와 지방산의 조성이 유사하여 피부친화성이 좋으며, 다른 식물성 오일에 비해 쉽게 산화되지 않아 보존 안전성이 높은 것은?

① 호호바 오일
② 아몬드 오일
③ 아보카도 오일
④ 맥아 오일

해설 | 호호바 오일은 쉽게 산화되지 않아 안정성이 높아 여드름 피부, 건성피부 등 모든 피부에 적합하다.

48 적외선이 피부에 미치는 효과가 아닌 것은?

① 혈관확장
② 신진대사 증가
③ 근육수축
④ 림프순환효과

해설 | 적외선은 근육이완, 통증, 긴장감 완화에 도움을 준다.

49 자외선이 주는 긍정적인 요인이 아닌 것은?

① 살균 효과
② 비타민 D 형성
③ 혈액순환증가
④ 색소침착

해설 | 자외선은 식욕과 수면의 증진, 내분비선 활성화 등의 강장효과가 있다.

42 ② 43 ② 44 ④ 45 ④ 46 ③ 47 ① 48 ③ 49 ④

50 가벼운 수렴 효과가 있으며 휘발성이 있어 시원한 청량감을 주는 것은?
① 에탄올
② 오일
③ 정제수
④ 계면활성제

해설 | 에탄올은 화장수, 헤어토닉, 향수 등에 주로 많이 사용된다.

51 공중보건학 윈슬로우의 정의가 아닌 것은?
① 공중보건학에 있어서 개인을 대상으로 한다.
② 공중보건학의 목적은 질병을 예방하고 수면을 연장하며 신체적 · 정신적 효율을 지키는 기술이며 과학을 말한다.
③ 공중보건학의 방법에는 환경위생, 개인위생, 감염병 관리 등이 있다.
④ 공중보건학의 접근 방법은 조직화된 지역사회의 노력으로 달성 될 수 있다.

해설 | 공중보건학의 대상은 지역사회 전체 주민이다.

52 질병 발생의 3기지 요인 중 요인이 다른 것은?
① 선천적인 요인
② 경제적인 요인
③ 생활양식
④ 환경적 요인

해설 | 질병 발생의 3가지 요인중 ①②③은 숙주적인 요인에 해당한다.

53 평균수명이 높고 인구가 감퇴하는 형(14세 이하 인구가 65세 이상 인구의 2배 이하)의 인구 구성형은?
① 항아리형　　② 종형
③ 도시형　　　④ 후진국형

해설 | 항아리형 : 선진국형(인구감소형)

54 어린 연령층이 집단으로 생활하는 공간에서 잘 감염이 되는 기생충은?
① 십이지장충
② 요충
③ 구충증
④ 회충

해설 | 요충 증상: 구토, 설사, 복통, 항문 주위에 심한 소양감 등

55 물속에 녹아 있는 유리 산소량으로 DO가 낮을수록 물의 오염도가 높은 수질오염 지표는?
① 생물학적 산소 요구량(BOD)
② 용존 산소량(DO)
③ 화학적 산소요구량(COD)
④ 오존(O3)

해설 | 용존 산소량(DO)은 물에 녹아 있는 산소량으로 DO 값이 클수록 좋은 물이다.

56 식중독 중 치명률이 가장 높은 독소형 균은?
① 보툴리누스균
② 포도상 구균
③ 웰치균
④ 살모넬라균

해설 | 보툴리누스균의 원인은 오염된 햄, 소시지, 신경독소 섭취 등

57 보건행정의 범위가 아닌 것은?
① 보건관계 기록의 보존
② 감염병 관리
③ 모자보건
④ 사회보험

해설 | 보건행정의 범위 : 보건관계 기록의 보존, 대중에 대한 보건교육, 감염병 관리, 환경위생, 모자보건, 의료 및 보건간호

50 ①　51 ①　52 ④　53 ①　54 ②　55 ②　56 ①　57 ④

58 165~170°C의 건열멸균기에 1~2시간 동안 멸균하는 방법은?

① 화염멸균법
② 건열멸균법
③ 습열멸균법
④ 고압증기 멸균법

해설 | 건열멸균법: 유리기구, 금속기구, 주사기, 자기제품 등의 멸균에 이용

59 미생물의 번식에 영향을 미치는 요인이 아닌 것은?

① 시간
② 온도
③ 산소
④ 수소이온농도(pH)

해설 | 미생물의 생장에 영향을 미치는 요인 : 온도, 산소, 수소이온농도, 수분, 영양

60 공중위생업의 종류가 아닌 것은?

① 위생관리업
② 숙박업
③ 이용업
④ 세탁업

해설 | 공중위생업 : 이용업, 미용업, 숙박업, 건물위생관리업, 목욕장업, 세탁업

58 ②　59 ①　60 ①

2회 • 출제예상문제

01 피부미용의 개념에 대한 설명으로 거리가 먼 것은?

① 피부미용이라는 용어는 독일의 미학자 A.G바움가르덴에 의해 처음 사용되었다.
② 피부미용이란 피부의 생리기능을 자극하여 아름답고 건강한 피부를 유지·관리하는 미용기술이다.
③ 피부미용은 과학적 지식을 바탕으로 다양한 미용적인 관리를 행하는 과학이다.
④ 'Esthetique'는 피부미용의 용어로 전 세계 공통으로 사용되고 있다.

해설 | 독일은 Kosmetik, 프랑스는 Esthetique, 영국은 Cosmetic, 미국은 Skin care, Aesthtic 등 국가별로 피부미용의 용어를 다르게 사용한다.

02 고객관리 순서이다. 올바르게 나열된 것은?

① 고객상담 - 관리계획 - 피부분석 - 관리실행 - 조언
② 고객상담 - 피부분석 - 관리계획 - 관리실행 - 조언
③ 고객상담 - 피부분석 - 관리계획 - 조언 - 관리실행
④ 고객상담 - 관리계획 - 피부분석 - 관리실행 - 조언

해설 | 고객관리 순서는 고객상담-피부분석-관리계획-관리실행-조언으로 진행된다.

03 지성 피부의 특징이 아닌 것은?

① 피지분비가 왕성하여 피부가 번들거리고 화장이 잘 지워진다.
② 피부 결이 거칠고 모공이 넓다.
③ 피지선과 한선이 퇴화되어 피부의 윤기가 떨어진다.
④ 다른 피부유형에 비해 예민화, 과색소 침착, 노화가 더디게 나타난다.

해설 | 피지선과 한선이 퇴화되어 피부의 윤기가 떨어지는 것은 노화피부의 특징이다.

04 클렌징 제품에 대한 설명이다. 틀린 것은?

① 클렌징크림은 W/O 타입으로 세정효과는 좋으나 피부에 잔여물이 남을 수 있어 이중세안이 필요하다.
② 클렌징로션은 O/W 타입으로 수분함량이 낮아 이중세안이 필요하지 않고 옅은 메이크업을 지울 때 사용한다.
③ 클렌징오일은 물과 친화력이 있는 수용성 오일 성분의 배합으로 물에 쉽게 용해되며 건성, 예민,노화 피부에도 적합하다.
④ 클렌징 겔은 오일 성분이 함유되지 않아 물로 제거가 가능하며 이중세안이 필요하지 않다.

해설 | 클렌징로션은 O/W형(친수성)으로 수분함량이 높아 이중세안이 필요하지 않으며 옅은 메이크업을 지울 때 사용한다.

01 ④   02 ②   03 ③   04 ②

05 화장수에 대한 설명으로 바르지 않은 것은?

① 세안 후 피부에 남아있는 노폐물이나 메이크업 잔여물을 제거한다.
② 세안 후 pH상승에 의한 알칼리성 피부를 약산성으로 조절한다.
③ 피부에 집중적인 영양공급을 하다.
④ 모공을 수축하고 피부진정작용을 한다.

해설 | 피부에 영양공급은 앰플, 영양크림의 작용이다.

06 중성피부의 특징에 대한 설명이다. 바르게 설명한 것은?

① 기미, 주근깨 등 피부의 색소 침착이 없고 잡티가 보이지 않는다.
② 세균에 대한 저항력이 다른 피부보다 낮다.
③ 피부유형이 계절에 따라 변하기 쉬운 타입이다.
④ 각질의 수분도는 10~15%를 유지한다.

해설 | 세균에 대한 저항력은 다른 피부보다 높다.

07 메뉴얼테크닉의 방법에 대해 바르게 설명한 것은?

① 손을 밀착 시키고 압을 강하게 한다.
② 고객의 병력을 반드시 체크한다.
③ 관리시 심장에서 가까운 쪽에서부터 관리를 시작한다.
④ 충분한 상담을 통하되 피부미용사는 의사가 아니므로 몸 상태를 살펴볼 필요는 없다.

해설 | 고객의 병력은 꼭 체크 해야 한다.

08 다음 동작 중 등, 어깨, 팔에 쓰이며 피부 노폐물의 배출 및 근육과 근막의 유착을 방지하며 강한 동작으로 피부를 집어 반죽하는 마사지 동작은?

① 유찰법   ② 마찰법
③ 진동법   ④ 경찰법

해설 | 강한 동작으로 살이 많은 부위에 사용하는 매뉴얼테크닉은 유찰법(주무르기, 유연법)이다.

09 팩과 마스크를 바르는 순서의 기준이 되는 요소인 것은?

① 근육 결에 따라 도포한다.
② 제품의 굳는 정도에 따라 도포한다.
③ 골격의 형태에 따라 도포한다.
④ 피부 온도가 낮은 부위부터 도포한다.

해설 | 근육 결 방향에 따라 도포한다.

10 팩 재료와 효능의 연결이 맞지 않은 것은?

① 계란흰자 팩: 세정효과
② 머드 팩: 세포재생, 미백효과
③ 왁스 팩: 혈액순환 촉진과 주름에 효과
④ 크림 팩: 보습, 영양, 진정 효과

해설 | 머드 팩은 지성피부에 효과적으로 피지, 노폐물 제거에 효과가 있다.

11 화학적 제모에 대한 설명이다. 잘못된 것은?

① 산성의 화학성분이 함유된 크림을 이용한 제모이다.
② 털의 모간은 3~4일 후면 다시 털이 자라는 일시적 제모이다.
③ 사용 전 패치테스크를 실시한다.
④ 넓은 부위의 털을 통증 없이 제거하는 방법이다.

해설 | 화학적 제모는 강알칼리성의 화학성분이 함유된 크림을 이용한 제모이다.

05 ③   06 ②   07 ②   08 ①   09 ①   10 ②   11 ①

12 아로마 마사지에 대한 효과로 옳지 않은 것은?
① 상처치유효과
② 통증완화효과
③ 각질제거효과
④ 항염 효과

해설 | 각질제거효과는 딥클렌징에 해당된다.

13 분말상태의 안료에 의해 물리적인 방법으로 자외선을 산란시켜 피부에 침투되는 것을 막는 성분은?
① 자외선 흡수제
② 자외선 산란제
③ 팩성분
④ 경구투여제

해설 | 자외선 산란제의 성분으로는 산화아연, 이산화티탄, 티타늄디옥사이드, 징크옥사이 등이 있다.

14 여드름 치료에 사용되며 여드름에 효과가 좋은 기기는?
① 방사선
② 적외선
③ 자외선등
④ 바이브레이터

해설 | 자외선등은 피부노폐물 배출 촉진, 비타민 D 생성 등의 작용을 이용하는 기기이다.

15 셀룰라이트의 발생 요인이 아닌 것은?
① 지방세포 수의 과다증가
② 유전적 요인
③ 내분비계 불균형
④ 알코올, 니코틴의 과잉섭취

해설 | 셀룰라이트는 유전적 요인, 내분비계의 불균형, 정맥울혈과 림프의 정체 등이 원인이다.

16 손톱이 완성되는 기간은 얼마인가?
① 1~2개월
② 2~4개월
③ 4~6개월
④ 7~8개월

해설 | 손톱은 1일 평균 약 0.1~0.15mm, 월평균 약 3~5mm 길이로 자람.

17 건강한 손톱의 특징이 아닌 것은?
① 모양이 고르고 표면이 균일하다.
② 탄력이 있고 단단하다.
③ 연한 핑크빛을 띤다.
④ 유연하며 수분을 40% 이상 함유하고 있다.

해설 | 건강한 손톱은 12~18% 수분을 함유한다.

18 피부의 각질층을 구성하고 있는 성분이 아닌 것은?
① 각질
② 지질
③ 섬유아세포
④ 멜라닌 색소

해설 | 섬유아세포는 진피 윗부분에 많이 분포하며, 콜라겐과 엘라스틴을 합성한다.

19 손톱에 완전히 각질화되지 않은 여린 부분으로 흰색의 반달 모양은 어느 부분인가?
① 반월
② 조근
③ 조체
④ 조곽

해설 | 라눌라(반월)는 네일 베드와 매트릭스가 만나는 부분이다.

12 ③   13 ②   14 ③   15 ①   16 ③   17 ④   18 ③   19 ①

20 피부의 감각기관중 피부에 가장 많이 분포 되어 있는 것은?

① 통각
② 촉각
③ 온각
④ 압각

해설 | 통각점 〉 압각점 〉 촉각점 〉 냉각점 〉 온각점

21 피부의 주름 형성에 관련성이 가장 높은 것은?

① 엘라스틴
② 콜라겐
③ 수분
④ 기질

해설 | 노화와 자외선의 영향으로 콜라겐의 양이 감소하면 피부탄력감소 및 주름형성의 원인이 된다.

22 바이러스균에 의해서 생기는 전염이 아닌 것은?

① 홍반
② 단순포진
③ 대상포진
④ 사마귀

해설 | 홍반은 모세혈관의 충혈과 확장으로 피부가 둥글게 부어오른 상태로 시간이 지남에 따라 크기가 변화한다.

23 인체를 구성하는 요소 중 기능적, 구조적 최소단위는?

① 조직
② 기관
③ 세포
④ 계층

해설 | 세포는 생명체의 기능적, 구조적 최소단위이다.

24 세포막에 대한 설명으로 틀린 것은?

① 세포의 경계를 형성한다.
② 물질을 확산에 의해 통과시킬 수 있다.
③ 조직을 이식할 때 자기 조직이 아닌 것을 인식할 수 있다.
④ 단백질을 합성하는 장소이다.

해설 | 세포막은 원형질막이라고도 한다. 세포의 경계를 형성하는 막으로 세포기질과 조직핵 사이에서 영양분 및 각종 이온의 통로 역할을 한다. 단백질의 합성은 리보솜에서 이루어진다.

25 발생기 때 뼈는 단단하지 않은 조직이었다가 나중에 단단한 조직으로 바뀌는 것은?

① 골수
② 골단
③ 골단연골
④ 골화

해설 | 골화는 뼈가 나중에 단단한 조직으로 바뀌는 것을 말한다.

26 다음 중 인체에서 가장 큰 뼈는?

① 대퇴골
② 척골
③ 상완골
④ 경골

해설 | 대퇴골은 가장 긴 장골로 좌우 2개이다.

27 근육에 짧은 간격으로 자극을 주면 연축이 합쳐져서 단일 수축보다 큰 힘과 지속적인 수축을 일으키는 근 수축은?

① 강직　　　　② 긴장
③ 세동　　　　④ 강축

해설 | 강축은 짧은 간격으로 자극을 주면 연축이 합쳐져 단일 수축 보다 강한 힘과 지속적인 수축을 유발하는 근수축이다.

20 ①　21 ②　22 ①　23 ③　24 ④　25 ④　26 ①　27 ④

28 다음 중 피가 만들어지는 곳은?
① 적골수
② 치밀골
③ 골막
④ 황골수

해설 | 적골수에서 조혈작용이 일어난다.

29 폐에서 이산화탄소를 내보내고 산소를 받아들이는 역할을 수행하는 순환은?
① 체순환
② 폐순환
③ 전신순환
④ 문맥순환

해설 | 폐순환은 폐에서 이산화탄소를 내보내고 산소를 받아들이는 가스교환 작용을 말한다.

30 중추 신경계의 구성은 어떻게 되는가?
① 중뇌와 대뇌
② 교감신경과 뇌간
③ 뇌와 척수
④ 뇌간과 척수

해설 | 중추 신경계는 뇌와 척수를 말한다.

31 혈액의 역류를 막는 기능을 가진 것은?
① 혈소판
② 백혈구
③ 림프구
④ 판막

해설 | 판막은 혈액의 역류를 막아준다.

32 림프의 기능이 아닌 것은?
① 적혈구를 생산한다.
② 신체 방어작용을 한다.
③ 조직액을 혈액으로 돌려 보낸다.
④ 림프절에서 림프구를 생산한다.

해설 | 림프계는 체액의 순환과 신체방어 작용을 한다.

33 직류에 대한 설명으로 다른 것은?
① 전류의 방향이 시간의 흐름에 따라 변하지 않고 한 방향으로 흐르는 전류
② 정보통신설비와 고속용 엘리베이터 전원 등에 사용되는 전류이다.
③ 정현파전류, 감응전류, 격동전류 등이 있다.
④ 평류전류, 단속평류전류가 있다

해설 | 정현파전류, 감응전류, 격동전류는 교류에 속한다.

34 피부미용에 이용되는 전류 중 직류에 해당되는 전류는?
① 갈바닉 전류
② 감응전류
③ 정현파전류
④ 격동전류

해설 | ②③④는 교류에 속한다.

35 우드램프 사용 시 색소침착 피부에 나타나는 색깔은?
① 암갈색
② 오렌지색, 분홍색
③ 암적색
④ 흰색

해설 | 오렌지(지성), 암적색(노화), 흰색(각질)로 나타난다.

28 ① 29 ② 30 ③ 31 ④ 32 ① 33 ③ 34 ① 35 ①

36 안면 관리에 사용하는 미용기기들의 특징이다. 틀린 것은?

① 리프팅기 : 피부근육을 운동시켜 피부 탄력 및 주름개선에 효과
② 고주파기 : 열 발생으로 세포 재생 및 진정 효과
③ 초음파 : 음과 양극을 이용해 피부 유효 성분 침투 효과
④ 적외선 : 온열 작용에 의해 혈액순환 증가 및 영양분 침투 효과

해설 | 초음파: 미세한 진동에 의해 뭉친 근육과 지방 분해, 재생 효과
이온토포레시스 : 음과 양극을 이용해 피부 유효 성분 침투 효과

37 디스인크러스테이션 사용에 부적합한 피부유형은?

① 지성, 복합성피부
② 건성, 노화피부
③ 모세혈관확장피부
④ 지친피부

해설 | 모세혈관확장, 예민성피부는 가급적 피하는 것이 좋다.

38 초음파에 대한 설명으로 잘못된 것은?

① 세정작용과 탄력, 지방 분해 작용에 효과적이다.
② 매초 2,800회의 파장이 발생되어 리프팅 효과를 낸다.
③ 망막과 시신경에 피해를 줄 수 있으므로 눈 부위의 자극은 주의를 한다.
④ 초음파를 적용할 때에는 반드시 전용겔을 도포하여 사용한다.

해설 | 17,000~18,000Hz이상의 진동음파를 이용하며 매초 28,000회의 파장을 발생시킨다.

39 적외선 조사 시 주의해야 할 사항이 아닌 것은?

① 감각이 없거나 둔한 경우 화상을 주의한다.
② 과다 노출 시 홍반 반응 및 색소침착 현상이 나타난다
③ 45~90㎝의 적정거리를 유지한다.
④ 아이패드를 이용하여 피술자의 눈을 보호한다.

해설 | 과다 노출 시 홍반이 나타나는 현상은 자외선이다.

40 바이브레이터(G5) 사용 가능한 고객은?

① 타박상, 찰과상이 있는 환자
② 하지 정맥류 환자
③ 감기환자
④ 최근 수술 부위

해설 | 부적용자는 타박상, 찰과상, 모세혈관확장증, 임산부, 민감성피부, 최근수술부위, 감염성질환자 등

41 소독제가 갖추어야 할 조건이 아닌 것은?

① 석탄계수가 적을 것
② 용해도가 높을 것
③ 부식성이 없을 것
④ 방취력이 있고 간편할 것

해설 | 냄새 (방취력)가 강하지 않아야 한다.

42 에센셜 오일을 사용할 때 주의사항으로 틀린 것은?

① 에센셜 오일 사용시 패치 테스트를 한다.
② 감귤류 오일은 감광성에 주의해야하므로 낮에는 사용하지 않는다.
③ 임산부는 에센셜 오일의 양을 늘려서 사용한다.
④ 에셀션 오일은 캐리어 오일과 함께 사용한다.

36 ③   37 ③   38 ②   39 ②   40 ③   41 ④   42 ③

해설 | 임산부는 더욱 조심하여 사용해야 한다.

43 아스코르빈산이라고 하며 미백효과가 뛰어나며 진피의 콜라겐, 엘라스틴 합성에 관여하는 것은?

① 비타민 A
② 비타민 C
③ 비타민 E
④ 비타민 D

해설 | 비타민 C 결핍시 괴혈병, 빈혈, 기미와 같은 색소 침착의 원인이 된다.

44 세정작용과 기포형성 작용이 우수하여 비누, 샴푸, 클렌징 폼 등에 사용되는 계면 활성제는?

① 양이온성 계면활성제
② 음이온성 계면활성제
③ 비이온성 계면활성제
④ 양쪽성 계면활성제

해설 | 음이온성 계면활성제는 세정작용과 기포형성 작용이 우수하여 비누, 샴푸, 클렌징 폼 등에 사용된다.

45 기능성 화장품에 포함되지 않는 것은?

① 미백화장품
② 주름개선 화장품
③ 자외선 차단제
④ 여드름용 화장품

해설 | 기능성 화장품에는 미백 제품, 주름 개선제품, 피부 태닝제품이 있다.

46 피부미백제 성분의 하나로 티로신이 멜라닌으로 대사되는 과정에 참여하는 티로시나아제라는 효소의 작용을 억제하여 멜라닌의 합성을 막아주는 성분은?

① 코지산
② 비타민 A
③ 비타민 D
④ 비타민 E

해설 | 코지산은 멜라닌으로 대사되는 과정에 참여하는 티로시나아제라는 효소의 작용을 억제하여 멜라닌의 합성을 막아준다.

47 땀의 분비로 인한 냄새와 세균의 증식을 억제하기 위해 주로 겨드랑이 부위에 사용하는 것은?

① 바디샴푸
② 샤워코롱
③ 데오도란트
④ 샌디타이저

해설 | 데오도란트는 땀의 분비로 인한 냄새와 세균의 증식을 억제하기 위해 주로 겨드랑이 부위에 사용한다.

48 피부에 수분을 공급해주며 보습제 기능을 가진 성분은?

① 글리세린
② 계면활성제
③ 메틸파라벤
④ 알파-히드록시산

해설 | 글리세린은 피부에 수분을 공급해주며 보습제 기능을 가진다.

49 핸드케어제품 중 사용할 때 물을 사용하지 않고 직접 바르는 것으로 피부의 청결 및 소독효과를 주기 위해 사용하는 것은?

① 핸드 새니타이저
② 핸드 워시
③ 비누
④ 핸드 로션

해설 | 핸드 새니타이저는 사용할 때 물을 사용하지 않고 직접 바르는 것으로 피부의 청결 및 소독효과를 주기 위해 사용한다.

43 ② 44 ② 45 ④ 46 ① 47 ③ 48 ① 49 ①

50 향수의 부향률이 높은것부터 순서대로 나열된 것은?

① 퍼퓸 〉오데퍼퓸 〉오데토일렛〉 오데코롱〉샤워코롱
② 퍼퓸〉 오데퍼퓸 〉오데코롱 〉오데토일렛〉샤워코롱
③ 퍼퓸 〉오데코롱 〉오데토일렛 〉오데퍼퓸〉샤워코롱
④ 샤워코롱 〉오데코롱〉 오데토일렛 〉오데퍼퓸 〉퍼퓸

해설 | 향수의 부향률: 퍼퓸 〉오데퍼퓸 〉오데토일렛〉오데코롱〉샤워코롱

51 가족계획과 가장 가까운 의미를 갖는 것은?

① 불임시술
② 수태제한
③ 임신중절
④ 계획출산

해설 | 가족계획은 우생학적으로 우수하고 건강한 자녀 출산을 위한 출산계획을 의미한다.

52 공중보건학에 대한 설명으로 틀린 것은?

① 지역사회 전체 주민을 대상으로 한다.
② 목적 달성의 접근방법은 개인이나 일부 전문가의 노력에 의해 달성될 수 있다.
③ 목적은 질병예방, 수명연장, 신체적·정신적 건강증진이다.
④ 방법에는 환경위생, 감염병관리, 개인위생 등이 있다.

해설 | 목적을 달성하기 위한 접근 방법은 개인이나 일부 전문가의 노력에 의해 되는 것이 아니라 조직화된 지역사회 전체의 노력으로 달성될 수 있다.

53 다음 기생충 중 집단감염이 가장 잘되는 것은?

① 회충
② 십이지장충
③ 요충
④ 간흡충

해설 | 요충은 어린 연령층이 집단으로 생활하는 공간에서 쉽게 감염되며, 화장실 사용 후 손을 잘 씻고 가족이 같은 시기에 구충을 실시함으로써 예방할 수 있다.

54 보건행정의 목적달성을 위한 기본요건이 아닌 것은?

① 법적 근거의 마련
② 건전한 행정조직과 인사
③ 사회의 합리적인 전망과 계획
④ 강력한 소수의 지지와 참여

해설 | 보건행정의 목적을 달성하기 위해서는 다수의 지지와 참여가 필요하다.

55 다음 중 물리적 소독법에 해당하는 것은?

① 건열소독
② 크레졸소독
③ 승홍소독
④ 석탄산소독

해설 | 건열소독은 물체 표면의 미생물을 화염으로 직접 태워 살균하는 방법으로 물리적 소독법에 해당한다.

56 소독약을 사용하여 균 자체에 화학반응을 일으켜 세균의 생활력을 빼앗아 살균하는 것은?

① 화학적 살균법
② 건열 멸균법
③ 여과 멸균법
④ 물리적 멸균법

해설 | 화학적 살균법은 화학적 반응을 이용하는 방법이며, 석탄산, 크레졸, 역성비누, 포르말린, 승홍 등이 주로 사용된다.

50 ① 51 ④ 52 ② 53 ③ 54 ④ 55 ① 56 ①

57 질병 발생의 3대 요소가 아닌 것은?

① 병인
② 환경
③ 시간
④ 숙주

해설 │ 질병 발생의 3대 요소는 병인, 환경, 숙주이다.

58 다음 질병 중 병원체가 바이러스(virus)인 것은?

① 장티푸스
② 폴리오
③ 쯔쯔가무시병
④ 발진열

해설 │ 바이러스 : 홍역, 폴리오, 유행성 이하선염, 일본뇌염, 광견병, 후천성면역결핍증, 유행성 간염 등

59 화학적 소독법에 가장 많은 영향을 주는 것은?

① 농도
② 융점
③ 빙점
④ 순수성

해설 │ 일반적으로 소독제의 농도가 높을수록 소독제의 효과도 높아진다.

60 다음 중 물리적 소독법에 속하지 않는 것은?

① 건열멸균법
② 크레졸 소독법
③ 고압증기멸균법
④ 자비소독법

해설 │ 크레졸 소독법은 화학적 소독법에 속한다.

57 ③ 58 ② 59 ① 60 ②

3회 · 출제예상문제

01 피부미용에 대한 설명이다. 잘못 설명된 것은?
① 피부를 청결히 하고 아름답게 가꾸어 건강하고 아름답게 변화시키는 과정이다.
② 피부미용은 에스테틱, 스킨케어 등의 이름으로 불리고 있다.
③ 제품에 의존한 관리법이 주를 이룬다.
④ 일반적으로 외국에서는 메니큐어, 페디큐어가 피부미용의 영역에 속한다.

해설 | 피부미용은 제품보다는 손에 의한 매뉴얼테크닉이 주를 이루는 관리기법이다.

02 피부 관리 작업단계이다. 옳은 것은?
① 클렌징 – 피부분석 – 딥클렌징 – 팩 – 매뉴얼테크닉 – 마무리
② 피부분석 – 클렌징 – 딥클렌징 – 매뉴얼테크닉 – 팩 – 마무리
③ 클렌징 – 피부분석 – 딥클렌징 – 매뉴얼테크닉 – 팩 – 마무리
④ 피부분석 – 클렌징 – 매뉴얼테크닉 – 딥클렌징 – 팩 – 마무리

해설 | 클렌징 후 피부분석을 해야 정확한 피부 분석이 가능하다.

03 건성 피부의 특징과 관리방법에 대한 설명으로 잘못된 것은?
① 피부와 땀을 분비하는 피지선과 한선의 활동 저하로 피부의 노화가 급속하게 진행된다.
② 딥클렌징인 효소를 주1회 사용하며 기기는 디스인크러스테이션을 사용한다.
③ 주 1~2회 콜라겐, 히야루론산, 세라마이드 등의 성분이 함유된 팩제를 사용한다.
④ 피부의 유연성 부족으로 피부가 거칠고 하얗게 버짐이 일어나는 경우가 있다.

해설 | 디스인크러스테이션은 건성피부에 부적합하다.

04 유성성분이 많아 피부에 잔여물이 남을 수 있는 타입으로 이중세안이 필요한 것은?
① 클렌징로션
② 클렌징크림
③ 클렌징 겔
④ 클렌징오일

해설 | 클렌징크림은 친유성 크림 상태 제품으로 짙은 메이크업 제거에 사용되며 유분이 많아 이중세안이 필요하다.

05 화장수의 정의에 대한 설명으로 잘못된 것은?
① 세안 후 남아있는 노폐물이나 메이크업의 잔여물을 제거한다.
② 피부를 청결하게 한다.
③ 피부에 유분공급 및 피부 생리작용 조정 기능을 가진다.
④ 일명 3차 클렌징이라고도 한다.

해설 | 각질층의 수분 공급에 도움이 된다.

01 ③   02 ③   03 ②   04 ②   05 ③

06 지성피부의 특징과 관리방법에 대한 설명이다. 잘못 설명한 것은?

① 과도한 피지분비로 모공이 넓고 각질이 많아 피부트러블이 발생하기 쉽다.
② 피부 결이 섬세하고 부드러우며 피부 결이 매끄럽다.
③ 유분이 많은 부위나 블렉해드 부위에 디스인크러스테이션을 적용한다.
④ 닥터 자켓 마사지를 시행하는 것이 효과적이다.

해설 | 피부 결이 섬세하고 부드러우며 피부 결이 매끄러운 피부는 중성피부의 특징이다.

07 메뉴얼테크닉의 기본 동작에 대한 설명으로 틀린 것은?

① 에플라쥐 – 손바닥을 이용해 부드럽게 쓰다듬는 동작
② 프릭션 – 손가락의 끝부분, 주먹, 손바닥을 이용하여 원을 그리듯 문지르는 방법
③ 타포트머트 – 손가락을 이용하여 두드리는 동작
④ 바이브레이션 – 근육을 횡단하듯 반죽하는 동작

해설 | 바이브레이션은 두 손을 동시에 움직여 고른 진동을 주는 동작을 말한다.

08 메뉴얼테크닉의 기본 동작으로 해당 되지 않는 것은?

① 신전법   ② 경찰법
③ 고타법   ④ 진동법

해설 | 메뉴얼 테크닉의 기본 동작은 경찰법, 강찰법, 유연법, 진동법, 고타법이다.

09 피부 도포 후 온도가 40℃ 이상 올라가는 마스크로 영양공급, 피부탄력, 혈액순환 촉진의 효과를 가지고 있으며 노화피부, 건성 피부에 사용 가능한 마스크는?

① 콜라겐 벨벳 마스크
② 고무 마스크
③ 석고 마스크
④ 머드 마스크

해설 | 석고마스크는 열을 발산시켜 노화, 건성, 늘어진 피부에 효과적이다.

10 온습포의 효과가 아닌 것은?

① 혈액순환 촉진, 근육의 이완을 도와준다.
② 피부의 온도를 상승시켜 모공을 확대시켜준다
③ 혈관 수축으로 인한 염증을 완화시킨다.
④ 전단계의 잔여물 및 노폐물 제거에 이용된다.

해설 | 혈관수축으로 인한 염증완화는 냉습포에 효과이다.

11 전신관리의 목적과 효과에 대한 설명이 잘못된 것은?

① 등, 가슴, 배, 팔 다리 부위를 건강하게 유지하고 아름다움을 증진시킨다.
② 신경계에 진정 효과를 주어 스트레스를 감소시킨다.
③ 혈액, 림프순환을 촉진시켜 근육의 문제성을 치료하는 목적이다.
④ 영양분의 흡수로 피부 보습 및 탄력강화에 도움을 준다.

해설 | 근육의 문제성을 치료하는 것은 의사의 영역에 포함된다.

06 ②   07 ④   08 ①   09 ③   10 ③   11 ③

12 효소에 대한 특징으로 잘못 설명한 것은?

① 도포 후 문지르는 동작을 이용하여 각질과 노폐물을 분해시켜 제거하는 방법이다
② 예민, 모세혈관확장, 염증성 피부 등 모든 피부에 적용가능하다
③ 단백질을 분해하는 효소가 촉매제로 작용하여 죽은 각질을 분해한다.
④ 피부에 발라두고 적절한 온도와 습도를 만들어 각질을 분해한다

해설 | 도포 후 문지르는 동작 없이 각질과 노폐물을 제거하는 방법이다.

13 각질 제거용으로 죽은 각질을 빨리 떨어져 나가게 하고 건강한 세포가 피부를 자극할 수 있게 도와주는 주름 개선화장품의 성분은?

① 알부틴
② 하이드로퀴논
③ AHA
④ DHA

해설 | 주름 개선성분으로 레티놀, 레티닐 팔미네이트, 아데노신, 항산화제, 베타카로틴 등이 있다.

14 자외선이 인체에 미치는 영향과 관계가 없는 것은?

① 피부암 유발
② 비타민 D 형성
③ 아포 사멸
④ 멜라닌 색소침착

해설 | 고압증기 멸균법 : 아포를 형성하는 세균을 멸균한다.

15 비타민에 대한 설명 중 틀린 것은?

① 비타민 C는 교원질 형성에 중요한 역할을 한다.
② 레티노이드는 비타민 A를 말한다.
③ 비타민 A는 피부에서 합성한다.
④ 비타민 A가 결핍되면 피부가 건조해지고 거칠어진다.

해설 | 비타민 D는 자외선에 의해 피부에 합성된다.

16 피부의 면역에 대한 설명으로 맞는 것은?

① T 림프구는 항원전달세포에 해당한다.
② 세포성 면역에는 보체, 항체 등이 있다.
③ B 림프구는 면역글로불린이라고 불리는 항체를 생성한다.
④ B 림프구는 세포성 면역에 해당한다.

해설 | T 림프구는 세포성 면역에 해당한다.
B 림프구는 체액성 면역에 해당한다.

17 각질 형성 세포와 멜라닌 형성 세포가 분포되어 있는 곳은?

① 각질층   ② 투명층
③ 기저층   ④ 과립층

해설 | 기저층에는 각질 형성 세포(케라티노사이트)와 멜라닌 형성 세포(멜라노사이트)가 가장 많이 분포되어있다.(10:1)

18 자외선에 대한 설명 중 틀린 것은?

① 자외선 A의 파장은 320~ 400nm이다.
② 자외선 C는 대기중 오존층에 대부분 흡수된다.
③ 피부에 깊게 침투하는 것은 자외선 A이다.
④ 자외선 B는 진피층까지 침투할 수 있다.

해설 | 진피층까지 침투하는 자외선은 자외선 A이다.
피부탄력감소, 주름 유발, 색소침착에 영향을 준다.

12 ①   13 ③   14 ③   15 ③   16 ③   17 ③   18 ④

19 피부의 노화와 관계가 없는 것은?
① 텔로미어 단축
② 세포 노화 및 노화 유전자
③ 항산화제
④ 아미노산 라세미화

해설 | 활성산소, 산소 라디칼은 세포의 주요구성을 파괴하여 세포의 기능을 저하시키는데 이러한 작용을 억제시키는게 항산화제로 노화를 방지한다.

20 피부의 색소침착을 억제하면서 기미, 주근깨 등의 치료에 주로 쓰이는 것은?
① 비타민 A
② 비타민 D
③ 비타민 F
④ 비타민 C

해설 | 비타민 C는 멜라닌 색소의 형성억제 및 침착방지작용으로 미백에 효과가 있다.

21 피부노화 현상으로 맞는 것은?
① 광노화에서는 내인성 노화와 달리 표피가 얇아진다.
② 내인성 노화보다는 광노화가 표피두께가 두껍다.
③ 피부노화가 진행되어도 진피의 두께는 변화가 없다.
④ 나이를 먹어감에 따라 자연적으로 발생하는 노화를 광노화라 한다.

해설 | 피부노화에는 나이를 먹어감에 따라 자연적으로 발생하는 내인성 노화와 태양광선 등 외부의 노출에 의한 광노화가 있다.

22 성인의 경우 피부가 차지하는 비중은 체중의 약 몇 % 정도인가?
① 5~8%
② 15~17%
③ 25~30%
④ 35~38%

해설 | 성인의 경우 피부가 차지하는 비중은 체중의 약 15~17% 정도이며, 연령, 성별, 영양상태에 따라 차이가 있다.

23 세포막을 통한 물질의 이동 방법이 아닌 것은?
① 여과
② 수축
③ 삼투
④ 확산

해설 | 세포막을 통한 이동방법: 확산, 삼투, 여과, 능동수송

24 다음 형태에 따른 뼈의 분류에서 장골에 해당하지 않는 것은?
① 비골
② 사골
③ 상완골
④ 경골

해설 | 사골은 함기골에 해당한다.

25 승모근에 대한 설명으로 틀린 것은?
① 견갑골의 내전과 머리를 신전한다.
② 기시부는 두개골의 저부이다.
③ 쇄골과 견갑골에 부착되어 있다.
④ 지배신경은 견갑배신경이다.

해설 | 승모근의 지배신경은 운동신경, 척수부신경, 감각신경이다.

19 ③ 20 ④ 21 ② 22 ② 23 ② 24 ② 25 ④

26 골격근에 대한 설명으로 맞는 것은?

① 민무늬근이다.
② 골격에 붙어 운동에 관여한다.
③ 불수의근이다.
④ 자율신경의 영향을 받는다.

해설 | 골격근은 운동에 관여하며 의지의 영향을 받는 수의근이다.

27 심장에 대한 설명 중 틀린 것은?

① 성인 심장은 무게가 평균 250~300g 정도이다.
② 심장은 심방중격에 의해 좌·우심방, 심실은 심실중격에 의해 좌·우심실로 나누어진다.
③ 심장은 2/3가 흉골 정중선에서 좌측으로 치우쳐 있다.
④ 심장근육은 심실보다는 심방에서 매우 발달 되어 있다.

해설 | 심장근육은 들어오는 피를 받는 심방보다 피를 온몸과 폐로 보내는 심실이 더 발달되어 있다. 좌심실의 벽은 온몸으로 피를 보내기 위해 강한 펌프질을 해야 하므로 우심실 보다 더 두껍다.

28 뇌와 그 기능이 바르게 연결된 것은?

① 간뇌 – 생명중추(심장, 발한, 호흡)
② 연수 – 체온조절중추
③ 소뇌 – 감정조절중추
④ 중뇌 – 시각·청각·반사중추

해설 | 연수: 호흡운동, 심장박동 등을 조절/간뇌: 시상(감각연결 중추)과 시상하부(생리조절 중추)로 나뉨

29 성인의 척수신경은 모두 몇 쌍인가?

① 12쌍
② 13쌍
③ 30쌍
④ 31쌍

해설 | 성인의 척수신경은 경신경 8쌍, 흉신경 12쌍, 요신경 5쌍, 천골신경 5쌍, 미골신경 1쌍, 총 31쌍이다.

30 대부분의 수분이 재흡수되는 곳은?

① 사구체
② 원위세뇨관
③ 집합관
④ 근위세뇨관

해설 | 근위세뇨관에서는 포도당, 아미노산, 비타민 C, 무기질 및 물 등의 재흡수가 이루어진다.

31 혈액의 구성 물질로 항체 생산과 감염의 조절에 가장 깊은 관계가 있는 것은?

① 혈소판
② 백혈구
③ 혈장
④ 적혈구

해설 | 백혈구: 혈액의 구성 물질로 항체 생산과 감염의 조절

32 다음 중 간에 대한 설명으로 틀린 것은?

① 담즙분비
② 해독작용
③ 인슐린과 글루카곤을 분비
④ 인체에서 가장 큰 장기로 재생력이 강함

해설 | 췌장(이자)에서 인슐린과 글루카곤을 분비한다.

26 ② 27 ④ 28 ④ 29 ④ 30 ④ 31 ② 32 ③

33 다음 중 원자에 대한 설명으로 옳지 않은 것은?

① 원소의 성질을 가지는 최소의 단위이다.
② 원자는 양성자, 중성자, 전자로 구성되어 있다.
③ 원자는 쪼갤수록 더 많은 원자로 나눌 수 있다.
④ 원자핵은 양성자와 중성자로 이루어져 있다.

해설 | 원자는 더 이상 쪼갤 수 없다.

34 안면 피부 미용기기가 아닌 것은?

① 확대경
② 디스인크러스테이션
③ 바이브레이터기
④ 적외선램프

해설 | 바이브레이터기는 전신 피부미용기기이다.

35 우드램프 사용 시 지성 또는 여드름 피부에서 나타나는 색깔은?

① 오렌지, 분홍
② 형광색
③ 연보라
④ 진보라

해설 | 형광색(정상), 진보라(민감성), 연보라(건성)피부로 나타난다.

36 다음은 스프레이(Spray Machine)에 관한 효과이다. 잘못된 것은?

① 피부의 산성막 생성 촉진에 효과적이다.
② 피부 타입에 적합한 스킨 제품을 용기에 2/3 정도 채운다.
③ 피부질환, 화농부위, 피부상처, 정맥류 등이 있는 사람에게는 부적합 피부이다.
④ 사용 후 유리관은 자비소독 후 자외선 소독기에 보관한다.

해설 | ④는 수분공급에 효과적인 루카스에 대한 설명이다.

37 갈바닉기 사용 시 주의사항이다. 잘못된 것은?

① 고객의 모든 금속성 액세서리는 제거하고 시술한다.
② 기기 스위치를 킨 다음 전극봉을 피부에 접착 시킨다.
③ 뺨 부위, 뼈마디 부위는 전류를 약하게 하여 시술한다.
④ 세기가 강하면 화상을 입고 약하면 효과를 얻지 못해 적절한 세기가 필요하다.

해설 | 전극봉을 피부에 접촉시킨 다음 기기 스위치를 켜서 작동한다.

38 초음파에 대한 설명으로 알맞지 않은 것은?

① 진동주파수에 따라 저초음파와 고초음파로 구분된다.
② 미세한 진동과 온열에 의해 신진대사를 촉진시킨다.
③ 초음파 헤드 사용 시 젤을 사용하지 않아도 효과에는 차이가 없다.
④ 물리적인 효과로 연결조직의 유연성, 세정작용 및 통증 완화효과를 나타낸다.

해설 | 전용 젤을 사용하여 유효성분의 흡수를 돕는다.

39 자외선을 피부미용에 사용하는 이유를 설명했다, 맞는 것은?

① 피부에 살균효과가 있으므로
② 피부 표면층에 수분을 주기 위해
③ 혈액순환에 도움이 되어
④ 피지선의 작용을 활발하게 하므로

해설 | 자외선은 살균효과가 크다.

40 바이브레이터(G5)에 대한 설명으로 틀린 것은?

① 적당한 압력으로 멍이 들지 않도록 한다.
② 뼈 부위는 시술을 피한다.
③ 5종류의 액세서리를 통해 체형관리에 활용한다.
④ 체중을 실어 압을 주어 관리한다.

해설 | 압을 주어 관리하는 것은 마사지테크닉이다.

41 화장품의 4대 품질특성에 해당 되지 않는 것은?

① 안전성
② 안정성
③ 유효성
④ 품질성

해설 | 4대 품질 특성은 안전성, 안정성, 사용성, 유효성이다.

42 향수의 구비 조건이 아닌 것은?

① 향의 조화가 잘 이루어져야 한다.
② 시대성에 부합되는 향이어야 한다.
③ 향이 강하므로 지속성은 약해야 한다.
④ 향에 특성이 있어야 한다.

해설 | 향이 적당하며 지속성이 좋아야 한다.

43 기초화장품의 사용 목적에 포함되지 않는 것은?

① 피부 정돈
② 세정
③ 미백
④ 피부보호

해설 | 기초화장품의 사용목적은 세안, 청결, 피부정돈, 피부보호이다. 미백은 기능성 화장품의 사용목적이다.

44 음이온 계면활성제에 대한 설명으로 틀린 것은?

① 세정작용이 우수하다.
② 기포 형성 작용이 우수하다.
③ 살균 및 소독작용이 우수하다.
④ 비누, 샴푸, 클렌징 폼에 사용한다.

해설 | 살균 및 소독작용이 우수한 것은 양이온성 계면활성제이다.

45 비누의 제조방법 중 지방산의 글리세린에스테르와 알칼리를 함께 가열하면 유지가 가수분해되어 비누와 글리세린으로 얻어지는 방법은?

① 검화법
② 중화법
③ 유화법
④ 화학법

해설 | 검화법은 유지를 알칼리로 가수 분해하는 것을 말한다.

46 기능성 화장품의 영역이 아닌 것은?

① 피부의 주름 개선에 도움을 주는 제품
② 피부의 미백에 도움을 주는 제품
③ 자외선으로부터 피부를 보호하는데 도움을 주는 제품
④ 피부의 여드름 치료에 도움을 주는 제품

39 ① 40 ④ 41 ④ 42 ③ 43 ③ 44 ③ 45 ① 46 ④

해설 | 주름개선: 안티에이징제품, 에센스
미백: 미백크림, 에센스
자외선 차단: 선크림, 선오일

47 화장품 성분 중에 양모에서 정제한 것은?

① 라놀린
② 바셀린
③ 밍크오일
④ 플라센타

해설 | 라놀린은 피부에 대한 친화성, 부착성, 흡수성이 우수하여 크림, 립스틱에 주로 사용된다.

48 가벼운 메이크업을 지우거나 화장 전에 피부를 청결히 닦아낼 목적으로 사용하기에 적합한 것은?

① 클렌징 워터
② 클렌징 오일
③ 클렌징 로션
④ 클렌징 크림

해설 | 클렌징 워터: 가벼운 메이크업을 지우거나 화장전에 피부를 청결히 닦아낼 목적으로 사용

49 화장품의 4대 품질 조건에 대한 설명이 틀린 것은?

① 안정성 - 변색, 변취, 미생물의 오염이 없을 것
② 안전성 - 피부에 대한 자극, 알러지, 독성이 없을 것
③ 유효성 - 질병 치료에 사용할 수 있을 것
④ 사용성 - 피부에 사용감이 좋고 잘 스며들 것

해설 | 유효성: 보습효과, 노화억제, 자외선 차단, 미백, 주름개선, 자외선 차단 등의 효과가 있을것

50 유화 형태를 판별하기 위해서 물을 첨가한 결과 잘 섞여 O/W형으로 적합한 유화형태의 판별법은?

① 희석법
② 전기전도도법
③ 색소첨가법
④ 질량분석법

해설 | 색소첨가법: 에멀전에 유성염료가 용해되면 W/O형, 수용성염료가 용해되면 O/W형으로 판별한다.

51 공중 보건의 3대 요소가 아닌 것은?

① 수명 연장
② 감염병 예방
③ 건강과 능률의 향상
④ 감염병 관리

해설 | 공중 보건의 3대 요소 : 수명 연장, 감염병 예방, 건강과 능률의 향상

52 질병 발생의 3가지 요인이 아닌 것은?

① 병인적 요인
② 숙주적 요인
③ 유전적 요인
④ 환경적 요인

해설 | 질병 발생의 3가지 요인 : 숙주적 요인, 병인적 요인, 환경적 요인

53 한나라의 보건수준을 측정하는 대표적인 지표는?

① 비례사망지수
② 영아사망률
③ 평균수명
④ 사망통계

해설 | 영아사망률이란 생후 1년 안에 사망한 영아의 사망률로 한 국가의 보건수준을 나타내는 지표이다.

47 ①   48 ①   49 ③   50 ③   51 ④   52 ③   53 ②

54 병원체를 보유하고 있으나 증상이 없으며 체외로 이를 배출하고 있는자로 감염병에 대한 관리가 어려운 보균자는?

① 잠복기 보균자
② 건강보균자
③ 병후보균자
④ 회복기 보균자

해설 | 건강보균자의 간염병 관리가 어려운 이유는 색출이 어렵고, 활동 영역이 넓으며 격리가 어렵기 때문이다.

55 기생충과 전파 매체가 틀린 것은?

① 무구조충 – 돼지고기
② 간디스토마 – 담수어
③ 폐디스토마 – 가재
④ 긴촌충 – 물벼룩

해설 | 무구조충: 소 ,유구조충: 돼지

56 4대 온열 인자에 속하지 않는 것은?

① 기온
② 복사열
③ 기류
④ 기압

해설 | 4대 온열인자: 기온, 기습, 기류, 복사열

57 식중독 균이 가장 잘 증식할 수 있는 온도는?

① 25~37°C
② 17~20°C
③ 15~25°C
④ 0~10°C

해설 | 식중독의 특징: 집단적으로 발생, 발생지역이 국한되어있고 주로 여름철에 많이 발생한다.

58 소독 방법 중 완전 멸균으로 가장 빠르고 효과적인 방법의 소독법은?

① 증기멸균법
② 간헐멸균법
③ 고압증기멸균법
④ 건열멸균법

해설 | 고압증기멸균법: 포자를 형성하는 세균을 멸균

59 이·미용업자의 변경신고사항에 속하지 않는 것은?

① 신고한 영업장 면적의 3분의 1이상의 증감
② 미용업 업종 간 변경
③ 대표자의 소재지변경
④ 대표자의 성명 또는 생년월일

해설 | 영업소의 소재지, 영업소의 명칭 또는 상호, 신고한 영업장 면적의 3분의 1이상의 증감, 대표자의 성명 또는 생년월일, 미용업 업종 간 변경

60 소독을 한 기구와 소독을 하지 않은 기구를 각기 다른 용기에 넣어 보관하지 아니할 때에 대한 2차 위반 시 행정처분 기준은?

① 시정명령
② 영업정지 5일
③ 영업정지 10일
④ 영업장 폐쇄명령

해설 | 1차위반:경고/2차위반: 영업정지 5일/3차위반: 영업정지 10일/4차위반: 영업장 폐쇄명령

54 ② 55 ① 56 ④ 57 ① 58 ③ 59 ③ 60 ②

4회 · 출제예상문제

01 피부 관리의 범위에 관한 설명으로 알맞은 것은?
① 화장품을 이용하여 눈썹문신, MTS를 이용하여 진피층에 영양물질을 침투시키는 것
② 비만 치료제 복용과 수기요법을 병행하며 전신관리를 하는 것
③ 의료기기나 의약품을 사용하지 않고 피부상태분석, 피부관리, 제모, 눈썹 등을 손질하는 것
④ 레이저를 이용하여 기미를 개선시키는 것

해설 | 눈썹문신, MTS, 비만 치료제, 레이저 등은 의료 영역에 속한다.

02 피부 관리의 순서로 옳은 것은?
① 청결 – 자극 – 침투 – 보호
② 청결 – 침투 – 자극 – 보호
③ 자극 – 청결 – 침투 – 보호
④ 자극 – 침투 – 청결 – 보호

해설 | 피부 관리의 순서는 클렌징 – 메뉴얼테크닉 – 마무리 순으로 관리한다.

03 민감성 피부의 특징에 대한 설명이 아닌 것은?
① 각질이 드문드문 보인다.
② 피부조직이 섬세하고 얇아 색소침착이 일어난다.
③ 피부 발진이나 두드러기가 쉽게 나타난다.
④ 수분 부족 현상이 쉽게 일어나 피부 당김 현상이 일어난다.

해설 | 민감성 피부는 각화과정의 이상으로 일정 두께의 각질층을 이루지 못한다.

04 클렌징 폼에 대한 설명으로 옳은 것은?
① 친유성 상태의 제품으로 짙은 메이크업에 사용한다.
② 세정력이 뛰어나 이중세안이 필요 없다.
③ 지성, 건성, 노화, 민감성 피부에 효과적이다.
④ 계면활성제의 함유로 비누처럼 거품이 일어난다.

해설 | 클렌징 폼계면활성제가 함유되어 거품처럼 일어나는 타입으로 이중 세안용으로 사용한다.

05 소염화장수에 대한 설명으로 바르지 않은 것은?
① 모공을 수축시키며 청량감을 준다.
② 살균, 소독을 통해 피부를 청결하게 한다.
③ 일명 아스트리젠트라 부른다.
④ 지성, 여드름 등 염증이 생긴 피부에 사용한다.

해설 | 수렴화장수를 아스트리젠트라 부른다.

01 ③　02 ①　03 ①　04 ④　05 ③

06 민감성 피부의 관리방법에 대한 설명으로 틀린 것은?

① 피부의 진정, 보습효과에 뛰어난 제품을 사용한다
② 저자극, 무알코올, 색소, 방부제 등이 적게 함유되어 있어야 한다.
③ 스크럽이 들어간 세안제를 사용한다.
④ 화장품 도포시 패치테스트를 시행후 적합성을 확인한다.

해설 | 스크럽은 피부에 자극을 주어 민감성 피부에는 사용을 자제한다.

07 안면 메뉴얼 테크닉의 효과와 가장 거리가 먼 것은?

① 피부세포에 산소와 영양소를 공급한다.
② 피부의 혈액순환을 촉진시킨다.
③ 피부를 부드럽고 유연하게 해주며 근육을 수축시켜 노화를 촉진시킨다.
④ 림프순환을 촉진시킨다.

해설 | 근육을 수축시켜 노화를 촉진시키는 것은 매뉴얼테크닉의 효과가 아니다.

08 메뉴얼테크닉시 시행시 중요한 요소가 아닌 것은?

① 마찰
② 속도와 압력
③ 방향
④ 크림, 앰플 등의 매개체

해설 | 메뉴얼테크닉시 중요한 요소로는 방향, 마찰, 압력, 속도, 리듬감, 밀착감 등이 해당된다.

09 석고 마스크의 효과가 아닌 것은?

① 염증완화 작용
② 리프팅 작용
③ 모공수축 작용
④ 피부 재생 작용

해설 | 열이 발생하여 피부에 자극을 줄수 있으므로 염증을 유발할 수 있다.

10 냉습포의 효과에 대한 설명이 바른 것은?

① 모공 확장에 의해 피지, 면포 등 불순물 제거
② 혈액순환 촉진, 피지선 자극, 근육이완
③ 모공수축, 혈관수축, 수렴효과, 염증완화 및 진정효과
④ 전단계의 잔여 노폐물 제거

해설 | ①②④는 온습포의 효과

11 Hydro Therapy(수요법)에 대한 설명이다. 아닌 것은?

① 물의 수압을 이용하여 혈액순환을 촉진시켜 체내의 독소배출, 세포재생의 효과를 준다.
② 수요법은 5~30분 정도 시행한다.
③ 일명 스파테라피라고도 한다.
④ 식사 직후 바로 시행하는 것이 바람직하다.

해설 | 식사 직후 시행하는 것은 피한다.

12 아로마 마사지에 대한 설명이다. 아닌 것은?

① 식물에서 추출한 에센셜 오일을 마사지와 병행하여 사용하는 기법이다.
② 피부를 통해 흡수되는 효과뿐만이 아닌 향기가 주는 심리적 효과까지 얻을 수 있다.
③ 부작용이 높아 특수 교육을 받은 아로마 테라피스트만 사용할 수 있다.
④ 오일의 종류에 따라 효능이 다르다.

해설 | 부작용이 적어 누구나 손쉽게 사용할 수 있다.

06 ③   07 ③   08 ④   09 ①   10 ③   11 ④   12 ③

13 표피층을 순서대로 나열한 것은?

① 각질층, 유극층, 망상층, 기저층, 과립층
② 각질층, 유극층, 투명층, 과립층, 기저층
③ 각질층, 투명층, 과립층, 기저층, 망상층
④ 각질층, 투명층, 과립층, 유극층, 기저층

해설 | 표피층은 각질층, 투명층, 과립층, 유극층, 기저층으로 구성되어 있다.

14 피부 질환중 원발진이 아닌 것은?

① 농포 ② 반흔
③ 구진 ④ 종양

해설 | 원발진: 반점, 홍반, 농포, 팽진, 구진, 수포, 결절, 면포, 종양, 낭종
속발진: 인설, 찰상, 가피, 미란, 균열, 궤양, 반흔, 위축, 태선화

15 피부 표피를 구성하는 세포층에서 가장 두꺼운 층은?

① 각질층 ② 과립층
③ 유극층 ④ 투명층

해설 | 유극층은 표피 중 가장 두꺼운 층으로 세포 표면에 가시 모양의 돌기가 세포와 세포 사이를 연결해준다.

16 콜라겐에 대한 설명 중 틀린 것은?

① 콜라겐은 섬유아세포에서 생성된다.
② 노화된 피부에는 콜라겐함량이 낮다.
③ 콜라겐이 부족하면 주름이 발생하기 싶다
④ 표피에 콜라겐이 주로 존재한다.

해설 | 콜라겐은 진피에 존재하며 콜라겐의 양이 감소하면 주름 형성과 피부탄력 감소에 영양을 준다.

17 성인이 하루에 분비하는 피지의 양은?

① 약 0.1~0.2g
② 약 1~2g
③ 약 3~5g
④ 약 5~9g

해설 | 피지선은 진피의 망상층에 위치하며 하루 평균 약 1~2g 피지를 배출한다.

18 사춘기 이후에 주로 분비되며, pH 5.5~ 6.5 정도의 단백질 함유량이 많은 땀을 생성하며 특유의 짙은 체취를 발생시키는 것은?

① 대한선(아포크린선)
② 소한선(에크린선)
③ 피지선
④ 갑상선

해설 | 대한선(아포크린선)은 사춘기 이후에 주로 분비되며, 모공을 통하여 분비되어 독특한 체취를 발생시킨다. 주로 귀주변, 유두주변, 겨드랑이, 배꼽주변 등 특정부위에 존재한다.

19 피부의 각질층에 존재하는 세포 간지질 중 가장 많이 함유된 것은?

① 콜레스테롤(cholesterol)
② 스쿠알렌(squalene)
③ 세라마이드(ceramide)
④ 왁스(wax)

해설 | 각질층에 가장 많이 존재하는 세라마이드는 각질세포와 세포사이의 결합력을 높여주며 수분의 증발을 막아준다.

13 ④　14 ②　15 ③　16 ④　17 ②　18 ①　19 ③

20 땀의 분비가 감소하고 갑상선 기능의 저하, 신경계의 원인이 되는 것은?

① 소한증　　② 대한증
③ 액취증　　④ 다한증

해설 | 소한증은 갑상선기능 저하, 신경계통의 질환 등으로 땀의 분비가 감소되면서 나타나는 현상이다.

21 화상의 구분 중 홍반, 부종, 통증뿐만 아니라 수포를 형성하는 것은?

① 제1도 화상
② 제2도 화상
③ 제3도 화상
④ 제4도 화상

해설 | 제2도 화상은 진피까지 손상되어 수포가 발생한다.

22 피지가 피부에 주는 영향과 거리가 먼 것은?

① 살균작용
② 수분 증발 억제
③ 열 발산 방지
④ 유화작용

해설 | 피지는 피부를 보호하고, 세균성장을 억제해주며 땀과 기름을 유화시키는 역할을 한다.

23 세포 내 소기관 중에서 세포 내의 호흡생리를 담당하고, 이화작용과 동화작용에 의해 에너지를 생산하는 기관은?

① 미토콘드리아
② 리보솜
③ 리소좀
④ 중심소체

해설 | 미토콘드리아(사립체)는 세포내의 발전소로 이화작용과 동화작용에 의해 에너지를 생산하고 호흡을 담당한다.

24 영양분의 에너지원 사용순서로 바르게 배열된 것은?

① 단백질 – 지방 – 탄수화물
② 지방 – 탄수화물 – 단백질
③ 탄수화물 – 지방 – 단백질
④ 단백질 – 탄수화물 – 지방

해설 | 탄수화물이 제일 먼저 에너지원으로 쓰이고 다음으로 지방, 단백질 순서로 쓰인다.

25 세포에 대한 설명으로 틀린 것은?

① 생명체의 구조 및 기능적 기본단위이다.
② 세포 내에는 핵이 핵막에 둘러싸여 있다.
③ 세포는 핵과 근원 섬유로 이루어져 있다.
④ 기능이나 소속된 조직에 따라 원형, 아메바, 타원 등 다양한 모양을 하고 있다.

해설 | 세포는 핵, 세포질, 세포막으로 구성되어 있다.

26 두개골의 뼈가 아닌 것은?

① 전두골
② 이소골
③ 설상골
④ 측두골

해설 | 이소골은 귀에 있는 작은 뼈이다.

27 심장벽에 분포하여 심장에 영양공급을 담당하는 혈관은?

① 관상동맥
② 대정맥
③ 대동맥
④ 모세혈관

해설 | 관상동맥은 심장벽에 분포하여 영양공급과 가스교환을 담당한다.

20 ①　21 ②　22 ③　23 ①　24 ③　25 ③　26 ②　27 ①

28 견갑골을 올리고 내측.외측 회전을 관여하는 근육은?
① 견갑거근
② 흉쇄유돌근
③ 승모근
④ 광배근

해설 | 승모근은 견갑골을 올리고 목을 당기는 근육이다.

29 다음 중 윗몸일으키기를 하였을 때 주로 강해지는 근육은?
① 이두박근
② 복직근
③ 삼각근
④ 비복근

해설 | 복직근은 척추를 앞으로 굽힐 때 작용하며 윗몸일으키기를 하면 강해지는 근육이다.

30 뉴런과 뉴런의 접속 부위를 무엇이라고 하는가?
① 신경원
② 랑비에 결절
③ 시냅스
④ 축삭종말

해설 | 신경계의 기본 단위를 뉴런이라 하며, 이 뉴런과 뉴런의 접속 부위를 시냅스라 한다.

31 다음 중 교감신경이 흥분되었을 때 일어나는 현상이 아닌 것은?
① 동공확대
② 위운동 억제
③ 혈관수축
④ 심박수 감소

해설 | 교감신경이 흥분되면 심박수 증가, 혈관수축, 동공확대, 위운동 억제 등의 증상이 나타난다.

32 자율신경계에 관한 틀린 것은?
① 골격근 운동을 지배한다.
② 불수의적 운동을 조절한다.
③ 교감신경과 부교감신경으로 나누어진다.
④ 대뇌의 영향을 절대적으로 받는다.

해설 | 자율신경계는 대뇌의 영향을 거의 받지 않고 불수의적 운동을 조절한다.

33 전류에 대한 설명으로 옳지 않은 것은?
① 전류의 주파수에 따라 저주파, 중주파, 고주파 전류로 나뉜다.
② 전류의 방향은 도선을 따라 (−)극에서 (+)극 쪽으로 흐른다.
③ 전류는 높은 전류에서 낮은 전류로 흐른다.
④ 전류의 세기는 1초 동안 도선을 따라 움직이는 전하량을 말한다.

해설 | 전하의 방향은 도선을 따라 (+)에서 (−)극 쪽으로 흐른다.

34 안면 피부미용 기기 중 피부 분석 시 사용하는 기기들로 바르게 짝지어진 것은?
① 우드램프, 진공흡입기. 리프팅기
② 우드램프, 확대경, 스킨스코프
③ 스프레이, 루카스, 스티머
④ 진동브러시, 우드램프, 확대경

해설 | 피부분석기는 확대경, 우드램프, 스킨스코프, 유분측정기, 수분측정기, pH측정기이다.

28 ③   29 ②   30 ③   31 ④   32 ④   33 ②   34 ②

35 우드램프에 대한 특징이 잘못 설명된 것은?

① 특수한 인공자외선을 피부에 투과하여 피부를 관찰 한다.
② 수분, 피지, 면포, 각질 등의 피부 상태를 다양한 색깔로 관찰 한다.
③ 피부의 심층 상태 및 문제점을 확인 한다.
④ 어두운 곳보다는 밝은 곳에서 측정해야 정확한 피부상태 분석이 가능하다.

해설 | 어두운 곳에서 분석한다.

36 진공흡입기(Vaccum Suction)의 효과에 관한 설명으로 틀린 것은?

① 피부 자극에 의한 한선과 피지선의 기능 활성화
② 정체된 림프의 배농을 도와 부종 제거에 효과적이다.
③ 혈액순환, 림프순환 촉진, 기초대사 저하
④ 각질 및 노폐물 제거, 모낭 청결

해설 | 혈액순환, 림프순환 촉진, 기초대사 개선

37 피부 침투가 어려운 수용성 화장품(겔, 앰플, 에센스 등)의 고농축 유효 성분을 피부 깊숙이 스며들게 하는 영양관리방법에 사용 가능한 기기는?

① 이온토포레시스
② 디스인크러스테이션
③ 고주파
④ 초음파

해설 | 고농축 활성제 침투 및 재생력을 향상시키는 기기는 이온토포레시스이다.

38 리프팅기에 대한 설명으로 틀린 것은?

① 피부질환자, 치아보철기 등 금속착용자도 안전하게 사용할 수 있다.
② 콜라겐과 엘라스틴을 활성화시켜 주름 제거 및 개선효과를 준다.
③ 주로 안면 주름 제거 및 개선에 사용한다.
④ 양극과 음극 두 전극봉을 한꺼번에 손잡이에 장착 시킨다.

해설 | 임산부, 피부질환자, 실리콘 및 치아보철기 착용자, 인공 심장기, 신장기 착용자 사용 부적합

39 적외선이 피부에 미치는 영향은?

① 피부 표면을 따뜻하게 한다.
② 피부 표면을 자극하여 진정시켜준다.
③ 피부 깊은 층을 따뜻하게 한다.
④ 피부 깊은 층을 자극하는 것을 막아준다.

해설 | 피부의 깊은 층을 따뜻하게 하여 근육이완 통증완화 노폐물 배출 작용을 한다.

40 바이브레이터(G5)의 효과로 잘못 설명한 것은?

① 혈액순환 촉진, 신진대사 증진 효과
② 온열효과로 건성피부, 노화피부에 효과적이다.
③ 근육수축에 의한 근육통 해소
④ 영양과 산소공급 증가, 기초 대사량 증가

해설 | 근육이완에 의한 근육통 해소

35 ④　36 ③　37 ①　38 ①　39 ③　40 ③

41 향수를 뿌린 후 처음 발산되는 향으로, 주로 휘발성이 강한 향으로 이루어져 있는 노트는?

① 탑노트(Top note)
② 미들노트(Middle note)
③ 베이스노트(Base note)
④ 하트노트(Heart note)

해설 | 탑노트(Top note) 종류는 감귤류, 과일향, 민트향 (오렌지, 레몬, 페파민트, 바질 등)이 있다.

42 자외선 차단을 도와주는 성분이 아닌 것은?

① 옥틸디메틸 파바(octyl dimethyl PABA)
② 파라아미노산식향산(para-amino benzoic)
③ 티타늄디옥사이드(titanium dioxide)
④ 콜라겐(collagen)

해설 | 콜라겐(collagen)은 진피층에 존재하며 피부탄력 및 보습에 효과적이다.

43 보습제가 갖추어야 할 조건이 아닌 것은?

① 휘발성이 있을 것
② 다른 성분과 혼용성이 있을 것
③ 적절한 보습성이 있을 것
④ 응고점이 낮을 것

해설 | 보습제는 저 휘발성인 것이 좋고 피부와의 친화성이 좋아야 한다.

44 "피부에 대한 자극, 알러지, 독성이 없어야 한다"는 화장품의 4대 요건 중 어느것에 해당하는가?

① 안정성   ② 안전성
③ 사용성   ④ 유효성

해설 | 안전성 : 피부에 대한 자극, 알레르기, 독성이 없을 것
안정성 : 변색, 변취, 미생물의 오염이 없을 것
사용성 : 피부에 사용감이 좋고 잘 스며들 것
유효성 : 보습효과, 노화억제, 자외선 차단, 미백, 주름개선, 자외선 차단 등의 효과가 있을 것

45 진달래과의 월귤나무의 잎에서 추출한 하이드로퀴논 배당체로 멜라닌 활성을 도와주는 티로시나아제 효소의 작용을 억제하는 미백화장품의 성분은?

① 알부틴
② 감마-오리자놀
③ 비타민C
④ AHA

해설 | 알부틴은 티로시나아제 효소의 작용을 억제한다.

46 pH의 설명으로 옳은 것은?

① 어떤 물질의 용액속에 들어있는 수소분자의 농도를 나타낸다.
② 어떤 물질의 용액속에 들어있는 수소이온의 농도를 나타낸다.
③ 어떤 물질의 용액속에 들어있는 수소분자의 질량을 나타낸다.
④ 어떤 물질의 용액속에 들어있는 수소이온의 질량을 나타낸다

해설 | 피부의 pH란 땀과 피지가 혼합되어 피부표면을 덮고 있는 산성막(피지막)의 pH를 말한다.

47 화장품 제조의 3가지 기술이 아닌 것은?

① 가용화 기술
② 용융기술
③ 유화기술
④ 분산기술

해설 | 화장품의 제조기술 3가지는 가용화, 유화, 분산기술이 있다.

41 ①   42 ④   43 ①   44 ②   45 ①   46 ②   47 ②

48 팩의 분류에 속하지 않는 것은?

① 워시 오프 (wash-off)타입
② 필 오프(peel-off) 타입
③ 패치(patch)타입
④ 워터(water) 타입

해설 | 팩 제거 방법에 따른 분류: 필오프 타입, 워시오프 타입, 티슈오프 타입, 시트 타입, 패치타입이 있다.

49 화장품에 대한 설명중 틀린 것은?

① 청결과미화를 목적으로 사용된다.
② 정상인을 대상으로 한다.
③ 특정부위에 사용한다.
④ 장기간 사용한다.

해설 | 특정부위에 사용하는 것은 의약품이다.

50 향수의 조건이 아닌 것은?

① 조화성
② 확산성
③ 지속성
④ 취향성

해설 | 향수의 구비요건은 시대성에 부합하는 향이어야 한다.

51 임신 초기에 감염이 되어 백내장아, 농아 출산의 원인이 되는 질환은?

① 심장질환
② 뇌질환
③ 당뇨병
④ 풍진

해설 | 풍진은 제2급 감염병으로 지정되어 있으며, 임신 초기에 감염되면 태아의 90%가 선천성 풍진 증후군에 걸리게 된다.

52 지역사회에서 노인층 인구에 가장 적절한 보건교육 방법은?

① 개별접촉
② 집단교육
③ 신문
④ 강연회

해설 | 노인층에게는 개별접촉을 통한 보건교육이 가장 적합한 방법이다.

53 공중보건학의 정의로 가장 적합한 것은?

① 질병예방, 생명연장, 건강증진에 주력하는 기술이며 과학이다.
② 질병예방, 생명유지, 조기치료에 주력하는 기술이며 과학이다.
③ 질병의 조기발견, 조기예방, 생명연장에 주력하는 기술이며 과학이다.
④ 질병예방, 생명연장, 질병치료에 주력하는 기술이며 과학이다.

해설 | 공중보건학이란 조직화된 지역사회의 노력으로 질병을 예방하고 수명을 연장하며 신체적·정신적 효율을 증진시키는 기술이며 과학이다.

54 보건행정의 제 원리에 관한 것으로 맞는 것은?

① 일반 행정원리의 관리과정적 특성과 기획과정은 적용되지 않는다.
② 보건행정은 공중보건학에 기초한 과학적 기술이 필요하다.
③ 보건행정에서는 생태학이나 역학적 고찰이 필요 없다.
④ 의사결정과정에서 미래를 예측하고, 행동하기전의 행동계획을 결정한다.

해설 | 보건행정학이란 공중보건의 목적을 달성하기 위해 행정조직을 통해 행하는 일련의 과정이며, 공중보건학에 기초한 과학적 기술이 필요하다.

48 ④ 49 ③ 50 ④ 51 ④ 52 ① 53 ① 54 ②

55 간흡충(간디스토마)에 관한 설명으로 틀린 것은?
① 경피감염한다.
② 제1중간숙주는 왜우렁이이다.
③ 인체 주요 기생부위는 간의 담도이다.
④ 인체 감염형은 피낭유충이다.

해설 | 간디스토마는 민물고기를 생식하거나 오염된 물을 섭취할 때 경구감염된다.

56 소독과 멸균에 관련된 용어의 설명 중 틀린 것은?
① 살균 : 생활력을 가지고 있는 미생물을 여러 가지 물리·화학적 작용에 의해 급속히 죽이는 것을 말한다.
② 소독 : 사람에게 유해한 미생물을 파괴시켜 감염의 위험성을 제거하는 비교적 강한 살균작용으로 세균의 포자까지 사멸하는 것을 말한다.
③ 방부 : 병원성 미생물의 발육과 그 작용을 제거하거나 정지시켜서 음식물의 부패나 발효를 방지하는 것을 말한다.
④ 멸균 : 병원성 또는 비병원성 미생물 및 포자를 가진 것을 전부 사멸 또는 제거하는 것을 말한다.

해설 | 소독은 비교적 약한 살균력을 작용시켜 병원생물의 생활력을 파괴하여 감염의 위험성을 없애는 방법이다.

57 물리적 소독법으로 사용하는 것이 아닌 것은?
① 자외선
② 초음파
③ 일광
④ 알코올

해설 | 알코올은 화학적 소독법에 해당한다.

58 소독제로서 석탄산에 관한 설명이 틀린 것은?
① 유기물에도 소독력은 약화되지 않는다.
② 고온일수록 소독력이 커진다.
③ 세균단백에 대한 살균작용이 있다.
④ 금속 부식성이 없다.

해설 | 석탄산은 금속 부식성이 있다.

59 토양(흙)이 병원소가 될 수 있는 질환은?
① 디프테리아
② 콜레라
③ 파상풍
④ 간염

해설 | 병원소의 종류
- 인간 병원소 : 환자, 보균자 등
- 동물 병원소 : 개, 소, 말, 돼지 등
- 토양 병원소 : 파상풍, 오염된 토양 등

60 건강보균자를 설명한 것으로 가장 적절한 것은?
① 감염병에 이환되어 앓고 있는 자
② 감염병에 걸렸지만 자각증상이 없는 자
③ 감염병에 걸렸다가 완전히 치유된 자
④ 병원체를 보유하고 있으나 증상이 없으며 체외로 이를 배출하고 있는 자

해설 | 보균자의 종류
- 건강보균자 : 병원체를 보유하고 있으나 증상이 없으며 체외로 이를 배출하고 있는 자
- 잠복기보균자 : 전염성 질환의 잠복기간 중에 병원체를 배출하는 자
- 병후보균자 : 전염성 질환에 이환된 후 그 임상 증상이 소실된 후에도 병원체를 배출하는 자

55 ①   56 ②   57 ④   58 ④   59 ③   60 ④

5회 · 출제예상문제

01 피부미용의 영역이 잘못 연결된 것은?

① 눈썹정리, 제모
② 피부 관리, 눈썹정리
③ 신체 각 부위 관리, 제모
④ 눈썹정리, 모발관리

해설 | 모발관리는 이·미용의 영역에 해당된다.

02 피부상담의 목적에 대한 설명이다. 옳지 않은 것은?

① 고객의 방문 목적을 확인한다.
② 피부문제의 원인을 파악하여 관리계획을 계획한다.
③ 관리방법, 제품의 특성, 사용할 기기 등의 목적과 특징을 설명한다.
④ 홈케어의 필요한 제품을 설명하며 반드시 구매하도록 한다.

해설 | 홈 케어의 필요성은 필요하나 고객에게 강매를 하는 느낌을 주지 말아야한다.

03 피부유형과 화장품의 사용 목적이 잘못 연결된 것은?

① 민감성 피부 - 진정 및 쿨링 효과
② 색소침착 피부 - 멜라닌 생성 억제 및 피부기능 활성화
③ 여드름 피부 - 피부에 유,수분을 공급하여 보습기능 활성화
④ 노화피부 - 주름완화, 결체조직 강화, 새로운 세포형성 촉진 및 피부보호

해설 | 여드름 피부는 피지조절과 염증을 완화하기 위해 화장품을 사용해야 한다.

04 끈적임이 없이 가벼운 화장을 지울 때 사용하는 클렌징 제품으로 민감성피부의 아이&립 메이크업의 리무버 용도로 적합한 것은?

① 클렌징크림
② 클렌징로션
③ 클렌징 워터
④ 클렌징 겔

해설 | 아이&립 메이크업 전용제품은 클렌징 워터이다.

05 피부유형에 따라 화장수의 선택이 잘못된 것은?

① 건성피부 - 유연화장수
② 지성피부 - 수렴화장수
③ 여드름피부 - 소염화장수
④ 노화피부 - 소염화장수

해설 | 노화피부는 유연화장수가 적합하다.

06 여드름 피부 특징과 관리법에 대해 설명하였다. 틀린 것은?

① 과도한 각질관리는 염증을 유발 시킬 수 있어 주1회 딥클렌징이 적당하다.
② 피부가 두껍고 과도한 피지로 인해 피부가 지저분해 보인다.
③ 유분이 적고 염증진정 성분과 피지조절 성분이 함유된 제품을 사용한다.
④ 지루성 전용 세정제를 사용한다.

해설 | 주2~3회 딥클렌저를 사용하는 것이 여드름 관리에 도움이 된다.

01 ④   02 ④   03 ③   04 ③   05 ④   06 ①

07 메뉴얼 테크닉 동작 중 손가락 전체를 이용하여 피부를 쥐듯이 잡아서 반죽하는 방법으로 매뉴얼 테크닉 기본 동작 중 가장 강한 동작은?

① 반죽하기
② 쓰다듬기
③ 두드리기
④ 진동하기

해설 | 반죽하기는 손가락 전체를 이용하는 동작으로 피부의 탄력 증진, 근육의 긴장 완화 신진대사의 활성화 효과가 있다.

08 매뉴얼테크닉의 설명으로 틀린 것은?

① 경찰법(effleurage): 가볍게 쓰다듬는 방법
② 강찰법(friction): 강하게 문지르는 방법
③ 고타법(tapotement): 가볍게 두드리는 방법
④ 압박법(compression): 스트레칭 기법

해설 | 스트레칭 기법은 신접법에 해당된다.

09 석고 마스크에 사용할 수 없는 피부 유형은?

① 노화피부
② 모세혈관확장피부
③ 건성피부
④ 정상피부

해설 | 모세혈관확장피부, 여드름 피부 등에 사용할 경우 민감성 피부로 발전할 수 있다.

10 습포에 대한 설명으로 바르지 않은 것은?

① 피부 관리실에서 냉습포는 사용하지 않고 온습포만 사용한다.
② 타월은 항상 100도 이상의 온도에서 삶아 사용한다.
③ 냉습포는 피부를 진정시키는 효과를 가지고 있다.
④ 습포 사용전 해면을 사용한다.

해설 | 피부 관리실에서는 피부유형에 맞게 냉·온습포 모두 사용한다.

11 수요법의 종류 중 제트샤워(Jet Shower)에 대한 설명으로 다른 것은?

① 누운 상태에서 물줄기가 척추와 전신에 마사지를 함으로 긴장감을 완화시킨다.
② 척추나 관절부위의 자극에도 효과적이다.
③ 섬유질, 지방질 부위의 이완작용을 통해 체형관리에 효과적이다.
④ 부위별 강도에 따라 물의 압력을 조절하여 자극을 준다.

해설 | ①은 수요법 종류 중 비시샤워(Vichy Shower)에 대한 설명이다.

12 에크린선(소한선)의 특징으로 틀린 것은?

① 체온조절이 가능하다.
② 약산성으로 무색·무취이다.
③ 전신에 분포하나 손바닥, 발바닥, 셔드랑이 등에 집중 분포되어 있다.
④ 사춘기 이후에 주로 발달한다.

해설 | 사춘기 이후에 주로 발달하는 것은 아포크린선(대한선)이다.

13 파필로마 바이러스에 의해 발생하며 감염성이 있는 것은?

① 풍진
② 홍역
③ 사마귀
④ 단순포진

해설 | 사마귀 : 파필로마 바이러스에 의해 발생하며 감염성이 있다.

07 ①   08 ④   09 ②   10 ①   11 ①   12 ④   13 ③

14 머리의 뿌리에 곰팡이 균이 기생하는 질환은?

① 조갑백선
② 족부백선
③ 두부백선
④ 칸디다증

해설 | 두부의 모낭과 그 주위에 피부 사상균이 감염되어 발생하는 백선증을 말한다.

15 표피의 구성세포가 아닌 것은?

① 각질형성 세포
② 멜라닌세포
③ 머켈세포
④ 구형세포

해설 | 표피의 구성세포는 각질형성 세포, 멜라닌세포, 랑게르한스, 머켈세포가 있다.

16 염증성 여드름의 발생과정 순서는?

① 구진-농포-결절-낭종
② 구진-결절-농포-낭종
③ 낭종-결절-농포-구진
④ 결절-구진-낭종-농포

해설 | 여드름의 발생과정은 면포-구진-농포-결절-낭종

17 손톱이 하루에 평균적으로 자라나는 길이는?

① 약 0.1~0.15mm
② 약 0.3~5mm
③ 약 0.02mm
④ 약 0.5mm

해설 | 손톱은 하루 평균 약 0.1~0.15mm 정도 자라며 발톱보다 빠르게 자란다.

18 피부의 기능 중 저장기능에 대한 설명으로 옳은 것은?

① 피부의 표면을 통해 산소를 저장한다.
② 피하지방조직에 10~15kg의 지방 저장이 가능하다.
③ 산소를 흡수하고, 이산화탄소를 방출하면서 에너지를 저장한다.
④ 피지선을 제한적으로 저장한다.

해설 | 피부의 저장기능은 수분, 영양분, 혈액을 저장한다.

19 산소가 없어도 성장하는 균은?

① 혐기성균
② 호기성균
③ 미호기성 균
④ 통성혐기성 균

해설 | 호기성균은 산소가 필요한 균이다.

20 필수 지방산에 속하지 아닌 것은?

① 리놀렌산
② 아라키돈산
③ 리놀레산
④ 루이신

해설 | 루이신은 필수아미노산에 속한다.

21 물에 오일 성분이 혼합되어 있는 유화 상태는?

① W/O 에멀젼
② O/W 에멀젼
③ O/W/O 에멀젼
④ W/O/W 에멀젼

해설 | O/W 에멀젼은 물에 오일이 분산되어 있는 형태로 로션, 크림, 에센스 등이 있다.

14 ③ 15 ④ 16 ① 17 ① 18 ② 19 ① 20 ④ 21 ②

22 인체의 기본 4대 조직이 아닌 것은?
① 상피조직
② 신경조직
③ 피부조직
④ 결합조직

해설 | 인체의 기본 4대 조직 : 상피조직, 결합조직, 근육조직, 신경조직

23 성장기에 있어 뼈의 길이 성장이 일어나는 곳을 무엇이라 하는가?
① 상지골
② 두개골
③ 연지상골
④ 골단연골

해설 | 해설 골단연골은 뼈의 끝부분에 있으며 성장기에 있는 뼈의 길이 성장이 일어나는 곳이다.

24 탄력성이 있어 뼈와 뼈 사이의 완충역할을 하는 결합조직은 무엇인가?
① 골조직
② 관절
③ 연골
④ 골수

해설 | 연골은 뼈와 뼈 사이의 충격을 흡수한다.

25 두부의 근육을 안면근과 저작근으로 나눌 때 안면근에 속하지 않는 근육은?
① 안륜근
② 후두전두근
③ 교근
④ 협근

해설 | 교근은 씹는 작용을 하는 저작근이다.

26 근육의 수축시 필요한 무기질의 성분은?
① 칼륨   ② 나트륨
③ 인   ④ 칼슘

해설 | 세포질의 칼슘과 트리포닌이 결합하여 근육수축이 일어나며, 칼슘이 다시 근형질 내세망으로 들어가면서 근육이완이 나타난다.

27 뇌에서 시작되는 두개골 신경의 갯수는?
① 8쌍   ② 12쌍
③ 20쌍   ④ 16쌍

해설 | 뇌신경의 개수는 12쌍이다.

28 안면의 피부와 저작근에 존재하는 감각신경과 운동신경의 혼합신경으로 뇌신경 중 가장 큰 것은?
① 시신경
② 삼차신경
③ 안면신경
④ 미주신경

해설 | 삼차신경은 얼굴의 피부와 턱, 혀에 분포하며 감각신경과 운동신경의 혼합신경으로 뇌신경 중 가장 크다.

29 혈관의 구조에 관한 설명 중 옳지 않은 것은?
① 동맥은 3층 구조이며 혈관벽이 정맥에 비해 두껍다.
② 동맥은 중막인 평활근 층이 발달해 있다.
③ 정맥은 3층 구조이며 혈관벽이 얇으며 판막이 발달해 있다.
④ 모세혈관은 3층 구조이며 혈관벽이 얇다.

해설 | 모세혈관은 단층 구조의 내피세포로만 구성되어 혈관벽이 얇다.

22 ③   23 ④   24 ③   25 ③   26 ④   27 ②   28 ②   29 ④

30 혈액은 체중의 몇 %를 차지하는가?

① 8~9%
② 12~15%
③ 2~3%
④ 20~25%

해설 | 혈액은 체중의 8~9%이다.

31 다음 중 위액의 분비를 촉진하는 호르몬은?

① 세크레틴
② 가스트린
③ 안드로겐
④ 레닌

해설 | 가스트린은 위액의 분비를 촉진한다.

32 전류의 세기 단위로 옳은 것은?

① Volt(볼트)
② Wait (와트)
③ Ampere(암페어)
④ Hz(헤르츠)

해설 | V(전압), W(전력), Hz(주파수)

33 피부미용기기 중 피부분석기에 대한 설명이다. 옳지 않은 것은?

① 확대경 : 육안으로 판별하기 어려운 문제성 피부 관찰
② 우드램프 : 육안으로 보이지 않는 피부의 결점을 적외선을 통해 분석, 관찰하는 기기
③ 수분측정기 : 피부각질층이 수분함유량을 측정하기 위한 기기
④ 스킨스코프 : 정밀하게 촬영된 상태를 관리사와 고객이 동시에 모니터를 통해 관찰

해설 | 우드램프는 자외선램프를 통해 색깔로 피부상태를 판별하는 기기이다.

34 피부표면의 산과 알칼리의 정도(pH)를 측정하기 위하여 사용되는 기기는?

① 수분측정기
② 우드램프
③ 프리마돌
④ pH측정기

해설 | pH측정기는 산과 알칼리의 정도를 측정하는 기기이다.

35 진공흡입기(Vaccum Suction)의 사용이 가능한 피부 유형은?

① 알레르기 피부
② 심한 여드름, 피부병 환자
③ 모세혈관 확장피부
④ 탄력 없는 노화피부

해설 | 민감성, 알레르기 피부, 염증부위, 고혈압환자 사용금지

36 고주파기기의 특성에 대한 설명으로 틀린 것은?

① 파동 주기가 짧아 근육에 수축을 일으키지 않고 열을 발생시킨다.
② 10만 Hz 이상의 직류 전류를 이용한다.
③ 혈액순환 촉진, 피부 재생력 향상, 여드름 치료 등의 효과가 있다.
④ 고주파는 직접법과, 간접법으로 구분된다.

해설 | 10만 Hz 이상의 교류전류를 이용한다.

30 ① 31 ② 32 ③ 33 ② 34 ④ 35 ④ 36 ②

37 갈바닉 전류에서 음(-)극이 가지는 효과는?
① 알칼리성 반응
② 산성반응
③ 혈액공급 감소
④ 산성물질 침투

해설 | 알칼리성 반응은 음극이 가지는 효과이다.

38 다음은 리프팅기의 종류에 대한 설명이다. 틀린 것은?
① 장갑형 리프팅기 – 피부기능 활성화 및 탄력감 부여
② 전극봉 리프팅기 – 저주파 자극으로 근육에 자극을 준다.
③ 초음파 리프팅기 – 온열효과가 크다.
④ 장갑형 리프팅기 – 고무장갑을 낀 관리사의 손으로 마이크로 마사지를 하는 기기이다.

해설 | ④번은 전극봉 리프팅기에 관한 설명이다.

39 고주파기기의 스파킹 효과에 대해 틀린 것은?
① 살균효과
② 소독효과
③ 모공수축효과
④ 토닉효과

해설 | 토닉효과는 루카스(Lucas)에 대한 효과이다.

40 엔더몰로지에 대한 설명으로 잘못 된 것은?
① 뼈 부위, 정맥류, 모세혈관 확장부위는 피하고 멍이 들지 않도록 한다.
② 혈액순환 촉진, 독소 및 노폐물 축적에 효과적이다.
③ 오일 도포 후 말초신경에서 심장방향으로 밀어 올리 듯 시술한다.
④ 면역기능, 신진대사, 피부탄력, 근육강화 증진에 도움이 된다.

해설 | 독소 및 노폐물 제거에 효과적인 기기이다.

41 화학 원소 중 케라틴의 구성요소에 가장 많이 차지하고 있는 것은?
① 질소
② 탄소
③ 시스틴
④ 수소

해설 | 케라틴의 구성 비율은 탄소〉 산소〉 질소〉 황 〉 수소이다.

42 기초화장품 중 클렌징의 종류가 아닌 것은?
① 딥 클렌징
② 비누
③ 클렌징 로션
④ 클렌징 크림

해설 | 클렌징제품에는 클렌징크림, 클렌징 로션, 클렌징오일, 클렌징 젤, 클렌징 워터, 클렌징폼, 비누가 있다.

43 화장품의 색소 중 무기 안료의 특징으로 맞는 것은?
① 유기용매에 잘 녹는다.
② 유기 안료에 비해 색이 번진다.
③ 빛과 알카리에 약하다.
④ 빛, 산, 알칼리에 강하고 내광성, 내열성이 좋다.

해설 | 무기안료는 빛, 산, 알칼리에 강하고 내광성 및 내열성이 우수함. 유기용제에 녹지 않고 가격이 저렴해서 많이 사용함.

37 ① 38 ④ 39 ④ 40 ③ 41 ② 42 ① 43 ④

44 여드름 피부에 효과적이며, 살균, 소독, 항염, 진정작용을 하는 에센셜 오일은?

① 라벤더
② 티트리
③ 레놀리
④ 로즈마리

해설 | 티트리는 피부 정화에 사용되며 여드름 피부, 무좀, 습진에 효과적이다.

45 블루밍 효과에 대한 설명으로 맞는 것은?

① 파운데이션의 색소 침착을 방지해준다.
② 보송보송하고 투명감 있는 피부색을 표현해준다.
③ 피부색을 고르게 표현해준다
④ 밀착성을 높여 화장의 지속성을 높여준다.

해설 | 블루밍 효과는 보송보송하고 투명한 피부표현을 말한다.

46 조체 밑에 있는 피부이며, 지각신경 조직과 모세혈관이 있어 손톱이 핑크빛을 지니게 하는 부위는?

① 조곽
② 조근
③ 조상
④ 조반월

해설 | 조상: 손톱밑 피부

47 모발화장품 중 모발 촉진, 탈모 방지, 가려움증을 예방하는데 사용하는 것은?

① 정발제
② 트리트먼트
③ 포마드
④ 육모제

해설 | 양모용(육모제): 헤어토닉으로 알려짐 살균이 있어 두피나 모발을 청결히 하고 시원한 느낌과 쾌적함을 준다.

48 수증기 증류법에 대한 설명으로 틀린 것은?

① 식물의 향기부분을 물에 담가 가온하여 증발된 기체를 냉각하여 추출하는 증류법이다.
② 고온에서 일부 향기 성분이 파괴될 수 있다.
③ 열대성 과실에서 향을 추출할 때 사용한다.
④ 대량으로 천연향을 추출할 때 사용하는 방법이다.

해설 | 압착법: 열대성 과실에서 향을 추출할 때 사용한다.

49 물에 소량의 오일 성분이 계면 활성제에 의해 투명하게 용해되어 있는 상태를 말하며 주로 화장수, 에센스, 향수에 사용되는 화장품 제조기술법은?

① 에멀젼
② 분산
③ 유화
④ 가용화

해설 | 화장품 제조는 제형에 따라 가용화기술, 유화기술, 분산기술로 나눠진다.

50 호호바 오일에 대한 설명으로 옳은 것은?

① 피부 친화성이 좋으며 쉽게 산화되지 않아 안정성이 높다.
② 피부윤기에 좋다.
③ 선탠오일의 주재료로 사용한다.
④ 비만관리용으로 사용한다.

해설 | 호호바 오일은 모든 피부타입에 적합하며 침투력 및 보습력이 우수함.

44 ② 45 ② 46 ③ 47 ④ 48 ③ 49 ④ 50 ①

51 인구증가에 대한 설명으로 틀린 것은?

① 인구증가= 자연증가+사회증가
② 자연증가= 출생인구−사망인구
③ 사회증가= 전입인구−전출인구
④ 인구증가= 사회증가−사망인구

해설 | 인구증가= 자연증가+사회증가

52 인수공통 감염병에 해당되지 않는 것은?

① 조류 인플루엔자
② 일본뇌염
③ 장출혈성대장균감염증
④ 클라미디아

해설 | 인수공통감염병: 동물과 사람 간에 서로 전파되는 병원체에 의하여 발생되는 감염병

53 실내공기 오염의 지표로 사용되며 온난화 현상의 주된 원인이 되는 것은?

① 이산화탄소
② 산소
③ 일산화탄소
④ 질소

해설 | 이산화탄소: 공기 중의 약 0.03%를 차지

54 자연독의 종류에 따른 독성물질의 연결이 잘못된 것은?

① 독버섯 − 무스카린
② 감자 − 팔린
③ 복어 − 테트로도톡신
④ 모시조개 − 베네루핀

해설 | 감자− 솔라닌, 셉신

55 산화칼슘을 98% 이상 함유한 백색의 분말로 주로 화장실 분변 및 하수도의 소독에 사용하는 소독제는?

① 생석회
② 에틸렌옥사이드
③ 염소
④ 승홍

해설 | 생석회는 공기에 오래 노출되면 살균력이 저하된다.

56 이·미용업소에서 공기 중 비말전염으로 가장 쉽게 옮겨지는 감염병은?

① 이질
② 인플루엔자
③ 대장균
④ 뇌염

해설 | 인플루엔자는 비말을 통한 호흡기 감염병이다

57 위생교육에 대한 설명이 틀린 것은?

① 위생교육은 매년 4시간을 교육받아야 한다.
② 영업 신고를 하려면 미리 위생교육을 받아야 한다.
③ 이 미용업 종사자는 위생교육 대상자가 아니다.
④ 천재지변, 본인의 질병 사고, 업무상 국외 출장 등의 사유가 있는 경우는 영업 개시 후 6개월 이내에 위생교육을 받을 수도 있다.

해설 | 위생교육은 매년 3시간을 교육받아야 한다.

51 ④   52 ④   53 ①   54 ②   55 ①   56 ②   57 ①

58 이·미용업의 상속으로 인한 영업자 지위 승계신고 시 구비서류에 속하지 않는 것은?

① 가족관계 증명서
② 영업자 승계 신고서
③ 상속자임을 증명할수 있는 서류
④ 양도인의 인감 증명서

해설 | 양도인의 인감 증명서는 영업 양도의 경우에 해당한다.

59 이·미용소의 조명시설은 몇 룩스인가?

① 40룩스
② 50룩스
③ 75룩스
④ 100룩스

해설 | 영업장안의 조명도는 75룩스 이상이 되도록 유지해야 한다.

60 보건복지부 장관 또는 시장·군수·구청장이 청문을 실시해야 하는 처분이 아닌 것은?

① 공중위생영업의 정지
② 영업소 폐쇄명령
③ 자격증 취소 및 정지
④ 일부 시설의 사용중지

해설 | 면허취소 · 면허정지

58 ④   59 ③   60 ③

6회 · 출제예상문제

01 피부미용의 기능이 아닌 것은?
① 보호적 기능
② 심리적 기능
③ 장식적 기능
④ 질병치료 기능

해설 | 질병치료 기능은 의학적 기능으로 의사의 영역에 해당된다.

02 피부 관리를 위해 실시하는 피부상담의 목적과 가장 거리가 먼 것은?
① 고객의 사생활을 파악하여 둔다.
② 고객이 방문 목적을 확인한다.
③ 적절한 관리방법과 계획을 수립한다.
④ 고객의 피부 문제를 파악한다.

해설 | 고객의 사생활을 보호해야한다.

03 피부유형에 맞는 화장품 선택이 아닌 것은?
① 건성피부 - 유분과 수분이 많이 함유된 화장품
② 민감성 피부 - 향, 색소, 방부제를 다량 함유한 화장품
③ 여드름 피부 - 향균, 소독, 소염 등에 중점을 두는 화장품
④ 지성피부 - 오일이 함유되어 있지 않은 오일 프리 화장품

해설 | 민감성 피부는 향, 색소, 방부제가 소량 함유된 화장품을 선택해야한다.

04 클렌징 로션에 대한 설명으로 틀린 것은?
① 친수성 에멀젼 (O/W형)이다.
② 고양물성 오일이 30~40% 함유되어 있다.
③ 사용감이 가볍고 이중세안이 필요하지 않다.
④ 지성 피부에 적합하다.

해설 | 지성피부보다는 민감성 피부에 적합하다.

05 유연화장수의 작용에 대해 바르게 설명한 것은?
① 피부의 모공을 확장시켜준다.
② 피부에 수분을 공급하여준다.
③ 살균 소독을 하여 피부를 청결하게 한다.
④ 건성, 여드름, 노화피부에 효과적이다.

해설 | 유연화장수는 수분을 공급하여 각질층을 촉촉하고 부드럽게 한다.

06 여드름 피부 관리 방법에 대해 설명하였다, 다른 하나는?
① 알코올이 함유된 제품을 사용하는 것이 좋다.
② 알카리성의 일반 비누의 사용으로 여드름 균의 번식을 예방한다.
③ 살리실산, 비타민 A, AHA 등의 성분이 함유된 화장품을 사용한다
④ 피지감소를 위한 전용세정제를 사용한다.

해설 | 알카리성의 일반비누는 여드름 균의 번식을 초래 할 수 있어 사용하지 않는 것이 좋다.

✏️ 01 ④   02 ①   03 ②   04 ④   05 ②   06 ②

07 메뉴얼 테크닉 동작 중 처음과 마무리, 또는 연결 동작으로 주로 사용하고 피부미용사가 고객의 피부를 평가할 수 있는 동작은?

① 반죽하기
② 쓰다듬기
③ 두드리기
④ 진동하기

해설 | 쓰다듬기 동작은 처음과 마무리에 사용하며 피부 및 신경안정, 혈액과 림프순환 촉진 등에 효과적이다.

08 팩을 사용하는 목적 및 효과에 대한 설명이다. 바르지 않은 것은?

① 노화된 각질층 및 노폐물을 제거한다.
② 수분과 영양공급 및 혈액순환을 촉진시킨다.
③ 피부의 진정 및 수렴작용을 한다.
④ 흡착작용에 의해 피지나 화장품 성분을 효과적으로 녹이는 작용을 한다.

해설 | 흡착작용에 의해 피지나 화장품 성분을 녹이는 작용은 딥클렌징의 방법

09 팩, 마스크류 중 민감성 피부가 유의해야 종류는?

① 크림 마스크
② 젤 마스크
③ 고무 마스크
④ 석고 마스크

해설 | 민감성 피부는 석고 마스크 사용을 자제해야한다.

10 제모의 종류와 방법 중 옳지 않은 것은?

① 일시적 제모에는 면도, 핀셋(족집게), 왁스법이 있다.
② 영구적 제모에는 전기분해술, 전기 응고술이 있다.
③ 제모시 사용하는 왁스는 크게 콜드 왁스와 웜 왁스로 구분할 수 있다.
④ 왁스를 이용한 제모는 피부나 모낭 등에 화학적 해를 끼치는 단점이 있다.

해설 | 왁스를 이용한 제모는 피부나 모낭 등에 화학적 해를 끼치지 않는다.

11 전신관리 중 바디랩(Body Wrapping)에 대한 설명이다. 다른 것은?

① 머드, 알개, 허브, 슬리밍 크림 등 미네랄과 비타민 등이 함유된 제품을 사용한다.
② 신체 부위에 감소를 원할 경우 강하게 랩을 감는다.
③ 근육의 이완효과, 모세혈관 확장을 통해 제품 흡수가 용이하다.
④ 노출된 상처가 있거나, 임신, 심장이상자, 당뇨환자는 시술을 금한다.

해설 | 피부의 호흡을 위해 조이지 않도록 감는다.

12 림프마사지의 주된 기능은?

① 면역작용
② 혈액순환 촉진
③ 기혈의 순환
④ 통증치료

해설 | 림프는 노폐물배출, 독소배출, 면역력 증진의 기능을 가지고 있다.

13 네일 구조에 대한 설명으로 틀린 것은?

① 프리에지(자유연) : 네일의 끝부분에 해당되며 손톱의 모양을 만들 수 있다.
② 조모 : 네일의 성장 역할을 하며 이상이 생기면 네일의 변형을 가지고 올 수 있다.

07 ②　08 ④　09 ④　10 ④　11 ②　12 ①　13 ④

③ 네일 루트(조근) : 얇고 부드러운 피부로 손톱이 자라기 시작하는 부분이다.
④ 조반월 : 매트릭스를 보호하고 있으며, 네일에 붙어있는 얇은 각질 막이다.

해설 | 큐티클(상조피) : 매트릭스를 보호하고 있으며, 네일에 붙어있는 얇은 각질 막이다.

14 모유두에 접하고 분열과 증식작용을 통해 새로운 머리카락을 형성하는 부분은 ?

① 모모세포
② 모수질
③ 모유두
④ 모낭

해설 | 모모세포는 모근에 위치해 있다.

15 생리기능을 조절하는데 있어 필요한 영양소는?

① 탄수화물, 단백질
② 지방질, 단백질
③ 비타민, 무기질
④ 지방질, 탄수화물

해설 | 조절영양소에는 비타민, 무기질이 있다.

16 피부와 혈액의 수분균형 유지와 근육수축 및 심장기능 유지에 필요한 무기질은?

① 나트륨(Na)
② 칼슘(Ca)
③ 인(P)
④ 철분(Fe)

해설 | 나트륨(Na) 결핍시 식욕감퇴, 근육경련, 구토, 설사 등이 있다.

17 표피 전체가 가죽처럼 두꺼워지며 딱딱해 지는 현상은?

① 태선화
② 인설
③ 가피
④ 궤양

해설 | 태선화는 만성 소양성 질환에서 흔하게 나타난다.
소양성 질환: 자각적 증상으로서 피부를 긁거나 문지르고 싶은 충동에 의한 가려움증을 동반한 질환을 말한다.

18 가장 강한 자외선으로 피부암의 원인이 되는 파장은?

① UV-A
② UV-B
③ UV-C
④ 자외선

해설 | 단파장 (UV-C)는 각질층까지 도달하며, 피부암의 원인이 된다.

19 피부의 노화중 광노화에 대한 설명이 아닌것 은?

① 표피두께가 두꺼워진다.
② 콜라겐섬유의 구조변화로 깊은 주름이 생긴다.
③ 과색소 침착이 생긴다.
④ 피부가 건조해지고 거칠어지며 주름이 발생한다.

해설 | 내인성노화에 의해 콜라겐섬유의 구조변화로 깊은 주름이 발생한다.

20 피지와 각질의 덩어리가 피부 밖까지 밀려 나와 공기와 접촉하여 산화된 상태는?

① 흰 면포
② 검은 면포
③ 구진
④ 낭종

해설 | 흰 면포: 피부표면이 볼록하게 올라와 있는 모양으로, 피지와 각질이 덩어리가 되어 모공을 막은 상태이다.

14 ①   15 ③   16 ①   17 ①   18 ③   19 ②   20 ②

21 세균이 잘 증식되는 최적수소이온농도에 해당되는 것은?
① 강알칼리성
② 약산성
③ 강산성
④ 중성

해설 | 세포 증식은 pH 6~8로 중성 또는 약알칼리성에서 잘 증식된다.

22 외부로부터 충격이 있을 때 완충작용으로 피부를 보호하는 역할을 하는 것은?
① 각질층
② 모낭
③ 유두층
④ 피하지방

해설 | 피부의 기능 중 보호기능에 해당 된다.

23 세포 내 소화기관으로 노폐물과 이물질을 처리하는 역할을 하는 기관은?
① 미토콘드리아
② 리보솜
③ 리소좀
④ 골지체

해설 | 리소좀은 가수분해 효소를 간직하고 있어 세포 내 소화에 관여하며, 미토콘드리아와는 달리 한 겹의 막 구조로 싸여 있다.

24 다음 중 피부는 상피 조직의 형태 중 어디에 해당되는가?
① 중층편평상피
② 중층입방상피
③ 중층원주상피
④ 단층편평상피

해설 | 중층편평상피조직을 가지는 기관은 피부, 구강, 식도, 항문 등이 있다.

25 뼈의 바깥 면을 덮고 있는 골막과 관계가 없는 것은?
① 뼈의 운동
② 뼈의 보호
③ 뼈의 영양
④ 뼈의 재생

해설 | 골막은 뼈의 바깥 면을 덮고 있는 두꺼운 결합 조직층으로 혈관이 많이 분포하고 있으며, 뼈의 보호, 뼈의 영양, 성장 및 재생에 관여한다.

26 두개골 사이에만 존재하는 관절로 운동성이 없는 것은?
① 연골결합
② 정식
③ 봉합
④ 인대결합

해설 | 봉합은 두개골에 존재하는 움직임이 없는 관절로 관상봉합, 시상봉합, 인상봉합 등이 있다.

27 호흡작용과 관련된 근육은 무엇인가?
① 대흉근
② 소흉근
③ 복직근
④ 횡경막

해설 | 호흡근은 횡경막, 내늑간근, 외늑간근, 늑하근이다.

28 신경계에 관한 내용 중 틀린 것은?
① 뇌와 척수는 중추신경계이다.
② 대뇌의 주요 부위는 뇌간, 간뇌, 중뇌, 교뇌 및 연수이다.
③ 척수로부터 나오는 31쌍의 척수신경은 말초신경을 이룬다.
④ 척수의 전각에는 운동신경세포가 그리고 후각에는 감각신경세포가 분포한다.

21 ④   22 ④   23 ③   24 ①   25 ①   26 ③   27 ④   28 ②

해설 | 뇌와 척수의 중추신경계이며, 대뇌는 전두엽, 두정엽, 후두엽, 측두엽으로 구성되어 있다. 뇌신경 12쌍과 척수신경 31쌍은 말초신경을 이룬다. 척수의 전각에는 운동신경세포가 후각에는 감각신경세포가 분포한다.

29 인체에서 방어 작용에 관여하는 세포는?

① 적혈구
② 백혈구
③ 혈소판
④ 항원

해설 | 백혈구는 식균작용을 하여 인체를 방어한다.

30 혈액 중 혈액응고에 주로 관여하는 세포는?

① 백혈구
② 적혈구
③ 혈소판
④ 헤마토크리트

해설 | 지혈과 혈액응고에 관여하는 세포는 혈소판이다.

31 신경계의 기본세포는?

① 혈액
② 뉴런
③ 미토콘드리아
④ DNA

해설 | 신경계의 가장 기본적인 최소단위 신경세포는 뉴런이다.

32 소뇌의 대한 설명으로 틀린 것은?

① 반사중추이다
② 자세를 바로 잡아주는 충추이다
③ 말초의 수용체로부터 흥분을 전달받는다.
④ 후두부에 위치한다.

해설 | 배뇨, 배변, 땀 분비 및 무릎반사와 같은 각종 반사의 중추로 작용하는 것은 척수이다.

33 전하량의 단위로 1A(암페어)의 전류가 1초 동안 흐를 때 이동하는 전하의 양을 나타내는 단위는?

① 옴(Ω)
② 쿨롱(C)
③ 와트(Watt)
④ 볼트(Volt)

해설 | 옴(전류의 흐름을 방해하는 성질), 와트(일정시간 사용된 전류의 양), 볼트(전류를 흐르게 하는 압력)

34 안면 피부 미용기기 중 다른 성질의 것은?

① 갈바닉기기의 이온토포레시스
② 파라핀 왁스
③ 스킨 스크러버
④ 고주파기

해설 | 스킨 스크러버는 딥클렌징기기에 해당된다.

35 피부 pH 측정기에 대한 설명이다. 틀린 것은?

① 세안 2시간 후 탐침을 접촉하여 측정한다.
② 건강한 피부는 pH4.5~6.5의 약산성이다.
③ 피부의 예민도나 유분을 측정한다.
④ 산성에 가까울수록 건조한 피부를 나타낸다.

해설 | 알카리성에 가까울수록 건조한 피부를 나타낸다.

29 ② 30 ③ 31 ② 32 ① 33 ② 34 ③ 35 ④

36 진공흡입기(Vaccum Suction)의 사용방법에 대한 설명으로 잘못된 것은?

① 얼굴 결에 따라 림프절 방향으로 움직이며 멍이 들지 않도록 강도를 조절한다.
② 사용시 크림이나 오일을 바르고 사용한다.
③ 탄력이 없는 예민 노화피부, 모세혈관 확장 피부에도 효과적이다.
④ 5~10분 정도 실시한다.

해설 | 탄력이 없는 예민 노화피부, 모세혈관 확장 피부, 멍든피부, 정맥류 혈전증 있는 자는 부적합

37 고주파의 직접법에 대한 설명이 아닌 것은?

① 스파킹 효과로 인한 살균 및 소독, 모공 수축
② 온열 효과로 세포재생 및 진정, 피지선 활동 증가
③ 고객의 손으로 전극봉을 잡고, 관리사의 손을 이용하여 관리
④ 혈액순환 촉진, 신진대사 증가

해설 | 간접법은 고객의 손으로 전극봉을 잡고, 관리사의 손을 이용하여 관리

38 전극봉 리프팅기의 사용법 및 주의 사항이다. 잘못된 것은?

① 양극과 음극 두 전극봉을 한꺼번에 손잡이에 장착한다.
② 4000Hz 중주파, 500Hz 이하의 저주파를 사용한다.
③ 중심에서 바깥쪽으로 원을 그리며 5~15분간 실시한다.
④ 관리 시 정확한 위치에 전극봉을 고정하고 정제수, 소금물, 앰플 등을 적셔가며 시술한다.

해설 | 중심에서 바깥쪽으로 원을 그리며 실시하는 것은 초음파 리프팅기이다.

39 살균작용이 높아 여드름 치료에 사용되며 비타민 D를 생성시키는 미용기기는?

① 적외선
③ 자외선
④ 저주파기
④ G5

해설 | 자외선은 살균력이 높아 여드름 치료에 효과적이며 비타민 D를 생성한다.

40 엔더몰로지에 대한 설명이다. 옳은 것은?

① 세포 내 열을 발생시켜 지방과 셀룰라이트를 분해하는 효과를 가진다.
② 진공흡입 원리와 압박의 원리를 이용한다.
③ 피부의 결합조직에 화학적인 자극에 의해 신진대사를 촉진시킨다.
④ 전신 체형 관리시 10~20분 정도 적용하는 것이 효과적이다.

해설 | 진공흡입 원리와 압박의 원리를 이용하여 셀룰라이트와 지방분해를 촉진한다.

41 물과 오일처럼 서로 녹지 않는 2개의 액체를 분산시켜놓은 상태는?

① 에멀션
② 시트러스
③ 플로럴
④ 오리엔탈

해설 | 에멀션 물과 오일처럼 서로 녹지 않는 2개의 액체를 분산시켜놓은 상태이다.

36 ③   37 ③   38 ③   39 ②   40 ②   41 ①

42 한 분자내에 친수성기와 친유성기를 함께 갖는 물질로 물과 기름의 경계면, 즉 계면의 성질을 변화시킬수 있는 특성을 가지고 있는 것은?

① 미셀
② HLB
③ 계면활성제
④ 산화방지제

해설 | 계면 활성 작용에는 가용화작용, 유화작용, 분산 작용 있다.

43 SPF에 대한 설명으로 옳지 않은 것은?

① 오존층으로부터 자외선이 차단되는 정도를 알아보기 위한 목적으로 이용된다.
② UV-B 방어효과를 나타내는 지수이다.
③ 자외선 차단제품을 사용했을 경우 피부가 보호되는 정도를 나타낸 지수를 말한다.
④ 보통 50까지 표시하며, 50 이상의 제품은 50+로 표시하며 SPF 수치가 높을수록 차단효과가 높다.

해설 | SPF는 Sun Protection Factor의 약자로 자외선 차단지수이다.

44 팩에 사용되는 주성분중 점도 증가제와 피막제로 사용되는 것은?

① 유동파라핀, 스쿠알렌
② 폴리비닐알토올, 산탄검
③ 카올린, 아미노산류
④ 구연산나트륨, 탈크

해설 | 점도 증가제: 액체로 된 물질의 점성을 높이는 물질

45 피부자극이 가장 작고, 화장품에 널리 사용하는 계면활성제는?

① 양이온성 계면활성제
② 음이온성 계면활성제
③ 양쪽성 계면활성제
④ 비이온성 계면활성제

해설 | 비이온성 계면활성제로는 기초화장품류, 화장수의 가용화제, 크림의 유화제, 클렌징 크림의 세정제가 있다.

46 타르색소로 유기합성 색소이며 종류가 많고 화려하며 대량 생산이 가능한 안료는?

① 무기안료
② 레이크
③ 체질안료
④ 유기안료

해설 | 유기안료는 빛산, 알카리에 약하며 립스틱 등 색조 화장품에 사용한다.

47 계면활성제의 세정력이 강한 순서대로 나열한 것은?

① 음이온성 〉양쪽성〉 양이온성 〉비이온성
② 양쪽성〉 양이온성 〉비이온성〉음이온성
③ 양이온성 〉비이온성〉음이온성 〉양쪽성
④ 비이온성〉음이온성 〉양쪽성〉 양이온성

해설 | 계면활성제의 세정력: 음이온성 〉양쪽성〉 양이온성 〉비이온성

48 메이크업 화장품에 대한 설명으로 틀린 것은?

① 메이크업 베이스 : 피부 톤을 정돈하고, 파운데이션의 밀착성과 지속성을 높여준다.
② 컨실러 : 피부의 결점을 커버한다.
③ 파우더 : 파운데이션의 지속성을 높여 주고, 땀과 피지 등 유분기를 제거해준다.
④ 파운데이션 : 피부를 자외선으로부터 보호하고 화사한 피부톤을 표현해 준다.

해설 | 화사한 피부 톤 연출은 파우더의 기능이다.

49 오일 양이 적어 여름철에 많이 사용하며 대부분 O/W형 유화 타입으로 되어있는 젊은 연령층이 선호하는 파운데이션은?

① 스틱 파운데이션
② 트윈케이크
③ 리퀴드 파운데이션
④ 크림 파운데이션

해설 | 리퀴드 파운데이션은 메이크업 화장품 중 안료가 균일하게 분산되어 있는 형태이다.

50 에센셜 오일의 활용법중 확산법에 대해 맞는 것은?

① 코 흡입과 피부 흡수 두 가지의 효과를 볼수 있는 방법이다.
② 캐리어 오일에 희석하여 피부에 도포하는 방법이다.
③ 아로마램프나 스프레이 등을 이용해 실내에 아로마오일을 확산시키는 방법이다.
④ 공기 중에 발산된 향기를 들이마시는 방법이다.

해설 | 램프를 통한 확산법은 아로마오일을 물에 섞어 램프에 채운후 가온하여 서서히 증발하게 한다. 스프레이를 이용할 때는 아로마오일과의 반응성을 고려하여 세라믹이나 유리용기를 사용하는 것이 좋다.

51 다음 중 특별한 장치를 설치하지 아니한 일반적인 경우에 실내의 자연적인 환기에 가장 큰 비중을 차지하는 요소는?

① 실내외 공기 중 CO_2의 함량의 차이
② 실내외 공기의 기온 차이 및 기류
③ 실내외 공기의 습도 차이
④ 실내외 공기의 불쾌지수 차이

해설 | 자연환기는 자연적으로 환기가 되는 것을 의미하며, 실내외의 기온차, 기류 등에 의해 이루어진다.

52 기온측정 등에 관한 설명 중 틀린 것은?

① 정상적인 날의 하루 중 기온이 가장 낮을 때는 밤 12시경이고 가장 높을 때는 오후 2시경이 일반적이다.
② 평균기온은 높이에 비례하여 하강하는데, 고도 11,000m 이하에서는 보통 100m 당 0.5초~0.7초 정도이다.
③ 측정할 때 수은주 높이와 측정자의 눈의 높이가 같아야 한다.
④ 실내에서는 통풍이 잘 되는 직사광선을 받지 않은 곳에 매달아 놓고 측정하는 것이 좋다.

해설 | 정상적인 날의 하루 중 기온이 가장 낮을 때는 새벽 4시~5시 사이이다.

53 공중보건학의 목적과 거리가 가장 먼 것은?

① 질병예방
② 수명연장
③ 신체 · 정신적 건강증진
④ 질병치료

해설 | 공중보건학의 목적은 질병치료가 아니라 질병예방에 있다.

48 ④ 49 ③ 50 ③ 51 ② 52 ① 53 ④

54 공중보건학 개념상 공중보건사업의 최소 단위는?

① 직장 단위의 건강
② 지역사회 전체 주민의 건강
③ 가족단위의 건강
④ 노약자 및 빈민 계층의 건강

해설ㅣ 공중보건학은 특정 집단이나 계층에 제한되지 않고 지역사회 전체 주민의 건강을 최소 단위로 한다.

55 폐흡충증의 제2중간숙주에 해당되는 것은?

① 가재
② 다슬기
③ 모래무지
④ 잉어

해설ㅣ 제1중간숙주 – 다슬기
• 제2중간숙주 – 가재, 게

56 소독의 정의로서 옳은 것은?

① 병원성 미생물의 생활력을 파괴하여 죽이거나 또는 제거하여 감염력을 없애는 것
② 모든 미생물을 열과 약품으로 완전히 죽이거나 또는 제거하는 것
③ 모든 미생물 일체를 사멸하는 것
④ 균을 적극적으로 죽이지 못하더라도 발육을 저지하고 목적하는 것을 변화시키지 않고 보존하는 것

해설ㅣ 병원성 또는 비병원성 미생물을 사멸하는 것은 멸균에 해당되며, 소독은 병원성 미생물을 죽이거나 제거하여 감염력을 없애는 것을 말한다.

57 다음 중 화학적 소독법에 해당되는 것은?

① 간헐멸균법
② 자비소독법
③ 고압증기멸균법
④ 알코올 소독법

해설ㅣ 알코올 소독법은 화학적 소독법에 속한다.

58 다음 중 건열멸균법이 아닌 것은?

① 화염멸균법
② 건열멸균법
③ 자비소독법
④ 소각소독법

해설ㅣ 자비소독법은 습열멸균법에 해당한다.

59 다음 중 방역용 석탄산수의 알맞은 사용 농도는?

① 1%
② 3%
③ 5%
④ 70%

해설ㅣ 석탄산수는 3% 농도의 석탄산에 97%의 물을 혼합하여 사용한다.

60 감염병 관리상 그 관리가 가장 어려운 대상은?

① 건강보균자
② 급성 감염병 환자
③ 민성 감염병 환자
④ 감염병에 의한 사망자

해설ㅣ 건강보균자는 보균상태를 지속하고 병원체를 배출하지만 임상적 증상이 나타나지 않으므로 감염병 관리가 가장 어렵다.

54 ② 55 ① 56 ① 57 ④ 58 ③ 59 ② 60 ①

7회 • 출제예상문제

01 조선시대 사대부 가정백과 서적으로 목욕법 및 피부 미용에 관한 내용이 기록된 서적은?
① 규합총서
② 황제내경
③ 빙허각전서
④ 동의보감

해설 | 황제내경-중국, 빙허각전서-조선시대 요리책, 동의보감-허 준의 의서

02 피부분석을 하기 위한 기본 조건에 대한 설명으로 옳지 않은 것은?
① 고객은 세안을 한 후에 실시한다.
② 피부관리사는 전문적 지식과 응용기술을 가지고 있어야 한다.
③ 개인적인 요인과 날씨, 계절에 따른 건강 상태의 변수를 고려한다.
④ 정확한 피부타입을 위해 실내 온도는 23~25℃를 유지한다.

해설 | 일정한 환경에서 실시하며 온도는 약 18~20℃를 유지한다.

03 민감성 피부 관리 시 주의사항에 대한 설명이다. 틀린 것은?
① 토너 사용 시 스프레이 형태를 사용한다.
② 적외선램프 또는 베이퍼라이저 등은 사용하지 않는다.
③ 강한 마찰이 적용되지 않는 부드러운 마사지를 시행한다.
④ 가능한 각질제거를 자주한다.

해설 | 자주하는 각질제거는 피부를 더욱더 민감하게 할 수 있다

04 딥클렌징의 목적 및 효과에 대한 설명이 아닌 것은?
① 클렌징으로 제거되지 않은 피부 노폐물을 인위적으로 제거한다.
② 제품의 흡수를 촉진시켜 피부재생, 노화방지를 위한 조건을 제공한다.
③ 공기 중의 미세한 먼지, 땀, 파우더 메이크업을 제거한다.
④ 죽은 각질세포를 제거하여 피부를 맑게 하고 피부 결을 매끈하게 한다.

해설 | 공기 중 미세한 먼지, 땀, 파우더 메이크업을 제거하는 것은 클렌징의 효과이다.

05 클렌징 시술시 유의사항에 대한 설명이다. 바르지 않은 것은?
① 눈, 입에 들어가지 않도록 한다.
② 뜨거운 물을 사용하여 메이크업 잔여물이 남지 않도록 한다.
③ 피부 상태에 따라 적합한 제품을 사용한다.
④ 클렌징 시간은 2~3분을 넘기지 않는 것이 좋다.

해설 | 뜨거운 물은 피부의 수분을 탈수시키므로 미지근한 물이나 따뜻한 물을 사용한다.

01 ① 02 ④ 03 ④ 04 ③ 05 ②

06 **피부유형과 화장품의 사용 목적이 잘못 연결된 것은?**
① 민감성피부 – 진정 및 쿨링 효과
② 색소침착 피부 – 멜라닌 생성 억제 및 피부기능 활성화
③ 여드름 피부 – 피부에 유·수분을 공급하여 보습기능 활성화
④ 노화피부 – 주름완화, 결체조직 강화, 새로운 세포 형성 촉진 및 피부보호

해설 | 여드름 피부는 피지조절과 염증을 완화하기 위한 제품을 사용한다.

07 **메뉴얼테크닉 동작이 아닌 것은?**
① 관절 운동법
② 주무르기
③ 쓰다듬기
④ 진동하기

해설 | 관절운동법은 관절부위 운동과 근육마비 시에 효과적이다.

08 **마스크에 대한 설명이다. 다른 것은?**
① 도포 후 차단막을 형성하지 않아 공기와 수분이 통하기 때문에 잘 굳지 않는다.
② 도포 후 점차 굳어져 외부의 공기유입과 내부 수분 증발을 차단한다.
③ 피부의 보습력을 향상시키고 유효성분의 흡수를 용이하게 한다.
④ 마스크 제거는 닦아내는 것이 아니고 떼어내는 것이다.

해설 | 도포 후 차단막이 형성하지 않아 공기와 수분이 통해 굳어지지 않는 것은 팩에 대한 설명이다.

09 **석고마스크의 설명으로 틀린 것은?**
① 혈액순환을 촉진시킨다.
② 열을 내어 유효성분을 피부 깊숙이 흡수시킨다.
③ 여드름 피부, 모세혈관 확장 피부에 효과적이다.
④ 피지 및 노폐물 배출을 촉진시킨다.

해설 | 여드름 피부, 모세혈관확장 피부는 열에 의해 피부에 자극을 줄 수 있으므로 석고마스크의 사용을 금한다.

10 **제모에 대한 설명이다. 옳지 않은 것은?**
① 미용상 또는 미관상 털이 저해요소로 작용할 때 털을 제거하는 것을 말한다.
② 다리, 팔 등의 털을 매끄러운 피부를 표현할 수 있다.
③ 얼굴의 솜털을 제거하는 것은 마사지 효과를 저하시킬 수 있다.
④ 일시적, 영구적 제모, 왁스를 이용한 제모로 규분할 수 있다.

해설 | 솜털을 제거하여 마사지 효과를 높일 수 있다.

11 **인체의 임파선을 통해 노폐물의 이동을 도와 인체의 해독작용에 도움이되는 관리방법은?**
① 발마사지
② 림프드레나지
③ 스웨디시마사지
④ 아율베딕 마사지

해설 | 림프는 림프시스템을 순환시켜 노폐물을 배출하고 조직의 순환을 도와주는 관리법으로 인체의 독소 및 부종에 효과적이다.

06 ③ 07 ① 08 ① 09 ③ 10 ③ 11 ②

12 바디랩의 효과가 아닌 것은?

① 노폐물 제거
② 영양흡수
③ 탄력강화
④ 근육이완

해설 | 바디 랩은 영양공급을 촉진하는 효과는 있으나 영양흡수를 하는 효과는 없다.

13 피부노화의 현상으로 틀린 것은?

① 피부주름생성
② 피부탄력 감소와 피지분비 증가
③ 피부색소침착
④ 피부처짐과 탄력감소

해설 | 피부탄력 감소와 피지분비가 감소한다.

14 태양광선에 관한 설명으로 틀린 것은?

① 태양은 복합적인 광선으로 구성되어 있다.
② 일반적으로 자외선의 비중이 가장 크다.
③ 파장의 길이에 따라 적외선·가시광선·자외선으로 나눌 수 있다.
④ 연속적인 파장의 전자파광선의 집합체로 이루어져 있다.

해설 | 자외선 약 6%, 적외선 약 60%, 가시광선 약 34%

15 유두층의 특징이 아닌 것은?

① 표피와 접해있는 결합조직으로 교원섬유가 불규칙하게 배열되어있다.
② 물결모양으로 표피와 진피의 경계가 되고 노화에 따라 점점 평평해지는 형태를 하므로 노화 정도를 짐작할 수 있다.
③ 교원섬유로 90% 이상 탄력섬유와 치밀하게 구성되어있다.
④ 표피쪽으로 돌출된 진피의 작은 돌기를 유두라 하며 기저막대라 한다.

해설 | 망상층: 교원섬유로 90% 이상 탄력섬유와 치밀하게 구성되어있다.

16 표피 중 가장바깥층으로 신진대사 과정이 일어나지 않으며 이미 죽은 세포로 각화현상이 일어나는 층은?

① 투명층
② 유극층
③ 각질층
④ 기저층

해설 | 각화현상에 의한 각질층의 재생은 주로 28일 정도 걸린다.

17 표피에 존재하는 면역과 관계가 있는 세포는?

① 랑게르한스 세포
② 머켈 세포
③ 멜라닌 세포
④ 콜라겐

해설 | 랑게르한스 세포는 피부 이물질을 림프구에 전달하여 면역역할을 담당한다.

18 단백질의 기능으로 옳은 것은?

① 포만감과 신경 및 혈관 보호에 관여한다.
② 파괴된 조직을 수선하여 새로운 조직을 형성한다.
③ 탄수화물 대사과정에 중요한 역할을 한다.
④ 에너지를 발생하지 않지만 생물의 기능 유지에 필요하다.

해설 | 단백질은 낡은 세포를 새롭게 하여 보충하고 발육 성장하는데 에너지원이 된다.

12 ② 13 ② 14 ② 15 ③ 16 ③ 17 ① 18 ②

19. 인체에 필요한 5대 영양소가 아닌 것은?
   ① 탄수화물
   ② 지방
   ③ 무기질
   ④ 물

   해설 | 5대 영양소: 탄수화물, 지방, 단백질, 무기질, 비타민

20. 여드름의 종류 중 염증이 생긴 부위에 기미, 주근깨처럼 색소가 착색된 것은?
   ① 흑색 여드름
   ② 백색 여드름
   ③ 염증 여드름
   ④ 화농성 여드름

   해설 | 백색 여드름: 좁쌀형 여드름 이라고도 하며 구진과 농포가 생긴다.
   염증 여드름: 세균 감염으로 인해 붉어진 것이다.
   화농성 여드름: 노랗게 화농된 것이다.

21. 색소세포 중 멜라닌 색소의 생산능력 향상으로 표피 및 진피층에 멜라닌 색소가 과잉 침착되어 나타나는 현상은?
   ① 주근깨
   ② 기미
   ③ 여드름
   ④ 노화피부

   해설 | 기미는 멜라닌 색소의 생산능력 향상으로 표피 및 진피층에 멜라닌 색소가 과잉 침착되어 나타난다.

22. 적외선과 자외선을 비교 설명한 것으로 틀린 것은?
   ① 자외선은 무열 광선이고, 적외선은 온열 광선이다.
   ② 자외선은 침투성이 미약하나, 적외선은 침투성이 강하다.
   ③ 자외선은 신진대사 작용을 하고, 적외선은 멜라닌을 형성한다.
   ④ 자외선은 살균작용을 하고, 적외선은 진통완화 작용을 한다.

   해설 | 자외선은 멜라닌을 형성하고, 적외선은 신진대사 작용을 한다.

23. 다음 중 상피조직의 기능이 아닌 것은?
   ① 흡수
   ② 방어
   ③ 분비
   ④ 운동

   해설 | 운동은 근육조직의 기능이다.

24. 섭취된 음식물 중의 영양물질을 산화시켜 인체에 필요한 에너지를 생성해 내는 세포 소기관은?
   ① 리보소옴
   ② 리소조옴
   ③ 골지체
   ④ 미토콘드리아

   해설 | 미토콘드리아는 세포내의 발전소로 세포호흡과 에너지 생산의 주요 기관이다.

25. 뼈가 골절되었을 때 재생하는데 가장 중요한 역할을 하는 것은?
   ① 골막
   ② 골수강
   ③ 골수
   ④ 치밀질

   해설 | 골막은 뼈의 바깥면을 덮고 있는 두꺼운 결합조직층으로 뼈의 보호, 뼈의 영양, 성장 및 재생에 관여한다.

19 ④   20 ①   21 ②   22 ③   23 ④   24 ④   25 ①

26 장골의 세로 방향으로 배열되어 있는 관으로서 혈관과 신경을 통과시키는 것은?

① 볼크만관
② 해면골
③ 골수강
④ 하버스관

해설 | 하버스관은 단단한 골세포로 구성되어 있으며, 혈관과 신경을 통과시킨다.

27 다음 중 수의근이며 가로무늬근인 것은?

① 평활근
② 심장근
③ 골격근
④ 내장근

해설 | 골격근은 가로무늬가 뚜렷하며, 의지의 지배를 받는 수의근이다.

28 대뇌의 아래쪽에 위치하며 자세, 평형유지 등의 운동기능을 담당하는 곳은?

① 연수
② 간뇌
③ 소뇌
④ 대뇌

해설 | 소뇌는 신속한 운동수행기능과 균형기능을 담당한다.

29 다음 중 혈액응고와 관련이 가장 먼 것은?

① 조혈자극인자
② 피브린
③ 프로트롬빈
④ 칼슘이온

해설 | 조혈자극인자는 혈액세포의 생성과정을 촉진하는 인자이다.

30 림프액의 기능과 가장 관계가 없는 것은?

① 동맥기능의 보호
② 항원반응
③ 면역반응
④ 체액이동

해설 | 림프액의 기능 : 항원, 항체반응을 통한 면역반응, 체액이동 등이다.

31 다음 뇌신경 중 안구운동에 관여하는 것을 모두 고르시오.

> ㉠ 동안신경 ㉡ 활차신경 ㉢ 미주신경
> ㉣ 내이신경 ㉤ 외전신경

① ㉠, ㉡, ㉢
② ㉡, ㉢, ㉣
③ ㉡, ㉢, ㉤
④ ㉠, ㉡, ㉤

해설 | 안구운동을 담당하는 신경은 제3신경인 동안신경, 제4신경인 활차신경, 제6신경인 외전신경이다.

32 혈관에 대한 설명 중 옳은 것은?

① 정맥은 판막이 있고, 동맥은 없다.
② 혈관 중 가장 넓은 면적은 동맥계이다.
③ 정맥은 동맥보다 중막이 두껍다.
④ 동맥은 얇은 한 층의 내피세포로 구성되어 있다.

해설 | 정맥은 노폐물을 운반하므로 역류방지를 위한 판막이 존재한다.

33 도체(전도체)가 아닌 다른 성질의 것은?

① 구리
② 유리
③ 금, 은
④ 알루미늄

해설 | 도체는 전류가 잘 흐르는 물질로 금속류로(구리, 철, 금, 은, 알루미늄 등)이며, 부도체는 전류가 잘 통하지 않는 절연체로 유리, 고무, 나무 등)이 있다.

26 ④ 27 ③ 28 ③ 29 ① 30 ① 31 ④ 32 ① 33 ②

34 다음 중 안면 피부미용기기 중 피부 분석 시 사용되는 기기가 아닌 것은?

① 확대경(Magnifying Glass)
② 갈바닉기기의 디스인크러스테이션
③ 유분측정기(Sebum Meter)
④ 우드램프(Wood Lamp)

해설 | 디스인크러스테이션은 딥클렌징에 사용된다.

35 수분측정기를 이용하여 피부상태를 분석하고자 할 때 주의사항이 아닌 것은?

① 알코올 성분이 있는 클렌징제로 세안 후 측정한다.
② 온도 20~22℃, 습도 40~60%의 이상적인 측정 환경을 유지한다.
③ 계절과 외부환경에 의한 피부상태를 측정 시 감안한다.
④ 직사광선이나 조명 아래에서 측정을 피한다.

해설 | 알코올 성분이 없는 클렌징제를 사용한다.

36 진공흡입기(Vaccum Suction)의 설명으로 잘못된 것은?

① 지방 분해
② 피지 제거
③ 독소 및 노폐물 배출
④ 림프, 혈액순환, 신진대사 촉진

해설 | 독소 및 노폐물 배출에 도움이 되는 기기는 엔더몰로지이다.

37 고주파 기기의 간접법에 관한 설명이다. 다른 것은?

① 온열효과로 세포재생, 진정 효과
② 손을 이용한 피부 관리 효과
③ 근육과 신경의 긴장 이완
④ 피지조절, 살균 소독효과

해설 | 피지조절, 살균 소독효과는 직접법의 효과이다

38 부향률이 높은 순서대로 나열하였다. 옳은 것은?

① 퍼퓸 〉 오데퍼퓸 〉 오데토일렛 〉 오데코롱 〉 샤워코롱
② 퍼퓸 〉 오데토일렛 〉 오데퍼퓸 〉 오데코롱 〉 샤워코롱
③ 퍼퓸 〉 오데퍼퓸 〉 오데코롱 〉 오데퍼퓸 〉 샤워코롱
④ 퍼퓸 〉 오데코롱 〉오데퍼퓸 〉 오데토일렛 〉 샤워코롱

해설 | 퍼퓸 〉 오데퍼퓸 〉 오데토일렛 〉 오데코롱 〉 샤워코롱 순이다.

39 자외선에 대한 설명으로 잘못된 것은?

① UV A 진피층까지 침투
② UV-B 표피의 기저층 침투
③ UV-B 표피의 각질층까지 도달
④ UV-C 피부암 유발

해설 | 표피의 각질층까지 도달하는 것은 UV C이다

40 컬러테라피의 색상 중 염증 및 열 진정 작용, 부종완화, 지성 및 염증성 여드름 관리에 효과적인 색상은?

① 빨강　　② 노랑
③ 녹색　　④ 파랑

해설 | 파랑색은 염증 및 열진정작용에 의해 지성 및 염증성 여드름 피부관리에 효과적이다.

34 ②　35 ①　36 ③　37 ④　38 ①　39 ③　40 ④

41 기초화장품 중 정돈에 사용되는 화장품이 아닌 것은?

① 화장수
② 팩
③ 마사지크림
④ 유액

해설 | 유액은 피부 보호용으로 사용한다.

42 동물성 유지에 해당하지 않는 것은?

① 라놀린
② 아보카도오일
③ 쇠기름
④ 밍크오일

해설 | 라놀린: 양털에서 뽑아낸 오일 / 쇠기름: 글리세린으로 보습제 역할
밍크오일: 아이크림에 많이 사용

43 염료에 대한 설명으로 틀린 것은?

① 염료는 화장품의 내용물에 적당한 색상을 부여하기위해 기초화장품, 모발화장품에 사용한다.
② 수용성 염료는 화장수, 로션, 샴푸 등의 착색에 사용되며, 유용성 염료는 헤어오일 등의 유성화장품의 착색에 사용된다.
③ 염료는 물이나 오일에 잘 녹지 않기 때문에 메이크업 화장품에도 사용된다.
④ 물 또는 오일에 녹는 색소로 화장품 자체에 시각적인 색상효과를 부여한다.

해설 | 염료는 물이나 오일에 잘 녹기 때문에 메이크업 화장품에는 잘 사용되지 않는다.

44 일반적으로 사용하고 있는 화장수에 포함된 알코올 함량은?

① 5%전후
② 10%전후
③ 15%전후
④ 20%전후

해설 | 화장수에 사용하는 에틸알코올 함량은 10% 전후이다.

45 우리나라의 혼례 중 양볼에 연지를 찍고 이마에 곤지를 찍어서 혼례를 하기 시작한 시기는?

① 조선 초
② 조선 중엽
③ 조선 말
④ 고려 말

해설 | 조선 중엽때부터 분화장이 시작하였다.

46 자외선 A의 차단제가 아닌 것은?

① 시너메이트
② 디옥시벤존
③ 옥시벤존
④ 술리소벤존

해설 | 자외선B: 파바류, 시너메이트

47 화장품의 원료로서 동·식물에 존재하는데 특히 난황에 많으며 피부를 윤택하게 하고 산화방지제 또는 유화제로 사용되고 있는 것은?

① 콜라겐
② 라놀린
③ 스쿠알렌
④ 레시틴

해설 | 콜라겐: 성장기 동물의 피부에서 추출하며 피부에 수분을 보유시킨다.
라놀린: 양모에서 추출한 지방으로 연한 덩어리이며

41 ④ 42 ② 43 ③ 44 ② 45 ② 46 ① 47 ④

영양효과가 좋고 피부의 건조방지에 좋다.
스쿠알렌: 상어의 간유에서 추출한 오일로서 피부의 건조방지, 살균작용, 세포 부활작용 등의 성분이 있으며 침투력이 우수하고 피부 탄력성을 부여한다.

48 조선시대 화장에 대한 설명으로 옳지 않은 것은?

① 궁중요법과 민간요법으로 화장법을 교육하였다.
② 눈썹을 그리는 미묵이 처음으로 등장한 시기이다.
③ 녹두, 쌀뜨물, 팥 등을 화장품에 이용하였다.
④ 분꽃씨앗 가루로 백분을 만들어 사용하였다.

해설 | 미묵은 삼국시대에 보편화 되었다.

49 화장품에 중금속 이온을 제거하기 위해 사용하는 원료는?

① 계면 활성제
② 방부제
③ 금속이온봉쇄제
④ 자외선 차단제

해설 | 금속이온을 불활성화할 목적으로 사용하는 것이 금속이온봉쇄제이다.

50 지용성 비타민 중 토코페롤이라도 부르며, 화장품의 원료로도 많이 사용되고 있는 비타민은?

① 비타민A
② 비타민D
③ 비타민E
④ 비타민K

해설 | 비타민E: 피부의 과색소 억제, 기능이 저하된 피지선의 활동을 개선, 노화방지, 세포재생에 도움을 준다.

51 한 국가나 지역사회 간의 보건수준을 비교하는 데 사용되는 3대 지표로 맞는 것은?

① 영아사망률, 비례사망지수, 평균수명
② 영아사망률, 비례사망지수, 조사망률
③ 비례사망지수, 평균수명, 조출생률
④ 영아사망률, 평균수명, 일반 출생률

해설 | 한 국가나 지역사회 간의 보건수준을 비교하는 지표: 영아사망률, 비례사망지수, 평균수명

52 제1군 감염병에 속하는 것은?

① 콜레라
② 디프테리아
③ 장티푸스
④ 파라티푸스

해설 | 제2군 감염병: 콜레라, 장티푸스, 파라티푸스

53 수질오염의 사용지표로 생물학적 산소 요구량을 나타내는 용어는?

① DO
② BOD
③ COD
④ pH

해설 | BOD는 생물학적 산소 요구량을 나타낸다.

54 승홍수의 1,000배의 살균력을 가지고 있으며 소독제의 평가기준으로 사용하는 소독제는?

① 석탄산
② 크레졸
③ 에탄올
④ 포르말린

해설 | 석탄산(페놀): 안정성이 높고 화학적 변화가 적음

48 ② 49 ③ 50 ③ 51 ① 52 ② 53 ② 54 ①

55 세균의 형태가 S자 또는 나선모양의 세균으로 매독균, 렙토스피라균, 콜레라 균에 속하는 균은?

① 리케차
② 나선균
③ 간균
④ 세균

해설 | 나선균: 나선형이나 꼬여있는 코일형인 것

56 이·미용사 면허증을 분실했을 때 재교부 신청을 누구한테 해야 하는가?

① 시 · 도지사
② 보건복지부장관
③ 대통령
④ 시장 · 군수 · 구청장

해설 | 면허증 분실 시에는 시장 · 군수 · 구청장에게 재교부 신청을 해야 한다.

57 면허증을 다른 사람에게 대여했을 때 3차 위반 행정처분 기준은?

① 면허정지 3월
② 면허정지 6월
③ 면허취소
④ 경고

해설 | 1차 위반: 면허정지 3월 / 2차 위반: 면허정지 6월 / 3차 위반: 면허취소

58 이 · 미용업소에 반드시 게시해야 할 사항이 아닌 것은?

① 이 미용업 신고증
② 개설자의 면허증 원본
③ 최종지불요금표
④ 자격증 원본

해설 | 이 · 미용업 신고증, 면허증 원본, 요금표를 게시해야 한다.

59 이 · 미용업자의 준수사항이 아닌 것은?

① 조명은 75룩스 이상 유지되도록 한다.
② 1회용 면도날은 손님 1인에 한하여 사용한다.
③ 자격증 원본과 사업자 등록증을 게시한다.
④ 소독한 기구와 하지 아니한 기구는 각각 다른 용기에 넣어 보관한다.

해설 | 이 · 미용업 신고증, 면허증 원본, 요금표를 게시해야 한다.

60 석탄산 계수(패놀 계수)가 5일 때 의미하는 살균력은?

① 페놀보다 5배 낮다.
② 페놀보다 5배 높다.
③ 페놀보다 50배 낮다.
④ 페놀보다 50배 높다.

해설 | 석탄산 계수가 5라는 의미는 살균력이 석탄산의 5배라는 의미이다.

55 ②   56 ④   57 ③   58 ④   59 ③   60 ②

8회 · 출제예상문제

01 피부미용의 역사에 대한 설명으로 옳은 것은?
① 르네상스 - 다양한 목욕법 발달
② 로마 - 갈렌에 의해 콜드크림 개발
③ 중세 - 독일의 후퍼렌드에 의해 마사지 크림 개발
④ 그리스 - 비누사용 보편화

해설ㅣ비누사용이 보편화 된 것은 근대, 중세에는 다양한 목욕법 발달, 현대 마사지크림 개발

02 피부분석을 하는 목적이다. 옳은 것은?
① 피부분석을 통해 운동처방을 하기 위해서이다.
② 의학적 치료를 위해 피부의 증상과 원인을 정확히 파악하기 위해서이다.
③ 피부의 증상과 원인을 파악하여 올바른 피부 관리를 하기 위해서이다.
④ 라이프스타일을 파악하기 위해서 피부분석이 반드시 필요하다.

해설ㅣ고객의 피부유형을 정확히 파악하여 피부 관리를 시행하기 위해서이다.

03 클렌징의 목적과 관련이 없는 것은?
① 피부표면의 노폐물 제거
② 제품의 흡수용이
③ 피지와 노화된 각질 제거
④ 혈액순환 촉진

해설ㅣ피지와 노화된 각질을 제거하는 것은 딥클렌징이다.

04 딥클렌징 과정시 주의사항에 대한 설명이 잘못된 것은?
① 딥클렌징은 모든 피부에 주1~2회 정도 실시할 수 있다.
② 딥클렌징 이후에는 자외선 차단제를 꼭 바르도록 한다.
③ 타올, 해면을 올바르게 사용하여 잔여물이 남지 않도록 한다.
④ 눈의 점막으로 제품이 들어가지 않도록 한다.

해설ㅣ딥클렌징은 예민피부, 모세혈관확장피부, 염증성여드름피부 등에는 부적합하다.

05 수렴화장수의 효과에 대한 설명으로 바르지 않은 것은?
① 수분공급
② 모공확대
③ 피지분비억제
④ 소독효과

해설ㅣ수렴화장수는 수분공급, 모공수축, 피지분비억제, 소독효과를 가지고 있다.

06 피부유형에 맞는 화장품 선택이 아닌 것은?
① 건성피부 - 유분과 수분이 많이 함유된 화장품
② 민감성피부 - 향, 색소, 방부제를 다량 함유한 화장품
③ 여드름피부 - 항균, 소독, 소염 등에 중점을 두는 화장품
④ 지성피부 - 오일이 함유되어 있지 않은 오일 프리 화장품

01 ② 02 ③ 03 ③ 04 ① 05 ② 06 ②

해설 | 민감성피부는 향, 색소, 방부제를 소량 함유한 화장품을 선택해야 한다.

07 매뉴얼테크닉 동작 중 유연법에 관한 효과이다. 잘못된 것은?

① 혈액순환 및 신진대사 촉진
② 노폐물 제거
③ 근육의 탄력성 증진
④ 지각신경 쾌감

해설 | 지각신경에 쾌감을 주는 동작은 바이브레이션(진동법)이다.

08 팩과 마스크를 분류한 것이다. 연결이 잘못된 것은?

① 형태에 의한 분류 - 파우더 타입, 젤타입, 크림타입
② 제거방법에 따른 분류 - 필오프타입, 워시오프타입, 티슈오프타입
③ 온도에 따른 분류 - 웜마스크, 콜드마스크
④ 기능성 특수마스크 - 석고마스크, 콜라겐벨벳마스크, 종이타입

해설 | 종이타입 마스크는 형태에 의한 분류이다.

09 콜라겐을 냉동 건조시킨 팩으로 피부의 수분 밸런스를 회복시켜 세포 재생과 노화방지, 피부탄력 강화, 미백에 효과적인 마스크는?

① 크림팩
② 벨벳(시트)팩
③ 모델링팩
④ 석고팩

해설 | 벨벳 마스트 시트 팩은 기포가 생기지 않도록 밀착시켜 천연용해성 콜라겐의 흡수가 이루어지도록 한다.

10 제모의 종류이다. 다른 하나는?

① 면도기를 이용한 제모
② 화학적 제모
③ 레이저 제모
④ 핀셋을 이용한 제모

해설 | 면도기, 화학적, 핀셋은 일시적 제모 / 레이저 제모는 영구적 제모

11 셀룰라이트에 대한 설명으로 틀린 것은?

① 오렌지껍질 모양으로 울퉁불퉁하다.
② 여성보다 남성에게 더 많이 나타난다.
③ 주로 허벅지, 둔부, 상완 등에 나타나는 경향이 있다.
④ 혈액순환 장애, 신진대사 저항에 의해 나타난다.

해설 | 셀룰라이트는 남성보다 여성에게 많이 나타난다.

12 지용성 비타민 중 칼슘이나 인의 대사에 관여하여 뼈와 치아구성에 영향을 미치게 것은? 비타민A

① 비타민D
② 비타민E
③ 비타민K
④ 비타민A

해설 | 피부 내의 프로비타민D는 자외선을 받으면 비타민D로 활성화된다.

13 셀룰라이트가 가장 많이 형성될 때는?

① 폐경기
② 임신기
③ 사춘기
④ 피임약 사용 초기 시

해설 | 셀룰라이트는 폐경기 때 가장 많이 형성된다.

07 ④　08 ④　09 ②　10 ③　11 ②　12 ①　13 ①

14 피지선에 대한 설명이 아닌 것은?

① 코 주위, 이마, 턱 등에 많이 존재한다.
② 털이 있는 곳에는 반드시 피지선이 존재한다.
③ 기름샘이다.
④ 손바닥, 발바닥 등에도 피지선이 존재한다.

해설 | 피지선은 손바닥, 발바닥을 제외한 전신에 분포되어있다.

15 혈액 응고 방지에 관여하고 있는 것은?

① 중성구
② 염기구
③ 호산구
④ 단핵구

해설 | 염기구는 혈액응고방지에 관여하고, 염증의 치유에도 관여한다.

16 여성호르몬 중 분비 과다시 멜라닌 색소를 생성하는 호르몬은?

① 에스트로겐
② 테스테스토론
③ 글루카곤
④ 프로게스테론

해설 | 프로게스테론: 임신초에 많이 분비되고, 과다시에는 멜라닌 색소를 생성한다.

17 설명이 옳지 않는 것은?

① 한선 - 땀을 분비하여 체온 조절 및 노폐물을 배출한다.
② 피지선 - 유지분을 분비하여 지방성 피부와 건조성 피부를 만든다.
③ 땀샘 - 피지가 분비된다.
④ 모낭 - 피지선과 한선에 둘러싸여 서로 연결되어 있다.

해설 | 땀샘: 땀의 분비는 신장의 기능을 보충하여 수분과 노폐물의 배설을 돕는다.

18 피부의 점막, 경계 부위에 잘 발생하며 포진의 재발이 일정 부위에 무리를 지어 발생하는 피부염은?

① 단순포진
② 종양 표피
③ 반흔
④ 대상포진

해설 | 단순포진: 입술 주위에 주로 생기는 수포성 질환, 흉터 없이 치유되나 재발률이 높다.

19 피부미용의 의미가 아닌 것은?

① 관리미용
② 보호미용
③ 치료미용
④ 심리 · 안정미용

해설 | 피부미용은 보호적 · 장식적 · 심리적 의미로 구분된다.

20 피부구조에 대한 설명으로 틀린 것은?

① 진피는 수많은 혈관과 말초 신경이 있다.
② 표피는 알칼리에 강하고 산에 약하다.
③ 피부는 표피, 진피, 피하조직으로 나눠진다.
④ 표피는 5개의 세포층으로 되어있으며 혈관이나 신경조직이 없다.

해설 | 표피는 산에 강하고 알칼리에 약하다.

---

14 ④   15 ②   16 ④   17 ③   18 ①   19 ③   20 ②

21 건성피부의 관리 방법이 아닌 것은?
① 유분이 함유된 영양크림을 취침 전에 바른다
② 직사광선을 피한다.
③ 화장시 파우더를 많이 바르지 않는다.
④ 사우나를 자주하여 피부를 청결하게 유지해준다.

해설 | 직사광선을 피하고 사우나를 자주하지 않으며 지방분의 섭취와 수분을 보충한다.

22 비뇨기관에서 배출기관의 순서를 바르게 표현한 것은?
① 신장 – 요관 – 요도 – 방광
② 신장 – 방광 – 요도 – 요관
③ 신장 – 요도 – 방광 – 요관
④ 신장 – 요관 – 방광 – 요도

해설 | 신장(오줌생성) – 요관(연동운동) – 방광(소변일시저장) – 요도(오줌을 연동운동으로 몸 밖으로 배출)

23 치밀골 내부의 골수로 차있는 공간을 무엇이라 하는가?
① 골막
② 골수강
③ 골수
④ 치밀질

해설 | 뼈의 표면을 치밀골이라 하는데, 치밀골 내부의 골수로 차있는 공간을 골수강이라 한다.

24 뼈의 형태에 따른 분류와 그 예를 연결한 것이다. 옳게 연결된 것은?
① 장골 – 수근골
② 단골 – 대퇴골
③ 편평골 – 견갑골
④ 불규칙골 – 상악골

해설 | ①수근골: 단골, ②대퇴골: 장골, ④상악골: 함기골

25 단백질이 합성, 농축된 후 세포 밖으로 분비되는 기관은?
① 핵
② 세포질
③ 세포막
④ 골지체

해설 | 골지체는 단백질을 합성, 저장, 농축하여 세포 외로 분비한다.

26 영양분을 분해하기 위한 효소를 생산하는 세포 소기관은?
① 리보솜
② 사립체
③ 소포체
④ 리소좀

해설 | 리소좀은 세포 내의 소화를 담당한다.

27 골격근의 기능이 아닌 것은?
① 수의적 운동
② 자세유지
③ 체중의 지탱
④ 조혈작용

해설 | 조혈작용은 뼈의 작용이다.

28 목의 전면에 넓게 퍼져 있으며 목의 가장 바깥근으로 주름을 만드는 근육은?
① 흉쇄유돌근
② 광경근
③ 승모근
④ 안륜근

해설 | 광경근은 목의 가장 바깥 근육으로 주름을 만들고 경정맥의 압박을 완화시킨다.

21 ④ 22 ④ 23 ② 24 ③ 25 ④ 26 ④ 27 ④ 28 ②

29 다음 보기의 사항에 해당되는 신경은?

- 제7뇌신경이다.
- 안면근육운동
- 혀 앞 2/3 미각담당
- 뇌신경 중 하나

① 3차 신경
② 설인신경
③ 안면신경
④ 부신경

해설 | 안면신경은 얼굴의 피부에 분포하여 얼굴의 근육운동, 표정 등을 조절하며, 미각과 관련된 감각신경이 섞인 혼합신경이다.

30 신경교세포의 세포가 아닌 것은?

① 성상교세포
② 축삭세포
③ 슈반세포
④ 희돌기세포

해설 | 축삭세포는 뉴런의 구조이다.

31 모세혈관에 대한 설명으로 맞는 것은?

① 심장에서 온몸으로 나가는 혈관이다.
② 판막이 존재한다.
③ 물질의 확산, 삼투, 여과작용을 한다.
④ 심장으로 들어오는 혈관이다.

해설 | 모세혈관은 확산, 삼투, 여과에 의한 물질교환이 이루어지는 혈관이다.

32 이온에 대한 설명으로 틀린 것은?

① 원소의 성질을 가지는 최소의 단위
② 전하를 잃거나 다른 인접한 전하를 얻은 상태
③ 원자가 전자를 잃어버리면 양(+)이온이 된다.
④ 원자가 전자를 받아들이면 음(-)이온이 된다.

해설 | 원소의 성질을 가지는 최소의 단위는 원자이다.

33 클렌징, 딥클렌징 과정시 사용하는 기기가 아닌 것은?

① 전동브러시
② 스티머
③ 이온토포레시스
④ 진공흡입기

해설 | 이온토포레시스는 영양 침투 미용기기이다.

34 안면 미용기기 중 스티머에 대한 설명이다. 틀린 것은?

① 오존에 의해 살균 작용, 박테리아 제거 효과가 있다.
② 온열 효과에 의해 각질연화 및 각질제거가 용이하다.
③ 오존을 사용하지 않는 스티머는 사용 시 아이패드를 사용하지 않아도 된다.
④ 오존 사용시 피부에 크림 류를 바르면 더욱 효과적이다.

해설 | 스티머 사용시 크림을 바르지 않는다.

35 다음 중 압력을 이용한 기기는?

① 스티머
② 진공흡입기
③ 파라핀왁스기
④ 적외선기

해설 | 스티머, 파라핀왁스기, 적외선기는 열을 이용하는 기기이다.

29 ③ 30 ② 31 ③ 32 ① 33 ③ 34 ④ 35 ②

36 고주파기기의 사용법 및 유의사항이다. 잘못된 것은?

① 클렌징 후 알코올 성분이 없는 무알콜 토너를 바른다.
② 직접법시 피부미용사의 양손이나 다른 사람의 손이 고객 몸에 접촉되지 않도록 한다.
③ 간접법시 피부미용사의 양손이 고객 몸에서 동시에 떨어져도 무방하다.
④ 임산부, 고혈압이나 동맥경화 환자, 인공 심박기 부착자 등 금속을 착용한 사람에게 시술하지 않는다.

해설 | 간접시 피부미용사의 양손이 고객 몸에서 동시에 떨어지지 않도록 주의한다.

37 파라핀 왁스의 사용으로 부적합한 피부로 맞게 연결된 경우는?

① 사마귀 있는 경우, 피부발진
② 화상, 임산부
③ 순환계 질환, 수분이 부족한 건성피부
④ 노화피부, 건성피부

해설 | 부적합 피부로는 순환계 질환, 피부발진, 피부 부작용, 화상, 사마귀가 있는 경우는 사용을 금한다

38 피부 관리시 수용성 제품을 피부 속으로 침투시키기 위해 사용 가능한 기기는?

① 디스인크러스테이션
② 이온토포레시스
③ 초음파
④ 엔더몰로지

해설 | 수용성 제품을 침투시키기 위해 사용하는 기기는 이온토포레시스이다.

39 다음 중 자외선의 효과이다. 옳지 않은 것은?

① 피지 분비를 증가하므로 건성 피부 관리시에 효과적이다.
② 미생물과 박테리아를 살균, 파괴한다.
③ 식욕과 수면 증진, 정신 강장효과가 있다.
④ 적당한 조사로 피부면역을 강화시켜준다.

해설 | 피지분비를 감소하여 여드름 피부에 효과적이다.

40 컬러테라피 색상 중 빨강색의 효과를 바르게 표한 한 것은?

① 신경안정, 지방분비 기능 조절
② 심장기능 활성화, 신진대사 촉진
③ 면역활동 강화, 림프계 활동 증가
④ 신경안정, 피지선 조절기능 조절

해설 | 빨강은 에너지의 색상이라 하며 생명력을 나타내는 색상으로 심장기능 활성화, 신진대사 촉진에 효과적이다.

41 상어의 간유에서 추출한 오일로서 피부의 건조방지, 살균작용, 세포 부활작용 등의 성분이 있으며 침투력이 우수하고 피부 탄력성을 부여하는 성분은?

① 라놀린
② 스쿠알렌
③ 아줄렌
④ 알부틴

해설 | 스쿠알렌은 상어의 간유에서 추출한 오일로서 피부의 건조방지, 살균작용, 세포 부활작용 등의 성분이 있으며 침투력이 우수하고 피부 탄력성을 부여한다.

36 ③ 37 ① 38 ② 39 ① 40 ② 41 ②

42 그리스에 대한 설명으로 맞는 것은?

① 오일과 향수 및 화장품이 생활의 필수품으로 사용했다.
② 매일 목욕으로 몸을 청결히 하였으며 스팀 목욕법과 한증 목욕법을 개발하였다.
③ 히포크라테스는 건강한 아름다움을 위하여 미용식, 일광욕, 특수목욕, 마사지 등을 권장했다.
④ 남녀 상관없이 아름다운 피부를 가꾸는 데 과도한 투자를 했다.

해설 | ①②④ 번은 로마시대에 대한 설명이다.

43 크림의 목적으로 기능이 잘못 연결된 것은?

① 피부 혈행 촉진: 마사지 크림
② 탈모·정발: 헤어 리무버, 헤어크림
③ 방취: 핸드타이저
④ 피부의 보습: 영양크림, 모이스처 크림, 나이트 크림, 바니싱 크림

해설 | 방취: 데오도란트

44 클렌징 세안제의 종류 중 유성성분을 많이 포함한 메이크업에 가장 강한 세정력을 가지며 땀이나 피지에 강한 화장도 깨끗하게 지워주는 제품은?

① 클렌징 워터
② 클렌징 크림
③ 클렌징 오일
④ 클렌징 로션

해설 | 클렌징 오일은 오일 성분으로 끈끈함이 남아 있는 단점이 있다.

45 기초화장품의 목적이 아닌 것은?

① 피부를 청결히 한다.
② 피부의 신진대사를 촉진한다.
③ 피부의 수분균형을 유지한다.
④ 피부에 충분한 수분과 영양을 공급하여 피부탄력, 수분보호막의 기능을 해준다.

해설 | 크림의 기능: 피부에 충분한 수분과 영양을 공급하여 피부탄력, 수분보호막의 기능을 해준다.

46 메이크업의 T·P·O가 아닌 것은?

① 시간
② 장소
③ 과정
④ 목적

해설 | 메이크업은 T(Time) P(Place) O(Object)에 따라 달리한다.

47 다음 중 화장품에 사용되는 주요 방부제는?

① 벤조산
② 에탄올
③ 파라옥시안식향산메틸
④ BHT

해설 | 화장품의 주요 방부제는 : 파라옥시안식 향산 메틸, 파라옥시안식향산프로필, 이미디아졸리 디닐우레아

48 눈의 윤곽을 강조하는 포인트 메이크업은?

① 아이브로우
② 아이섀도
③ 아이라이너
④ 마스카라

해설 | 아이라이너는 눈 모양을 변화시키거나 눈가의 표정을 풍부하게 한다.

42 ③ 43 ③ 44 ③ 45 ④ 46 ③ 47 ② 48 ③

49 알코올에 녹을 수 있는 화장품의 원료는?

① 바세린
② 유동파라핀
③ 수산화나트륨
④ 탈크

해설 | 수산화나트륨(가성소다)는 알코올이나 글리세린에 잘 녹는다.

50 이완된 피부 상태를 수축시키며 피지의 과잉분비를 억제하는 기능의 화장수는?

① 유연화장수
② 수렴화장수
③ 소염화장수
④ 영양화장수

해설 | 수렴화장수는 알코올성분이 함유되어있어 피부를 수축시키는 작용과 소독작용을 한다.

51 불쾌지수를 산출하는데 고려해야 하는 요소들은?

① 기류와 복사열
② 기온과 기압
③ 기압과 복사열
④ 기온과 기습

해설 | 불쾌지수란 기온과 기습을 이용하여, 사람이 느끼는 불쾌감의 정도를 수치로 나타낸 것을 말한다.

52 일반적으로 활동하기 가장 적합한 실내의 적정 온도는?

① 15±2℃
② 18±2℃
③ 22±2℃
④ 24±2℃

해설 | 활동하기 가장 적합한 실내 조건 온도 : 18℃, 습도 40~70

53 다음 중 공중보건학의 개념과 가장 유사한 의미를 갖는 표현은?

① 지역사회의학
② 예방의학
③ 치료의학
④ 건설의학

해설 | • 공중보건의 대상 : 집단 또는 지역사회
• 예방의학의 대상 : 개인, 가족

54 다음 중 공중보건사업에 속하지 않는 것은?

① 보건교육
② 예방접종
③ 환자 치료
④ 감염병관리

해설 | 공중보건사업의 목적은 질병의 치료에 있지 않고 질병의 예방에 있다.

55 생활습관과 관계될 수 있는 질병과의 연결이 틀린 것은?

① 가재 생식 – 무구조충
② 여름철 야숙 – 일본뇌염
③ 경조사 등 행사음식 – 식중독
④ 담수어 생식 – 간디스토마

해설 | 가재 생식 – 페디스토마

56 기생충의 인체 내 기생 부위 연결이 잘못된 것은?

① 폐흡충 – 폐
② 간흡충증 – 간의 담도
③ 요충증 – 직장
④ 구충증 – 폐

해설 | 구충증 – 공장

49 ③ 50 ② 51 ④ 52 ② 53 ① 54 ③ 55 ① 56 ④

57 비교적 약한 살균력을 작용시켜 병원 미생물의 생활력을 파괴하여 감염의 위험성을 없애는 조작은?

① 고압증기멸균
② 소독
③ 방부처리
④ 냉각처리

해설 | 비교적 약한 살균력으로 병원 미생물의 감염 위험을 없애는 것은 소독에 해당하며, 병원성 또는 비병원성 미생물 및 포자를 가진 것을 전부 사멸 또는 제거하는 것을 멸균이라 한다.

58 다음 중 화학적 소독 방법이라 할 수 없는 것은?

① 포르말린
② 고압증기
③ 크레졸 비누액
④ 석탄산

해설 | 고압증기를 이용한 소독방법은 물리적 소독방법이다.

59 다음 중 할로겐계에 속하지 않는 것은?

① 차아염소산나트륨
② 석탄산
③ 표백분
④ 요오드액

해설 | 할로겐계 살균제 : 차아염소산칼륨, 차아염소산나트륨, 차아염소산리튬, 이산화염소, 표백분, 요오드액 등

60 소독약으로서의 석탄산에 관한 내용 중 틀린 것은?

① 세균포자나 바이러스에 효과적이다.
② 고무제품, 의류, 가구, 배설물 등의 소독에 적합하다.
③ 단백질 응고작용으로 살균기능을 가진다.
④ 사용농도는 3% 수용액을 주로 쓴다.

해설 | 석탄산은 3% 농도의 석탄산에 97%의 물을 혼합하여 사용하는데, 고무제품, 의류, 가구, 배설물 등의 소독에 적합하며, 세균포자나 바이러스에는 작용력이 없다.

57 ② 58 ② 59 ② 60 ①

9회 • 출제예상문제

01 우리나라 피부미용의 역사 중 불교문화의 영향에 의해 향과 목욕문화가 발달되던 시기로 비누, 향수와 같은 화장품이 처음 수입되었던 시기는?

① 고려시대
② 통일신라시대
③ 삼국시대
④ 조선시대

해설 | 삼국시대에 백분 화장품 등이 전래되어 제조되었으며 불교문화의 발달로 비누 등 입욕제가 발달되었다.

02 다음 중 고객카드 기재 중 직업을 기재하는 이유 중 옳은 것은?

① 직업적 생활환경에 따라 피부상태가 변하기 때문이다.
② 직업에 따라 학력이 다르기 때문이다.
③ 직업 환경에 따라 화장품 구입의 횟수가 다르기 때문이다.
④ 직업에 따라 관리실의 이용횟수가 좌우되기 때문이다.

해설 | 직업적 생활환경에 따라 피부상태의 변화가 다르다.

03 클렌징의 목적과 효과에 대한 설명으로 옳지 않은 것은?

① 유효성분의 흡수
② 노폐물 제거
③ 피부 관리의 마지막 단계
④ 혈액순환 촉진

해설 | 클렌징은 피부 관리의 기본단계로 노폐물제거, 피부 청결, 신진대사촉진 혈액순환 촉진, 유효성분이 흡수를 돕는 과정을 말한다.

04 피부분석 방법 중 문진으로 파악할 수 있는 사항이 아닌 것은?

① 고객의 직업
② 고객의 식습관
③ 알레르기 유무
④ 피부조직의 민감도

해설 | 피부조직의 민감도는 견진법에 해당된다.

05 화장수의 특징에 대한 설명으로 바르지 않은 것은?

① 하이드로 액티브 로션 : 피부를 촉촉하게 하고 보습력이 높은 화장수를 의미한다.
② 스킨소프너 : 피부를 부드럽게 하며 유연화장수를 의미한다.
③ 스킨토너 : 피부를 탄력있게 해주며 수렴화장수를 의미한다.
④ 스킨프레시너 : 피부를 신선하게 해준다는 뜻으로 약알카리성 화장수를 의미한다.

해설 | 스킨프레시너는 피부를 신선하게 해준다는 뜻으로 약산성화장수를 의미한다.

01 ③ 02 ① 03 ③ 04 ④ 05 ④

06 가장 이상적인 피부유형으로 땀샘과 기름샘의 생리기능 상태가 정상적으로 계절에 따라 변화가 쉽고 노화가 시작되기 이전 피부에서 흔히 볼 수 있는 피부 유형은?

① 중성피부
② 건성피부
③ 지성피부
④ 민감성피부

해설 | 가장 이상적인 피부유형은 중성피부로 계절에 따라 변화하기 쉬우며 노화 시작 전에 흔히 볼 수 있다.

07 메뉴얼 테크닉 중 두드리기(고타법,경타법)에 관한 내용이 아닌 것은?

① 힘이 강약 조절이 필요하며 얼굴은 손가락 끝을 사용한다.
② 손가락을 사용하여 규칙적으로 가볍게 때리거나 두드리는 동작이다.
③ 신경조직을 자극하여 피부 탄력성 증가 효과를 준다.
④ 주름이 생기기 쉬운 부위(이마,눈가,입가)에 집중적으로 실시한다.

해설 | 주름이 생기기 쉬운 부위에 집중적으로 실시하는 동작은 문지르기이다.

08 팩과 마스크에 대한 효과이다. 잘못된 것은?

① 보습 효과
② 색소침착 효과
③ 영양 공급 효과
④ 수렴 효과

해설 | 색소침착효과가 아닌 미백효과를 가지고 있다

09 열과 오일이 모공을 열어 노폐물을 제거하고 유효성분을 피부 깊숙이 침투시켜 진피층까지 수분을 공급하여 보습력을 강하게 작용하는 마스크 팩은?

① 석고 팩
② 무스 팩
③ 파라핀 마스크
④ 고무마스크

해설 | 파라핀내의 열과 오일이 모공을 열어 노폐물을 제거하고 유효성분이 침투를 돕는 마스크로 손, 발 관리에도 효과적이다.

10 전기적 자극을 통해 모근을 파괴시켜 영구적으로 제거하는 방법은?

① 면도기를 이용한 제모
② 레이저를 이용한 제모
③ 족집게를 이용한 제모
④ 왁스를 이용한 제모

해설 | 레이저를 이용한 제모는 모근까지 파괴시키는 영구적 제모이다.

11 스웨디시 마사지(Swedish Massage)에 대한 설명이다. 잘못된 것은?

① 인체 생리학과 체육학을 기본으로 여러 마사지의 기법들을 의학적인 관점에서 발전시킨 것이다.
② 서양의 대표적인 수기 요법으로 혈관을 자극하여 혈액순환을 촉진시킨다.
③ 근육과 뼈의 기능과 구조를 고려하여 심장에서 가까운 곳부터 발끝으로 향하여 관리하는 것을 원칙으로 한다.
④ 대사물질, 노폐물을 배출시켜 통증을 경감시킨다.

해설 | 마사지는 심장에서 먼곳부터 심장을 향하여 관리하는 것을 원칙으로 한다.

06 ① 07 ④ 08 ② 09 ③ 10 ② 11 ③

12 엘라이딘이라는 단백질을 함유하고 있어 피부를 윤기 있게 해주는 층은?

① 투명층 ② 과립층
③ 유극층 ④ 기저층

해설 | 엘라이딘: 반유동성 물질로 수분 침투를 방지하고 피부를 윤기있게 해주는 역할을 하는 단백질이다.

13 대한선(아포크린선)의 설명으로 틀린 것은?

① 분비되는 땀의 양은 소량이나 나쁜 냄새의 원인으로 채취선이라고 한다.
② 에크린선보다 크고 모공을 통해 분비된다.
③ 아포크린한선의 냄새는 여성보다 남성에게 강하게 나타난다.
④ 흑인〉백인〉동양인 순으로 발달되어 있다.

해설 | 여성의 생리전과 생리중에 더 많이 분비된다.

14 신체피부 중 두께가 가장 얇은 곳은?

① 눈꺼풀 피부
② 손등 피부
③ 턱부위
④ 볼부분

해설 | 눈꺼풀이 가장 얇다.

15 피부로부터 수분이 증발하는 것을 막는 층은?

① 각질층
② 투명층
③ 유극층
④ 과립층

해설 | 과립층은 피부의 수분 증발을 방지하는 층이다.

16 콜라겐과 엘라스틴으로 구성되어있어 강한 탄력성을 지니고 있는 곳은?

① 표피
② 피하지방
③ 진피
④ 유극층

해설 | 진피층은 콜라겐(교원섬유) 엘라스틴(탄력섬유)으로 구성도어 있다.

17 모발의 구조에 대한 설명 중 틀린 것은?

① 모근은 피부표면으로 나와 있는 모발을 말한다.
② 모유두는 모발의 영양 및 발육에 관여한다.
③ 모낭은 모근을 둘러싼 부분을 말한다.
④ 모간은 모표피, 모피질, 모수질로 구성이 되어있다.

해설 | 모간: 피부표면으로 나와 있는 모발 / 모근: 피부내의 모발

18 땀샘에 대한 설명으로 틀린 것은?

① 에크린선에서 분비되는 땀은 냄새가 거의 없다.
② 에크린선은 입술뿐만 아니라 전신 피부에 분포되어 있다.
③ 아포크린선에서 분비되는 땀의 분비량은 소량이나 나쁜 냄새의 요인이 된다.
④ 아포크린선에서 분비되는 땀 자체는 무취, 무색, 무균성이나 표피에서 배출한 후, 세균의 작용을 받아 부패되어 냄새가 나타나는 것이다.

해설 | 에크린선은 입술과 생식기를 제외한 전신 피부에 분포되어 있다.

12 ① 13 ③ 14 ① 15 ④ 16 ③ 17 ① 18 ②

19. 두발에 필요한 영양공급에 가장 중요한 영양소는?
   ① 비타민A
   ② 단백질
   ③ 칼슘
   ④ 칼륨

   해설 | 두발은 아미노산을 다량 함유한 케라틴으로 구성되어있으므로 단백질이 가장 중요한 영양소라 할 수 있다.

20. 모발에 있어 측쇄결합이 아닌 것은?
   ① 염결합
   ② 시스틴결합
   ③ 폴리펩티드결합
   ④ 수소결합

   해설 | 폴리펩티드결합은 주쇄결합이다.

21. 식염(NaCl)에 대한 설명으로 틀린 것은?
   ① 체액의 삼투압 조절을 한다.
   ② 근육 및 신경의 자극 작용을 한다.
   ③ 근육의 탄력유지에 관여한다.
   ④ 과다복용시 정신불안이 일어난다.

   해설 | 식염결핍 시 식욕부진, 정신불안, 피로감 등이 나타난다.

22. 세포의 특징에 대한 설명이 틀린 것은?
   ① 리소좀은 세포 내 소호작용에 관여한다.
   ② 조면소포체는 리보솜이 있어서 단백질 합성 기능이 있다.
   ③ 단백질 합성과 관계 깊은 곳은 미토콘드리아이다.
   ④ 핵은 유전자를 복제한다.

   해설 | 단백질 합성과 관계 깊은 것은 리보솜이다.

23. 성장기까지 뼈의 길이 성장을 주도하는 것은?
   ① 골막
   ② 골단판
   ③ 골수
   ④ 해면수

   해설 | 골단판(성장판)은 성장기 뼈의 길이 성장을 주도하는 곳이다.

24. 외부 환경이 변하더라도 생물체 내부의 환경은 일정 상태를 유지하려는 기전을 무엇이라 하는가?
   ① 반응성
   ② 순응성
   ③ 항상성
   ④ 생장성

   해설 | 항상성은 체온조절, 삼투압, 수분, ph 등의 조절을 통해 생체 내부를 일정 상태로 유지하는 것이다.

25. 인체를 구성하는 기본 조직이 아닌 것은?
   ① 근육조직
   ② 신경조직
   ③ 상피조직
   ④ 혈관조직

   해설 | 인체의 4대 기본조직은 상피조직, 근육조직, 결합조직, 신경조직이다.

26. 다음 설명 중 틀린 것은?
   ① 소화란 포도당을 산화하여 에너지를 생산하는 과정이다.
   ② 소화한 탄수화물은 단당류로, 단백질은 아미노산 등으로 분해하는 과정이다.
   ③ 소화한 유기물들이 소장의 융모상피가 흡수할 수 있는 크기로 잘리는 과정을 말한다.

19 ② 20 ③ 21 ④ 22 ③ 23 ② 24 ③ 25 ④ 26 ①

④ 소화계에는 입과 위, 소장은 물론 간과 췌장도 포함한다.

해설 | 소화란 음식물과 영양소를 흡수하기 쉬운 상태로 변화시키는 과정이다. 에너지를 생산하는 과정이 아니다.

27 평활근에 대한 설명 중 틀린 것은?
① 근원섬유에는 가로무늬가 없다.
② 운동신경의 분포가 없는 대신 자율신경이 분포되어 있다.
③ 수축은 서서히 그리고 느리게 지속된다.
④ 수의근으로 자율신경의 지배를 받지 않는다.

해설 | 평활근은 가로무늬(횡선)가 없는 불수의근으로 자율신경의 지배를 받으며 내장기관의 활동을 담당하는 근육이다.

28 다음 중 중추신경계가 아닌 것은?
① 대뇌
② 소뇌
③ 뇌신경
④ 척수

해설 | 중추신경계는 뇌(대뇌, 간뇌, 중뇌, 교뇌, 소뇌, 연수)와 척수이다.

29 다음 중 소화기계가 아닌 것은?
① 폐, 신장
② 간, 담
③ 비장, 위
④ 소장, 대장

해설 | 폐는 호흡기계에 속하며, 신장은 비뇨기계에 속한다.

30 소하선(소하샘)으로써 소화액을 분비하는 동시에 호르몬을 분비하는 혼합선(내.외분비선)에 해당하는 것은?
① 간
② 타액선
③ 담낭
④ 췌장

해설 | 췌장은 이자로도 불린다. 이자액(소화효소)을 분비하는 외분비선이며, 동시에 당대사에 관여하는 호르몬(인슐린)을 분비하는 내분비선이다.

31 근육은 어떤 작용으로 움직일 수 있는가?
① 수축에 의해서만 움직인다.
② 성장에 의해서만 움직인다.
③ 수축과 이완에 의해서만 움직인다.
④ 이완에 의해서만 움직인다.

해설 | 근육은 수축과 이완에 의해서만 운동이 일어난다.

32 이온에 대한 설명으로 옳은 것은?
① 양전하 또는 음전하를 지닌 원자를 말한다.
② 증류수는 이온수에 속한다.
③ 원소가 전자를 얻으면 양이온이 되고, 전자를 잃으면 음이온이 된다.
④ 2개의 원자가 전자를 공유하면서 결합하는 현상을 이온 결합이라 한다.

해설 | 양전하 또는 음전하를 지닌 원자를 이온이라 한다.

33 피부분석기 중 고객과 관리사가 동시에 피부를 분석할 수 있는 기기는?
① 확대경
② 우드램프
③ 스킨스코프
④ 유·수분 측정기

27 ④ 28 ③ 29 ① 30 ④ 31 ③ 32 ① 33 ③

해설 | 고객과 관리사가 동시에 피부분석을 진행 할 수 있는 것은 스킨스코프이다.

34 다음은 스티머 사용시 부적용 피부유형은?
① 화농성 여드름 피부, 천식환자
② 당뇨환자
③ 지성피부
④ 모세혈관학장 피부, 민감성 피부

해설 | 모세혈관확장피부, 민감성피부, 당뇨환자 등은 사용을 주의를 요하는 피부로 부적합피부는 아니다.

35 다음 중 열을 이용한 기기가 아닌 것은?
① 스티머
② 적외선
③ 파라핀 왁스기
④ 이온토포레시스

해설 | 이온토포레시스는 낮은 전압의 직류를 이용하여 피부 속으로 침투하기 어려운 수용물질을 이온화시켜 피부조직으로 침투시키는 기기이다.

36 테슬러 전류(교류)가 사용되는 기기는?
① 고주파기기
② 갈바닉기기
③ 썩션기
④ 엔더몰러지

해설 | 테슬러 전류는 고주파, 중주파, 저주파가 해당된다.

37 다음 중 적외선기의 효과가 아닌 것은?
① 신진대사 촉진
② 노폐물 배출
③ 온열 자극
④ 비타민 E 생성

해설 | 적외선의 효과는 온열효과, 신진대사 촉진, 노폐물배출, 근육이완, 통증완화

38 자외선에 대한 설명으로 잘못된 것은?
① UV A 홍반, 수포를 유발하여 기저층까지 침투
② UV-B 광노화의 원인으로 태닝에 효과적이다
③ UV-C 표피의 각질층까지 도달하여 피부암유발
④ UV-C 모세혈관까지 침투

해설 | UV -C는 표피의 상층부에 도달하여 바이러스 세균을 파괴하고 피부암을 유발한다.

39 컬러테라피 기기에서 노란색의 효과로 옳은 것은?
① 혈액순환 증진, 세포의 활성화, 세포재생 활동
② 소화기계 기능 강화, 신경자극, 신체정화 작용
③ 지루성 여드름, 혈액순환 불량 피부 관리
④ 근조직 이완, 셀룰라이트 개선

해설 | 컬러테라피 기기에서 노란색은 소화기계 기능 강화, 신경자극, 신체 정화작용을 한다.

40 클렌징제가 아닌 것은?
① 브러시
② 이온토포레시스
③ 아하
④ 스크럽

해설 | 이온토포레시스는 영양침투기기이다.

41 화장수의 설명 중 틀린 것은?
① 피부에 청량감을 준다.
② 피부의 각질층에 수분을 공급한다.
③ 피부의 각질을 제거한다.
④ 피부에 남아있는 잔여물을 닦아준다.

해설 | 팩: 노폐물 및 죽은 각질을 제거한다.

34 ①   35 ④   36 ①   37 ④   38 ③   39 ②   40 ②   41 ③

42 지성 피부의 화장품 사용 목적 및 효과로 가장 거리가 먼 것은?

① 유연 회복
② 모공수축
③ 항염, 정화기능
④ 피비 분비 및 정상화

해설 | 건성피부 화장품 :유연 회복

43 화장품 법상의 화장품의 정의 와 관련된 내용이 아닌 것은?

① 피부 혹은 모발을 건강하게 유지 또는 증진하기 위한 물품
② 인체에 사용되는 물품으로 인체에 대한 작용이 경미 한것
③ 인체를 청결 · 미화하여 매력을 더하고 용모를 밝게 변화시키기 위해 사용하는 물품
④ 신체의 구조, 기능에 영향을 미치는 것과 같은 사용 목적을 겸하지 않은 물품

해설 | 화장품: 인체에 바르고 문지르거나 뿌리는 등의 방법으로 사용되는 물품 의약품이 아닐 것

44 캐리어 오일에 대한 설명 중 틀린 것은?

① 에센셜 오일을 추출할 때 오일과 분류되어 나오는 증류액을 말한다.
② 캐리어는 운반이라는 뜻으로 캐리어 오일은 마사지 오일을 만들 때 필요한 오일이다.
③ 베이스 오일이라 한다.
④ 에센셜 오일의 향을 방해하지 않도록 향이 없어야 하고 피부흡수력이 좋아야 한다.

해설 | 플로럴 워터: 에센셜 오일을 추출할 때 오일과 분류되어 나오는 증류액

45 기능성 화장품의 표시 및 기재사항이 아닌 것은?

① 제조번호
② 제품의 명칭
③ 내용물의 용량 및 중량
④ 제조자의 이름

해설 | 기능성 화장품의 표시: 제조번호, 제품의 명칭, 내용물의 용량 및 중량

46 물질이동 확산에 대한 설명으로 맞는 것은?

① 용액 또는 가스 상태의 분자들이 서로 인접해 있는 공간에서 분자의 농도가 높은 곳에서 낮은 곳으로 이동하는 현상이다.
② 물과 용질이 수압에 따라 막이나 모세혈관벽을 강제로 통과하는 과정이다.
③ 용질의 농도가 높은 곳으로 용매가 이동하는 현상을 말한다.
④ 필요한 물질을 적극적으로 세포 내로 끌어들이거나, 불필요한 물질을 세포외로 배출시키는 것을 말한다.

해설 | ② 여과, ③ 삼투, ④ 능동수송을 설명한 것이다.

47 체질 안료에 대한 설명으로 옳은 것은?

① 피부에 퍼짐성을 좋게 하여 매끄러움을 부여한다.
② 피부의 커버력을 높이는데 사용한다.
③ 색채의 명암을 조절한다.
④ 피부에 대한 커버력을 결정한다.

해설 | 체질 안료는 땀과 피지를 흡수하고 색조안료를 희석시키는데 사용된다.

42 ① 43 ④ 44 ① 45 ④ 46 ① 47 ①

48 두피에 자극을 주고 알레르기를 유발시키는 염색약 성분은?

① 파라-페닐렌디아민(PPD)
② 펩타이드
③ 글리세린
④ 과산화수소

해설 | 파라-페닐렌디아민(PPD)은 항원성이 매우 강해 알레르기성 접촉 피부염, 두피질환, 부종, 탈모 등을 일으킨다.

49 클렌징 제품에 대한 설명으로 맞는 것은?

① 클렌징 티슈- 지방에 예민한 알레르기 피부에 좋으며 세정력이 우수하다.
② 폼클렌징- 눈화장을 지울 때 자주 사용된다.
③ 클렌징 오일-물에 용해가 잘되며, 건성,노화, 수분부족, 지성부족, 민감성 피부에 좋다.
④ 클렌징 로션-화장을 연하게 하는 피부보다 두껍게 하는 피부에 좋으며, 쉽게 부패되지 않는다.

해설 | 클렌징 오일은 수용성 오일 성분의 배합으로 물에 쉽게 용해된다.

50 계면활성제의 농도가 매우 적은 경우에는 수용액은 일반적인 용액과 동일한 성질을 가지지만 계면활성제의 농도가 점점 증가하면 계면활성제의 분자나 이온들이 결합체를 형성하여 용해하게 되는 이 결합체는?

① HLB
② 나노좀
③ 마이크로에멀젼
④ 미셀

해설 | 미셀: 가용화 기술에서 계면활성제가 물에 녹을 때 포화농도 이상이 되면 작은 집합체가 형성되는 것을 말한다.

51 출생률과 사망률이 낮으므로 이상적인 인구형은?

① 종형
② 피라미드형
③ 항아리형
④ 별형

해설 | 종형(이상형, 인구정지형) : 14세 이하가 65세 이상 인구의 2배정도

52 면역에 대한 설명 중 틀린 것은?

① 자연능동면역: 감염병에 감염된 후 성립되는 면역
② 인공능동면역: 예방 접종 후 생성된 면역
③ 자연수동면역: 피동 면역
④ 인공수동면역: 혈청 제제 접종 후 얻게 되는 면역

해설 | 자연수동면역: 모체 면역, 태반 면역

53 감염경로에 따른 감염병의 분류가 틀린 것은?

① 이: 발진티푸스, 재귀열
② 모기: 말라리아, 일본뇌염, 황열
③ 벼룩: 이질, 소아마비
④ 쥐: 페스트, 재귀열, 유행성 출혈열

해설 | 벼룩: 페스트, 재귀열, 발진열 바퀴:콜레라, 장티푸스, 이질, 소아마비

54 개달물 (의복, 수건에 의해 감염)을 통한 감염병은?

① 트라코마
② 이질
③ 콜레라
④ 장티푸스

해설 | 트라코마는 환자의 안(眼)분비물 접촉 및 환자가 사용하던 타월 등을 통해 전파됨

48 ① 49 ③ 50 ④ 51 ① 52 ③ 53 ③ 54 ①

55 제2군 감염병에 속하지 않는 것은? 1
① 디프테리아
② 장티푸스
③ 백일해
④ 풍진

해설 | 제1군 감염병: 디프테리아, 두창, 페스트, 탄저, 야토병, 사스, 메르스,

56 신생아 및 영유아에 대해서 틀린 것은?
① 신생아: 생후 14일 미만
② 신생아: 생후 28일 미만
③ 영아: 0세~ 1세 미만
④ 유아: 취학전 6세미만

해설 | 신생아: 생후 28일 미만을 말한다.

57 일반적으로 활동하기에 적합한 실내온도와 실내 쾌적습도범위로 알맞은 것은?
① 15±2 °C, 10~20%
② 18±2 °C, 40~70%
③ 22±2 °C, 20~40%
④ 24±2 °C, 40~70%

해설 | 실내 쾌적 습도는 18±2 °C, 40~70% 이다.

58 기류 (바람)에 대한 설명으로 틀린 것은?
① 불감 기류는 우리가 감지할 수 없는 기류로, 0.2~0.5m/sec를 말한다.
② 실내에서의 쾌적풍속은 0.3~0.5m/sec이다.
③ 실외에서의 쾌적풍속은 1m/sec이다.
④ 무풍상태는 0.1m/sec라 한다.

해설 | 실내에서의 쾌적 풍속은 0.2~0.3m/sec이다.

59 밀폐된 공간에 많은 사람이 집합되어 있을 경우 실내공기가 물리적 · 화학적 변화를 초래하여 불쾌감, 현기증, 구토 등의 생리적 현상이 발생하는 것을 말하는 것은?
① 군집독
② 신경장애
③ 규폐증
④ 진폐증

해설 | 군집독은 밀폐된 공간에 많은 사람이 집합되어 있을 경우 실내공기가 물리적 · 화학적 변화를 초래하여 불쾌감, 현기증, 구토 등의 생리적 현상이 발생하는 것을 말한다.

60 공중위생감시원의 자격에 해당하지 않는 자는?
① 위생사 또는 환경기사 3급 이상의 자격증이 있는 자
② 외국에서 위생사 또는 환경기사 면허를 받은 자
③ 3년 이상 공중위생 행정에 종사한 경력이 있는 자
④ 대학에서 화학 화공학 환경공학 또는 위생학 분야를 전공하고 졸업한 자 또는 이와동등 이상의 자격이 있는 자

해설 | 위생사 또는 환경기사 2급 이상의 자격증이 있는 자

55 ② 56 ① 57 ② 58 ② 59 ① 60 ①

10회 • 출제예상문제

01 우리나라 피부미용 역사에서 피부보호제 겸 미백제로 면약이 사용되던 시대는?
① 고조선시대
② 삼국시대
③ 고려시대
④ 조선시대

해설 | 고려시대에는 면약을 남녀 모두 사용하였다.

02 피부 분석의 방법 중 촉진법을 통해 알 수 있는 피부상태는?
① 수분보유량
② 색소침착
③ 피부의 예민 상태
④ 알레르기 유무

해설 | 턱의 피부를 위로 올렸을 때 주름 형성으로 수분보유량 확인 가능

03 클렌징 과정 중 포인트 메이크업 제거시 주의 사항으로 옳은 것은?
① 콘텍트렌즈를 낀 상태로 시술한다.
② 아이라인을 제거할 때에는 밖에서 안으로 닦아낸다.
③ 마스카라를 짙게 한 경우 전용 리무버를 이용하여 부드럽게 닦아낸다.
④ 입술 화장을 제거할 때에는 윗입술, 아랫입술을 동시에 왼쪽에서 오른쪽으로 닦아낸다.

해설 | 마스카라는 전용 리무버를 이용하여 부드럽게 닦아낸다.

04 다음중 화학적 딥클렌징인 것은?
① 고마쥐   ② AHA
③ 효소   ④ 스크럽

해설 | 고마쥐, 스크럽은 물리적 / 효소는 생물학적 딥클렌징이다.

05 화장품 사용의 목적과 효과에 대한 설명으로 바르지 않은 것은?
① 세정작용
② 영양공급 및 신진대사저하작용
③ 피부 보호작용
④ 피부 정돈작용

해설 | 화장품 사용의 목적 및 효과는 세정 작용, 신진대사 활성화 작용, 영양공급, 피부 보호 작용이다.

06 피부유형에 맞추어 화장품 성분을 연결하였다. 잘못 연결된 것은?
① 건성피부-콜라겐, 레시틴, 히야루론산
② 여드름피부 - 살리실산, 유황, 클레이
③ 민감성 - 아줄렌, AHA, 판테놀
④ 모세혈관확장피부 - 비타민C, 비타민P

해설 | AHA는 모세혈관 확장피부, 민감한 부위는 주의를 한다.

07 매뉴얼테크닉의 기본 동작중 주무르기(유연법)의 손동작이 아닌 것은?
① 풀링(pulling)
② 롤링(rolling)
③ 처킹(chucking)
④ 태핑(tapping)

해설 | 태핑은 두드리기의 손동작이다.

01 ③   02 ①   03 ③   04 ②   05 ②   06 ③   07 ④

08 매뉴얼 테크닉을 실행하려고 한다. 적용이 가능한 피부 유형은?

① 외상 또는 염증이 있는 피부
② 모세혈관 확장피부
③ 위축된 피부
④ 심한 화농성 여드름 피부

해설 | 위축성 피부는 매뉴얼테크닉이 가능하다.

09 팩 마스크 제거시 필 오프 타입(Peel off Type)에 대한 설명이다. 아닌 것은?

① 건조 후 물로 씻어낸다
② 젤 또는 액체 형태이다.
③ 건조 후 얇은 필름 막 형성한다.
④ 아래에서 위 방향으로 제거한다.

해설 | 물로 닦아내는 것은 워시오프타입이다.

10 마스크의 종류에 따른 사용목적으로 알맞은 것은?

① 콜라겐 벨벳마스크 – 진피 수분 공급
② 고무 마스크 – 영양성분 침투
③ 석고 마스크 – 진정, 노폐물 흡착
④ 머드 마스크 – 모공 청결, 피지 흡착

해설 | 머드 마스크는 지성 피부의 피지와 노폐물 흡착에 효과적인 마스크로 모공 청결에 도움을 준다.

11 제모시 주의사항이 아닌 것은?

① 사마귀, 점 부위에 털이 난 경우 제모를 금한다.
② 정맥류, 혈관이상 증상이 있는 경우에는 제모를 금한다.
③ 제모 전에는 유분기와 땀이 없도록 물로 씻은 후에 한다.
④ 제모 후 24시간 내에는 피부 감염방지를 위하여 목욕 및 비누세안을 한다.

해설 | 제모 후 24시가 내에는 피부 감염방지를 위하여 목욕 및 비누세안 등을 하지 않는다.

12 림프드레나쥐의 주 대상이 되지 않는 피부는?

① 부종이 있는 셀룰라이트 피부
② 여드름이 있는 피부
③ 수술 후 상처 회복 환자
④ 만성적 염증성 질환자

해설 | 급성 혈전증, 만성적 염증성 질환, 심부전증, 천식의 경우에는 시술할 수 없다.

13 성장촉진, 생리대사의 보조기능, 면역강화 등의 역할을 하는 영양소는?

① 단백질
② 탄수화물
③ 지방
④ 비타민

해설 | 비타민은 신경안정 기능에도 영향을 준다.

14 모발의 색을 좌우하는 멜라닌이 가장 많이 함유하고 있는 곳은?

① 모피질
② 모수질
③ 모모세포
④ 모표피

해설 | 모피질은 멜라닌 색소를 가장 많이 함유하고 있다.

15 무기질의 기능이 아닌 것은?

① 체액의 삼투압 조절
② 체액의 pH 조절
③ 효소 작용의 촉진
④ 생리 작용 조절

해설 | 비타민: 생리 작용 조절작용

08 ③ 09 ① 10 ④ 11 ④ 12 ④ 13 ④ 14 ① 15 ④

16 원발진으로만 구성된 것은?

① 농포, 수포
② 홍반, 인설
③ 구진, 가피
④ 미란, 균열

해설 | 원발진: 반점, 홍반, 면포, 농포, 팽진, 구진, 수포, 결절, 종양, 낭종

17 일시적인 증상으로 가려움증을 동반하며 불규칙적인 모양을 한 피부는?

① 구진
② 결절
③ 팽진
④ 태선화

해설 | 팽진은 모기 등의 곤충에 물렸거나 두드러기, 알레르기 등의 피부 증상이다.

18 여드름 발생 원인과 거리가 먼 것은?

① 모낭 내 이상 각화
② 모낭내의 염증
③ 여드름균 증식
④ 아포크린 한선의 과다분비

해설 | 여드름은 피지 분비 과다로 인해 발생된다.

19 백반증의 원인에 대한 설명으로 맞는 것은?

① 후천적 탈색소 질환으로 원형 또는 타원형 또는 부정형의 흰색 반점이 나타남.
② 피부의 기능 저하로 피부가 얇게 되는 상태이다.
③ 긁어서 일어나는 표피의 결손이다.
④ 표피가 벗겨진 조직 결손이다.

해설 | ②위축 ③찰상 ④미란

20 입모근의 영향을 받는 것은?

① 자율신경계
② 체성신경계
③ 척수신경계
④ 뇌신경계

해설 | 입모근(기모근)은 자율신경계의 영향을 받으며 춥거나 무서울 때, 외부의 자극에 의해 수축이 되어 모발을 세운다.

21 비타민이 결핍되었을 때 발생하는 질병의 연결이 틀린 것은?

① 비타민B1 – 각기병
② 비타민A – 야맹증
③ 비타민D – 괴혈증
④ 비타민E – 불임증

해설 | 비타민D–구루병

22 모발이 모유두로 부터 완전히 분리하여 세포분열을 하지 않는 단계의 주기는?

① 3~4개월
② 3~4주
③ 5~6개월
④ 2개월

해설 | 모발이 모유두로 부터 완전히 분리하여 세포분열을 하지 않는 단계를 휴지기라 한다.

23 세포막을 통한 물질이동 방법 중 수동적 방법에 해당하는 것은?

① 음세포작용
② 능동수송
③ 확산
④ 식세포 작용

해설 | 세포막을 통한 수동적 이동 방법에는 확산, 삼투, 여과가 있다.

16 ① 17 ③ 18 ④ 19 ① 20 ① 21 ③ 22 ① 23 ③

24 다음 중 상피조직의 기능이 아닌 것은?

① 보호기능
② 결합기능
③ 흡수기능
④ 분비기능

해설 | 상피조직의 기능 : 보호기능, 분비기능, 흡수기능, 감각기능

25 다음 중 뼈의 기본구조가 아닌 것은?

① 골막
② 골외막
③ 골내막
④ 심막

해설 | 뼈의 기본구조는 골막(골외막, 골내막), 골조직(치밀골), 해면골, 골수강이 있으며 심막은 심장을 둘러싸고 있는 막이다.

26 심장근을 무늬모양과 의지에 따라 분류하면 옳은 것은?

① 횡문근, 수의근
② 횡문근, 불수의근
③ 평활근, 수의근
④ 평활근, 불수의근

해설 | 심장근은 가로무늬근이며 불수의근이다.

27 다음 중 웃을 때 사용하는 근육이 아닌 것은?

① 안륜근
② 구륜근
③ 대협골근
④ 전거근

해설 | 웃을 때 사용되는 근은 안륜근, 구륜근, 대협골근이며, 전거근은 흉근의 일종으로 견갑골의 외전에 관여한다.

28 신경계에 관련된 설명이 옳게 연결된 것은?

① 시냅스 - 신경조직의 최소단위
② 축삭돌기 - 수용기세포에서 자극을 받아 세포체에 전달
③ 수상돌기 - 단백질을 합성
④ 신경초 - 말초신경섬유의 재생에 중요한 부분

해설 | 신경조직의 최소단위는 뉴런, 축삭돌기는 세포로부터 받은 정보를 말초에 전달하며, 수상돌기는 외부자극을 받아 세포체에 정보를 전달한다.

29 소화기관에 대한 설명 중 틀린 것은?

① 위는 강알칼리의 위액을 분비한다.
② 이자(췌장)는 당 대사호르몬의 내분비선이다.
③ 소장은 영양분을 소화·흡수한다.
④ 대장은 수분을 흡수하는 역할을 한다.

해설 | 위는 강한 산성의 위액을 분비한다.

30 3대 영양소를 소화하는 모든 효소를 가지고 있으며, 인슐린(insulin)과 글루카곤(glucagon)을 분비하여 혈당량을 조절하는 기관은?

① 췌장
② 간장
③ 담낭
④ 충수

해설 | 췌장에서 분비하는 소화효소 : 트립신(단백질 분해), 아밀라아제(탄수화물 분해), 리파아제(지방 분해)

31 다음 중 간의 역할에 가장 적합한 것은?

① 소화와 흡수 촉진
② 담즙의 생선과 분비
③ 음식물의 역류 방지
④ 부신피질 호르몬 생산

24 ② 25 ④ 26 ② 27 ④ 28 ④ 29 ① 30 ① 31 ②

해설 | 간의 기능: 담즙분비, 혈액응고에 관여, 해독작용, 포도당을 글리코겐으로 저장, 지질분해, 단백질 형성과 분해

32 림프의 주된 기능은?

① 분비작용
② 면역작용
③ 체절보호작용
④ 체온보호작용

해설 | 림프의 주요 기능은 면역작용이다.

33 직류와 교류에 대한 설명으로 잘못된 것은?

① 교류는 갈바닉전류라 한다.
② 직류에는 평류전류와 단속평류전류가 있다.
③ 직류는 전류의 흐르는 방향이 시간의 흐름에 따라 변하지 않는다.
④ 교류는 정현파, 감응, 격동전류가 있다.

해설 | 교류는 태슬러 전류, 직류는 갈바닉 전류라고 한다.

34 확대경에 대한 설명으로 옳지 않은 것은?

① 눈에 아이패드를 착용하여야 한다.
② 색소침착, 모공상태 등을 관찰할 수 있다.
③ 전원의 작동은 고객의 얼굴 바로 위에서 실시한다.
④ 육안에 비해 5~10배 확대가 가능하다.

해설 | 전원 스위치는 고객과 적당한 거리를 확보한 후 스위치를 켠다.

35 스티머의 특징에 대한 설명이 아닌 것은?

① 오존 발생기가 부착된 경우 살균 및 소독 작용을 한다.
② 수증기를 통해 모공을 열어 노폐물을 제거하고 수분을 공급한다.
③ 피부타입에 따라 스티머의 시간을 조정한다.
④ 오존을 사용하지 않은 스티머를 사용하는 경우에도 아이패드는 반드시 사용한다.

해설 | 오존을 사용하지 않는 스티머를 사용할 경우 아이패드를 하지 않아도 된다.

36 다음은 갈바닉 기기에 대한 설명으로 틀린 것은?

① 같은 극끼리 밀어내고, 다른 극끼리 끌어 당기는 성질을 이용한 기기이다.
② 매우 낮은 전압의 갈바닉 교류를 이용한 것이다.
③ 극에 따라 서로 다른 효과가 있다.
④ 이온토포레시스를 사용하여 영양침투를 할 때는 (−)극을 먼저 한 후 (+)극으로 한다.

해설 | 매우 낮은 전압의 갈바닉 직류를 이용한 것이다.

37 고주파 직접법의 효과는?

① 살균 및 소독
② 심부열 발생
③ 혈액순환 촉진
④ 피부연화작용

해설 | 간접법 : 심부열 발생, 혈액순환 촉진, 피부연화작용

38 다음 중 적외선의 효과로 옳지 않은 것은?

① 체온 상승에 의해 땀이 발생한다.
② 질병에 대한 저항력이 강화된다.
③ 근육을 이완시켜 근육통치료에 도움이 된다.
④ 혈액이 유입되어 혈압이 상승한다.

해설 | 신진대사 촉진, 노폐물 배출, 온열효과, 근육이완, 통증완화 작용을 한다.

39 자외선 미용기기를 사용할 때의 주의사항으로 옳지 않은 것은?

① UV에 장시간 노출된 경우 피부가 노화되고 피부암을 유발할 수 있으므로 주의한다.
② 눈에는 보안경을 착용하여 눈을 보호한다.
③ 땀과 피지의 분비를 촉진시켜 활성물질의 흡수 작용을 돕는다.
④ 주로 소독, 멸균의 효과가 있다.

해설 | 땀과 피지의 분비를 촉진시켜 활성물질의 흡수 작용을 돕는 것은 적외선의 효과이다.

40 광선을 이용한 미용기기이다. 다른 것은?

① pH측정기
② 자외선 소독기
③ 적외선램프
④ 컬러테라피 기기

해설 | pH측정기는 팁침을 이용하여 피부의 산성도, 알칼리도를 측정 시 사용한다.

41 크림에 대한 설명으로 옳은 것은?

① 크림은 천연보호막을 만들어 주는 역할을 한다.
② 지성피부, 여름철 정상 피부에 사용한다.
③ 흡수가 빠르고 사용감이 가볍다.
④ 얇은 피막이 형성된다.

해설 | ②번 로션, ③번 에센스 ④번 팩

42 보습제 화장품으로 갖춰야할 조건으로 틀린 것은?

① 응고점이 낮을 것.
② 다른 성분과 혼용성이 좋을 것.
③ 적절한 보습력이 있을 것.
④ 환경의 변화에 쉽게 영향을 받을 것.

해설 | 보습제는 피부의 건조를 막아 피부를 촉촉하게 하는 물질로 수분을 끌어당기는 흡수능력과 수분보유 성질이 강해야 하며 피부와의 친화성이 좋아야 한다.

43 보습제의 종류가 아닌 것은?

① 프로필렌 글리콜
② 글리세린
③ 솔비톨
④ 레이크

해설 | 보습제의 종류로는 폴리올, 천연보습인자, 고분자 보습제가 있다.

44 화장품에 사용되는 방부제가 아닌 것은?

① 파라옥시안식향산메틸
② 파라옥신안식향산프로필
③ 이미디아졸리디닐 우레아
④ 벤조산

해설 | 방부제: 파라옥시향산에스테르(=파라벤류), 이미디아졸리디닐 우레아, 페녹시에탄올, 이소치아졸리논 등이 있다.

38 ④   39 ③   40 ①   41 ①   42 ④   43 ④   44 ④

45 미백화장품에 속하는 화장품의 원료가 아닌 것은?

① 알부틴
② 비타민 A
③ 비타민 C 유도체
④ 코직산

해설 | 비타민 A (레티놀): 피부재생, 주름개선

46 무기안료에 대해 틀린 것은?

① 일반적으로 내광성, 내열성이 양호하다.
② 유기용매에 잘 용해된다.
③ 무기안료를 광물성 안료라 한다.
④ 유기안료에 비해 색상의 선명도는 떨어진다.

해설 | 무기안료는 유기용매에 용해되지 않는다.

47 유화에 대한 설명으로 올바른 것은?

① 수중유형유화(O/W형)는 오일에 물이 섞여 있는 것을 말한다.
② 서로 혼합되지 않는 두 액체 중 다른 액체 속에 미세한 입자 형태로 분산되어 있는 상태를 말한다.
③ 미이크로에멀젼은 노란빛의 백탁을 나타낸다.
④ 유화제품은 립스틱, 마스카라 등이 있다.

해설 | 유화: 물에 오일 성분이 계면활성제에 의해 우윳빛으로 불투명하게 섞인 상태(백탁화)의 제품을 말한다.

48 희석법에 대한 설명으로 맞는 것은?

① 물에 희석한 후 분산성에 의해 판단한다.
② 시료를 기체화 후 이온으로 만들고 가속시켜 질량대 전하비에 따라 이온을 분리한다.
③ O/W형쪽이 W/O형보다 높다.
④ 수용성 염료나 유용성 염료의 용해도에 의해 판단한다.

해설 | ② 질량분석법 ③ 전기전도도법 ④ 염색법

49 가용화 기술을 사용한 화장품이 아닌 것은?

① 향수
② 헤어리퀴드
③ 헤어토닉
④ 마스카라

해설 | 마스카라는 분산 기술에 의한 화장품이다.

50 유기합성색소에 속하지 않는 것은?

① 레이크
② 유기안료
③ 착색안료
④ 염료

해설 | 유기합성색소는 염료, 레이크, 유기안료로 분류된다.

51 다음 중 군집독의 가장 큰 원인은?

① 공기의 이화학적 조성 변화
② 저기압
③ 대기오염
④ 질소증가

해설 | 군집독이란 일정한 공간의 실내에 수용범위를 초과한 많은 사람이 있는 경우 이산화탄소농도 증가, 기온상승, 습도증가, 염소가스 등으로 인해 두통, 현기증, 구토, 불쾌감 등의 생리적 현상을 일으키는 것을 말한다.

45 ② 46 ② 47 ② 48 ① 49 ④ 50 ③ 51 ①

52 실내에 다수인이 밀집한 상태에서 실내공기의 변화는?
① 기온 상승 – 습도 증가 – 이산화탄소 감소
② 기온 하강 – 습도 증가 – 이산화탄소 감소
③ 기온 상승 – 습도 감소 – 이산화탄소 증가
④ 기온 상승 – 습도 증가 – 이산화탄소 증가

해설 | 밀폐된 공간에서 다수인이 밀집해 있으면 기온, 습도, 이산화탄소가 모두 증가한다.

53 다음 중 공중보건사업의 대상으로 가장 적절한 것은?
① 지역사회 주민
② 입원 환자
③ 암투병 환자
④ 성인병 환자

해설 | 공중보건사업은 환자에 국한되지 않고 지역사회 주민 전체를 대상으로 한다.

54 세계보건기구(WHO)에서 규정된 건강의 정의를 가장 적절하게 표현한 것은?
① 육체적으로 완전히 양호한 상태
② 육체적, 정신적, 사회적 안녕이 완전한 상태
③ 질병이 없고 허약하지 않은 상태
④ 정신적으로 완전히 양호한 상태

해설 | 건강이란 단순히 질병이 없고 허약하지 않는 상태만을 의미하는 것이 아니라 육체적·정신적 건강과 사회적 안녕이 완전한 상태를 의미한다.

55 기생충과 전파 매개체의 연결이 옳은 것은?
① 페디스토마 – 가재
② 간디스토마 – 바다회
③ 무구조충 – 돼지고기
④ 광절열두조충 – 쇠고기

해설 | 무구조충 – 쇠고기 / 간디스토마 – 담수어 / 광절열두조충 – 물벼룩

56 소독에 대한 설명으로 가장 옳은 것은?
① 아포형성균을 사멸한다.
② 세균의 포자까지 사멸한다.
③ 감염의 위험성을 제거하는 비교적 약한 살균작용이다.
④ 모든 균을 사멸한다.

해설 | 소독은 병원성 또는 비병원성 미생물 및 포자를 사멸하는 멸균보다 약한 살균작용이다.

57 다음 중 건열멸균에 관한 내용이 아닌 것은?
① 160℃에서 1시간 30분 정도 처리한다.
② 주로 건열멸균기 [dry oven]를 사용한다.
③ 유리기구, 주사침 등의 처리에 이용된다.
④ 화학적 살균 방법이다.

해설 | 건열멸균은 물리적 소독 방법이다.

58 병원에서 감염병 환자가 퇴원 시 실시하는 소독법은?
① 종말소독
② 반복소독
③ 수시소독
④ 지속소독

해설 | 소독과 시기에 따른 분류
• 지속소독법 : 감염병이 발생했을 때 간접 접촉으로 인해 발생하는 것을 예방하기 위해 반복적으로 소독하는 방법

52 ④   53 ①   54 ②   55 ①   56 ③   57 ④   58 ①

- 종말소독법 : 환자가 완치로 퇴원하거나 사망 후 또는 격리 수용된 전염원을 완전히 제거하기 위해 소독하는 방법
- 예방소독법 : 질병의 예방을 위해서 소득하는 방법

59 다음 중 넓은 지역의 방역용 소독제로 적당한 것은?

① 역성비누액
② 알코올
③ 과산화수소
④ 석탄산

해설 | 석탄산의 용도
- 고무제품, 의류, 가구, 배설물 등의 소독에 적합
- 넓은 지역의 방역용 소독제로 적합

60 예방접종(Vaccine)으로 획득되는 면역의 종류는?

① 인공수동면역
② 인공능동면역
③ 자연수동면역
④ 자연능동면역

해설 | 예방접종을 통해 형성되는 면역은 인공능동면역이다.

59 ④   60 ②

11회 • 출제예상문제

01 우리나라 피부미용이 도입된 시기는?
① 1970년대
② 1980년대
③ 1990년대
④ 2000년대

해설 | 우리나라 피부미용은 1971년에 명동에 최초로 미가람이라는 피부관리실 생김

02 피부미용사의 피부분석 방법으로 옳지 않은 것은?
① 문진
② 촉진
③ 견진
④ X-레이

해설 | 피부분석 방법은 문진, 견진, 촉진, 기기이다.

03 클렌징시 주의해야 할 사항 중 틀린 것은?
① 포인트 클렌징 제거시 자극이나 주름이 생성되지 않도록 한다.
② 클렌징 제품 사용은 피부 타입에 맞게 선택한다.
③ 콘텍트렌즈 착용 후 시술한다.
④ 클렌징은 자극 없이, 깨끗이, 빠르게 시술한다.

해설 | 클렌징 시에는 콘텍트렌즈를 빼고 시술한다.

04 딥클렌징을 분류를 바르게 연결한 것은?
① 고마쥐- 화학적 각질관리
② 스크럽 - 물리적 각질관리
③ 효소 - 물리적 각질관리
④ AHA - 생물학적 각질관리

해설 | 고마쥐, 스크럽-물리적 / 효소-생물학적/ AHA-화학적

05 피부상담을 하는 효과로 거리가 먼 것은?
① 자가 피부 관리의 조언을 하기 위해서이다.
② 고객의 방문 목적을 파악하기 위해서이다.
③ 피부 관리실의 홍보를 위해서이다.
④ 고객의 피부 문제 파악하기 위해서이다.

해설 | 피부 관리실의 홍보는 마케팅 전략이다.

06 중성피부에 맞는 화장품 사용 방법이 아닌 것은?
① 가장 이상적인 피부로 유분과 수분의 균형을 유지시켜 준다.
② 모든 타입의 클렌저를 사용할 수 있다.
③ 팩이나 마스크는 유중수형(W/O)의 제품을 이용하여 피부를 윤기 있게 한다.
④ 계절, 연령에 맞게 화장품을 선택하여 관리한다.

해설 | 팩이나 마스크는 수중유형(O/W)의 제품을 선택하여 보습효과를 준다.

07 피지선과 한선의 기능 저하로 피부표면이 항상 건조하고 윤기가 없으며 겨울철에 각질이 많이 생기는 피부 유형은?
① 중성피부
② 건성피부
③ 지성피부
④ 민감성피부

01 ① 02 ④ 03 ③ 04 ② 05 ③ 06 ③ 07 ②

해설 | 피지선과 한선의 기능 저하로 피부에 유분과 수분이 부족한 피부는 건성피부이다.

08 매뉴얼테크닉 기본 동작 중 두드리기의 손동작에 대한 설명으로 잘못된 것은?

① 태핑(tapping): 손가락의 바닥면을 이용하여 두드리는 동작
② 슬래핑(slapping) : 손바닥을 이용하여 오목하게 두드리는 동작
③ 커핑(cupping) : 손의 바깥 옆면이나 손등을 이용하여 두드리는 동작
④ 비팅(beating) : 주먹을 가볍게 쥐고 두드리는 동작

해설 | 커핑은 손바닥을 오목하게 하여 두드리는 동작 / 해킹은 손의 바깥옆면이나 손등을 이용하여 두드리는 동작

09 팩 마스크의 목적이 아닌 것은?

① 수분과 영양 공급
② 신진대사와 혈액순환 촉진
③ 노폐물 제거와 청정작용
④ 잔주름 치료

해설 | 팩 마스크는 잔주름 완화와 방지효과가 있다

10 모델링 마스크의 특징이 아닌 것은?

① 해초에서 추출한 알긴산이 주성분이다.
② 민감성 피부, 여드름 피부는 피하는 것이 좋다.
③ 신진대사 촉진하고 피부 진정, 수분공급, 소염, 재생 효과가 뛰어나다.
④ 노폐물을 제거한다.

해설 | 민감성 피부, 여드름 피부에 효과적이다.

11 제모의 목적이 아닌 것은?

① 불필요한 털을 제거한다.
② 피부를 부드럽게 하기 위해서이다
③ 미용의 욕구를 상승 시킨다
④ 미백효과를 주기 위해서이다

해설 | 제모는 신체의 털을 미용적 저해 요소가 될 때 털을 제거하여 미용의 욕구를 상승 시키기 위함이다.

12 림프의 순환을 촉진시켜 대사물질의 노폐물을 체외로 배출시키는 것을 돕고 조직의 대사를 원활하게 해주는 마사지 기법은?

① 림프 드레나쥐
② 경락마사지
③ 아로마 마사지
④ 발반사요법

해설 | 림프드레나지는 노폐물과 독소 및 과도한 체액의 배출을 돕는 마사지 기법이다.

13 진피에 존재하는 세포가 아닌 것은?

① 섬유아세포
② 대식세포
③ 비만세포
④ 머켈세포

해설 | 머켈세포는 표피의 기저층에 위치한다.

14 피부의 기능 중 보호 기능의 설명으로 틀린 것은?

① 물리적 자극: 압력, 충격, 마찰 등 외부 자극으로부터 방어기능을 한다.
② 화학적 자극: 피부표면의 피지막과 각질층의 케라틴 단백질이 화학물질에 대한 저항성을 나타낸다.
③ 태양광선에 대한 보호: 멜라닌 색소는 자외선으로부터 피부 손상을 막아준다.

08 ② 09 ④ 10 ② 11 ④ 12 ① 13 ④ 14 ④

④ 세균 침입에 대한 보호기능: 랑게르한스 세포는 병원균에 대한 항원을 생산하여 면역을 강화한다.

해설 | 세균 침입에 대한 보호기능: 랑게르한스 세포는 병원균에 대한 항체를 생산하여 면역을 강화한다.

15 모발 형태에 대한 설명 중 틀린 것은?

① 연모: 성인 피부의 대부분을 덮고 있는 섬세한 털
② 취모: 부드럽고 섬세한 엷은 색의 털
③ 성모: 머리카락, 눈썹, 수염, 겨드랑이, 음모
④ 단모: 짧은털(눈썹, 속눈썹, 수염)

해설 | 장모: 긴 털(머리카락, 수염, 음모)

16 모발의 성장주기로 맞는 것은?

① 성장기 〉 퇴화기 〉 휴지기
② 퇴화기 〉 휴지기 〉 성장기
③ 휴지기 〉 성장기 〉 퇴화기
④ 성장기 〉 휴지기 〉 퇴화기

해설 | 모발의 성장주기: 성장기 〉 퇴화기 〉 휴지기

17 3대 영양소 중 지방에 대한 설명이 틀린 것은?

① 지용성 비타민의 흡수촉진을 한다.
② 혈액 내 콜레스테롤 축적을 방해한다.
③ 신체의 장기를 보호하고 피부의 재생을 도와준다.
④ 면역세포와 항체를 형성한다.

해설 | 면역세포와 항체를 형성하는 것은 단백질이다.

18 수용성 비타민에 해당하지 않는 것은?

① 비타민 B1
② 비타민 B5
③ 비타민 K
④ 비타민 C

해설 | 지용성 비타민: 비타민 A, 비타민 D, 비타민 E, 비타민 K

19 케라틴 합성에 관여하며 결핍 시 모발, 손·발톱에 윤기가 없고 거칠어지는 영양소는?

① 황(S)　　　　② 아연(Zn)
③ 요오드(I)　　④ 인(P)

해설 | 황(S)은 케라틴 합성에 관여(모발, 손·발톱)한다.

20 직경 1cm 미만의 액체를 포함한 물집이며 화상, 포진, 접촉성 피부염 등에서 볼 수 있는 피부는?

① 팽진　　　　② 소수포
③ 낭종　　　　④ 농포

해설 | 소수포는 크기나 형태가 변하고 수시간 내에 소멸한다.

21 압력에 의해 발생 되는 각질층의 증식 현상으로 중심핵을 가지고 있으며 통증을 동반하는 피부 질환은?

① 굳은살　　　② 동상
③ 티눈　　　　④ 욕창

해설 | 티눈은 발바닥이나 발가락에 많이 발생한다.

22 적외선 램프 사용 시 주의할 점이 아닌 것은?

① 아이패드를 착용하여 눈을 보호한다.
② 피부와 40~70cm 정도의 적당한 간격을 유지하여 사용한다.

15 ③　16 ①　17 ④　18 ③　19 ①　20 ②　21 ③　22 ③

③ 조사시간은 40분 정도를 유지한다.
④ 관리 과정 중 고객을 관찰하면서 거리와 각도 등을 조절한다.

해설 | 조사시간은 20분 정도를 유지한다.

23 다음 중 해부학에 대한 설명으로 틀린 것은?
① 생물학의 한 분야이다.
② 해부학 중 현미경을 이용해 관찰하는 것을 조직학이라고 한다.
③ 인체의 구조와 각 조직의 형태 및 상호 위치를 파악하는 것이다.
④ 인체 기관의 기능을 연구하는 것이다.

해설 | 인체기관의 특유한 기능을 연구하는 학문은 생리학이다.

24 뼈의 형태에 따른 분류와 그 예를 연결한 것이다. 옳게 연결된 것은?
① 장골 – 비골
② 단골 – 요골
③ 편평골 – 척추골
④ 불규칙골 – 족근골

해설 | ②요골: 장골, ③척추골: 불규칙골, ④족근골 : 단골

25 다음 중 세포 ATP를 생성하고 호흡을 담당하는 곳은?
① 소포체
② 미토콘드리아
③ 리소좀
④ 골지체

해설 | 미토콘드리아는 ATP를 생산하고 세포호흡의 주된 기관이다.

26 근육은 어떤 작용으로 움직일 수 있는가?
① 수축에 의해서만 움직인다.
② 이완에 의해서만 움직인다.
③ 수축과 이완에 의해서 움직인다.
④ 성장에 의해서만 움직인다.

해설 | 근육은 수축과 이완으로 움직인다.

27 맑고 투명한 연골로 인체에 가장 많이 분포하는 것은?
① 섬유연골
② 탄력연골
③ 초자연골
④ 관절연골

해설 | 초자연골은 인체에서 가장 많은 연골로 맑고 투명하며, 뼈의 형태를 지지하고 보호하는 역할을 한다.

28 다음 중 소화기관이 아닌 것은?
① 구강   ② 인두
③ 기도   ④ 간

해설 | 소화기관은 구강, 인두, 식도, 위, 소장, 대장, 직장, 간, 담낭, 췌장이다.

29 다음 중 교감신경이 활발했을 때 몸의 반응은 어떻게 나타나는가?
① 연동운동 촉진
② 심장박동수 억제
③ 소화선의 분비 촉진
④ 입모근의 수축

해설 | 교감신경이 활발했을 때, 연동운동은 억제, 심장박동수 증가, 소화선의 분비 억제, 입모근 수축 등의 반응을 보인다.

23 ④   24 ①   25 ②   26 ③   27 ③   28 ③   29 ④

30 다음 중 혈액 성분과 작용이 바르게 연결된 것은?

① 혈장 – 고체성분이다.
② 백혈구 – 세균으로부터 신체를 보호한다.
③ 적혈구 – 지혈 및 응고작용에 관여한다.
④ 혈소판 – 산소를 운반하는 헤모글로빈을 함유한다.

해설 | 백혈구는 식균작용을 하며, 세균을 소화시켜 신체를 방어한다.

31 혈액 중 산소를 운반하는 것은?

① 혈소판　　② 적혈구
③ 백혈구　　④ 림프구

해설 | 적혈구의 헤모글로빈에서 산소를 운반한다.

32 뇌신경과 척수신경은 각각 몇 쌍인가?

① 뇌신경 – 12, 척수신경 – 31
② 뇌신경 – 11, 척수신경 – 31
③ 뇌신경 – 12, 척수신경 – 30
④ 뇌신경 – 11, 척수신경 – 30

해설 | 뇌신경은 12쌍, 척수신경은 31쌍이다. 뇌신경과 척수신경을 합하여 체성신경이라 한다.

33 직류에 대한 설명이다. 틀린 것은?

① 극성과 크기가 일정하다.
② 변압기에 의한 조절이 불가능하다.
③ 전류의 방향과 크기가 시간의 흐름에 따라 주기적으로 변하는 전류이다.
④ 시간의 흐름에 따라 변하지 않고 한쪽 방향으로만 이동하는 전류이다.

해설 | 전류의 방향과 시간의 흐름에 따라 주기적으로 변하는 전류는 교류이다.

34 확대경 사용시 주의사항에 대한 설명으로 틀린 것은?

① 클렌징을 하지 않고 실시해야 정확한 분석이 가능하다.
② 형광램프는 고객이 얼굴위에서 켜지 않고 15~20cm 정도 거리를 두고 스위치를 켠다.
③ 확대경은 어두운 곳보다는 밝은 곳에서 사용한다.
④ 고객의 눈을 보호하기 위해 반드시 아이패드를 사용한다.

해설 | 클렌징을 깨끗이 한 상태에서 피부분석을 실시한다.

35 스티머 사용시 피부상태에 따라 스티머와 피부 거리, 사용시간이 피부유형에 따라 각각 다르다. 틀린 것은?

① 노화, 건성, 지성피부　　30cm　　15분
② 정상피부　　35cm　　10분
③ 모세혈관확장피부, 여드름 피부
　　　　　　　40~50cm 5분
④ 민감성, 알레르기성피부 30cm　　15분

해설 | 민감성, 알레르기성 피부는 40~50cm, 5분이 적당하다.

36 다음 중 디스인크러스테이션에 대한 효과가 아닌 것은?

① 노폐물 배출 촉진
② 모낭 내 피지 및 각질 제거
③ 색소침착 방지 및 미백효과
④ 혈액 및 림프 순환 촉진

해설 | 혈액 및 림프순환 촉진은 이온영동법 효과이다.

30 ②　31 ②　32 ①　33 ③　34 ①　35 ④　36 ④

37 고주파 직접법에 대한 설명으로 틀린 것은?
① 전극봉을 고객에게 잡게 하고 관리한다.
② 고객의 피부에 유리관을 직접 대고 시술한다.
③ 마른 거즈를 대고 원을 그리면서 5~7분 정도 관리한다.
④ 스파킹 효과로 여드름 피부에 효과적이다.

해설 | 고객이 전극봉을 잡게 하는 것은 간접법이다.

38 적외선에 대한 설명으로 옳은 것은?
① 온열 작용에 의해 유효성분 침투용이
② 홍반반응 및 색소침착과 피부상태 개선
③ 비타민 D 생성작용
④ 진통 완화 및 전신 강장 효과

해설 | ②③④은 자외선에 대한 설명이다.

39 저주파 기기에 대하여 설명이 잘못된 것은?
① 1~1,000Hz이하의 전류로 전기 자극을 가하여 지방을 에너지로 생성시킨다.
② 체내 금속 부착자, 근육계 손상이 있는 사람에게도 효과가 매우 높다.
③ 패드 부착시 반드시 근육 점을 정확히 파악하여 부착한다.
④ 스폰지에 물이 많으면 관리 시 통증을 유발한다.

해설 | 체내 금속 부착자, 임산부, 신장 및 신장 질환자, 근육계 손상이 있는 자는 부적합

40 피부 미용기기 중 피부 노폐물의 배설을 촉진시키고 비타민 D 생성에 도움이 되는 기기로 적합한 것은?
① 자외선램프
② 적외선램프
③ 갈바닉기기
④ 컬러테라피기

해설 | 자외선램프는 노폐물의 배설 촉진, 비타민 D 생성에 도움이 된다.

41 아로마에센셜 오일의 추출법이 아닌 것은?
① 수증기 증류법
② 압착법
③ 용매 추출법
④ 분산법

해설 | 아로마에센셜 오일의 추출법: 수증기 증류법, 용매 추출법, 압착법, 침윤법, 이산화 탄소 추출법

42 남성용 정발제로 반고체 상태의 젤리 형태로 되어 있는 제품은?
① 헤어스프레이
② 헤어무스
③ 포마드
④ 헤어 젤

해설 | 포마드는 반고체 상태의 젤리 형태로 되어 있다

43 손톱 주변의 죽은 세포를 정리하거니 제거하는 것은?
① 큐티클 리무버
② 에나멜 리무버
③ 베이스 코트
④ 탑 코트

해설 | 큐티클 리무버는 손톱을 아름답게 보호하기 위해 사용한다.

44 에센셜 오일에 대한 주의 사항이 아닌 것은?
① 희석하지 않은 원액의 정유를 피부에 바로 사용하지 않는다.
② 투명 유리병에 보관하고 반드시 뚜껑을 닫아 보관한다.
③ 서늘하고 어두운 곳에 보관한다.
④ 사용하기전에 미리 첩포 테스트를 한다.

해설 | 갈색 유리병에 보관하고 반드시 뚜껑을 닫아 보관한다.

45 미네랄, 비타민, 단백질이 풍부하며 피부 연화작용이 있어 거칠고 건조한 피부, 튼살 등에 사용되는 오일은?
① 호호바 오일
② 아몬드 오일
③ 아보카도 오일
④ 올리브 오일

해설 | 아몬드 오일은 비타민 A와 E가 풍부하다.

46 티로신의 산화를 촉매하는 티로시나제의 작용을 억제하는 물질이 아닌 것은?
① 감초
② 코직산
③ 닥나무 추출물
④ 하이드로퀴논

해설 | 하이드로퀴논: 멜라닌 세포 자체를 사멸시키는 물질

47 주름개선 성분이 아닌 것은?
① 레티놀
② 아데노신
③ 알부틴
④ 항산화제

해설 | 주름개선 성분: 레티놀, 아데노신, 항산화제, 베타카로틴

48 헤어 블리치로 모발의 색을 빼는 것은?
① 염모제
② 탈색용
③ 퍼머넌트용
④ 헤어 블로우

해설 | 헤어 블리치: 두발의 진한 색을 원하는 색조로 밝고 엷게 한다.

49 밀 배아에서 추출하고 비타민 E를 함유하고 있어 항산화 작용을 하는 식물성 오일은?
① 맥아유
② 아몬드유
③ 아보카도유
④ 살구씨유

해설 | 맥아유는 혈액순환을 돕는다

50 화장품의 기원으로 틀리게 연결된 것은?
① 보호설: 자연으로부터 몸을 보호하기 위한 목적
② 이성 유인설: 아름다워지고자 하는 본능에 따른 욕망
③ 신분표시설: 남녀의 구별, 사회적 계급, 종족, 신분을 구별하기위한 목적
④ 종교설: 신에게 경배나 제사를 드리기 위한 목적

해설 | 미화설: 아름다워지고자 하는 본능에 따른 욕망

44 ② 45 ② 46 ④ 47 ③ 48 ② 49 ① 50 ②

51 결핵환자의 객담을 효과적이게 처리할 수 있는 소독법은?

① 소각법
② 크레졸 소독
③ 방사선 멸균법
④ 여과멸균법

해설 | 오물은 소각으로 가장 강력한 멸균이 된다.

52 DTP 접종에 해당되지 않는 것은?

① 홍역
② 디프테리아
③ 백일해
④ 파상풍

해설 | MMR: 홍역, 유행성 이하선염, 풍진

53 예방접종에 있어서 사균백신을 사용하지 않은 감염병은?

① 장티푸스
② 파라티푸스
③ 콜레라
④ 탄저

해설 | 사균백신: 장티푸스, 파라티푸스, 콜레라, 일본뇌염, 폴리오

54 자비소독 시 살균력을 강하게 하고 금속 자재가 녹스는 것을 방지하기 위해 첨가하는 제품이 아닌 것은?

① 0.3% 승홍수
② 2% 크레졸 비누액
③ 2% 중조
④ 5% 석탄산

해설 | 승홍수는 금속을 부식 시킬 수 있다.

55 300만원 이하의 벌금에 해당하지 않는 것은?

① 면허가 취소된 후 계속하여 업무를 행한 자
② 면허정지기간 중에 업무를 행한 자
③ 면허를 받지 않고 이용 또는 미용의 업무를 행한 자
④ 공중위생업의 변경 신고를 하지 아니한 자

해설 | 6개월 이하의 징역 또는 500만원 이하의 벌금: 공중위생업의 변경 신고를 하지 아니한 자

56 점빼기 · 귓불뚫기 · 쌍꺼풀수술 · 문신 · 박피술 그밖에 이와 유사한 의료행위를 한때 2차 위반시 행정처분은?

① 개선명령
② 영업정지 2월
③ 영업정지 3월
④ 영업장 폐쇄명령

해설 | 1차 위반: 영업정지 2월
2차 위반: 영업정지 3월
3차 위반: 영업장 폐쇄명령

57 이 미용사의 면허증의 재교부 사유가 아닌 것은?

① 면허증이 헐어서 사용 못하게 되었을 때
② 면허증의 기재사항 변경시
③ 면허증 분실시
④ 면허증이 더러워 졌을 때

해설 | 재교부신청: 면허증의 기재사항 변경 시, 면허증 분실 또는 훼손 시

58 신고를 하지 아니하고 영업소의 소재지를 변경한 때 1차 행정처분은?

① 개선명령
② 영업정지 2월
③ 영업정지 3월
④ 영업장 폐쇄명령

해설 | 신고를 하지 아니하고 영업소의 소재지를 변경한 때 1차 행정처분은 영업장 폐쇄명령이다.

59 손님에게 성매매알선 등 행위(또는 음란행위)를 하게 하거나 이를 알선 제공 시 영업소에 행하는 2차 위반 행정처분은?

① 개선명령
② 영업정지 2개월
③ 영업정지 3개월
④ 영업장 폐쇄명령

해설 | 1차위반: 영업정지 3개월
2차위반: 영업장 폐쇄명령

60 과태료의 부과·징수를 할 수 있는 자는?

① 시장·군수·구청장
② 시·도지사
③ 행정자치부장관
④ 세무서장

해설 | 과태료는 대통령령으로 정하는 바에 따라 보건복지부 장관 또는 시장·군수·구청장이 부과·징수한다.

58 ④   59 ④   60 ①

12회 · 출제예상문제

01 다음은 피부미용사가 갖추어야 할 조건이다. 아닌 것은?

① 위생적이며 단정하여야 한다.
② 고객을 배려하고 신뢰감을 부여하다.
③ 피부미용의 전문지식을 습득한다.
④ 전문가임을 자처하는 강한 프로 의식을 갖추도록 한다.

해설 | 전문지식을 습득하고 트렌드에 맞는 관리기법을 익혀 예의바르고 친절하게 응대한다.
강한 프로의식은 고객이 거부감을 느낄 수 있어 주의해야한다.

02 피부상태 분석 방법으로 옳지 않은 것은?

① 유분 함유량
② 모공크기
③ 혈액순환상태
④ 셀룰라이트 크기

해설 | 피부상태 분석방법으로는 유·수분 함유량, 탄력도, 각질화상태, 모공크기, 혈액순환 상태

03 클렌징에 대한 설명으로 옳은 것은?

① 스킨케어의 기본 단계로 피지, 각질, 땀 등의 노폐물을 제거하는 과정이다.
② 모공 깊숙이 있는 불순물을 제거하는 과정이다.
③ 미백효과 및 주름관리가 목적이다.
④ 노화된 각질을 제거한다.

해설 | 노화된 각질, 모공 깊숙이 있는 불순물을 제거하는 과정은 딥클렌징에 대한 설명이며, 미백효과 및 주름관리는 클렌징과는 관계가 없다.

04 다음 중 물리적인 딥클렌징이 아닌 것은?

① 스크럽
② 효소
③ 프리마돌
④ 고마쥐

해설 | 효소는 생물학적 딥클렌징이다

05 건성피부 관리법으로 바르지 않은 것은?

① 알코올 성분이나 유황이 함유된 화장품을 사용한다.
② 사우나나 열탕에서 장시간 보내지 않는다.
③ 유분기가 있는 크림타입의 클렌저를 사용하며 미지근한 물로 세안한다.
④ 엘라스틴, 아줄렌, 아미노산 등이 함유된 화장품을 사용한다.

해설 | 아줄렌은 민감성 피부에 사용할시 효과적이다.

06 피지분비조절 기능과 면역기능이 저하되어 가벼운 자극에도 예민하게 반응하는 피부 유형은?

① 중성피부
② 건성피부
③ 지성피부
④ 민감성피부

해설 | 민감성 피부는 피지분비조절기능과 면역기능이 저하되어 조그마한 자극에도 예민하게 반응한다.

01 ④　02 ④　03 ①　04 ②　05 ④　06 ④

07 **메뉴얼테크닉시 유의사항으로 잘못설명된 것은?**
① 피부타입의 상태에 따라 동작을 조절한다.
② 일광으로 붉어진 피부에 매뉴얼테크닉을 사용한다.
③ 시술자의 손은 고객의 피부 온도에 맞추어 따뜻한 상태를 유지한다.
④ 고객과의 대화는 삼간다.

해설 | 일광으로 붉어진 피부에는 매뉴얼테크닉을 사용하지 않는다.

08 **워시오프타입(mWash off Type)에 대한 설명으로 옳은 것은?**
① 도포 후 얇은 필름막이 형성되면 티슈나 스펀지로 닦아내는 타입
② 팩(마스크) 제거 시 불순물, 먼지, 죽은 세포가 제거되는 효과
③ 피지 분비가 많은 지성 피부에 적합
④ 적당한 긴장감과 자극을 원하는 경우 사용

해설 | ②③④은 필오프 타입에 대한 설명이다

09 **비타민 C가 함유된 팩의 주된 효과가 아닌 것은?**
① 항산화 작용
② 콜라겐 합성에 의한 세포 재생
③ 미백효과
④ 피부 진정효과

해설 | 비타민 C는 항산화 작용에 의해 미백에 효과적이며 세포재생을 유도한다.

10 **왁스를 이용한 제모의 부적용증과 가장 거리가 먼 것은?**
① 궤양이나 종기가 있는 피부
② 혈전이나 정맥류가 있는 피부
③ 자외선이나 화상을 입은 피부
④ 신부전증 환자

해설 | 신부전증은 제모의 부적용증과 거리가 멀다.

11 **림프마사지를 금해야 하는 대상은?**
① 셀룰라이트 피부
② 염증이 있는 여드름 피부
③ 급성 혈전증, 만성적 염증성 질환
④ 수술 후 상처회복 자

해설 | 급성 혈전증, 만성적 염증성 질환, 심부전증, 천식의 경우는 금해야한다.

12 **습포에 대한 설명으로 틀린 것은?**
① 젖은 상태의 수건을 말한다.
② 습포란 뜨거운 온습포를 말한다.
③ 습포에 사용되는 타월은 항상 삶아 사용한다.
④ 관리에서는 닦아내는 방법으로 사용한다.

해설 | 습포는 냉·온습포로 나눈다.

13 **제모시 왁스를 도포하는 방향으로 올바른 것은?**
① 털이 자라는 방향
② 털이 자란 반대방향
③ 털이 자란 반대방향에서 45℃ 기울인다
④ 털이 자란 방향과는 전혀 관계없다

해설 | 털이 자라는 방향으로 도포한다.

14 **아로마 테라피의 효능이 아닌 것은?**
① 약리작용
② 박리작용
③ 항균작용
④ 항염작용

07 ② 08 ① 09 ④ 10 ④ 11 ② 12 ② 13 ① 14 ②

해설 | 아로마테라피는 육체적, 정신적 자극을 조절하여 면역력을 향상시켜 신체 건강을 유지 및 증진시킨다.

15 파우더의 기능으로 틀린 것은?

① 색조의 뭉침을 방지해준다.
② 잡티를 제거해준다
③ 화장의 지속력을 유지해준다.
④ 유분기를 제거해준다.

해설 | 파운데이션 : 주근깨 기미 등 결점을 커버해 준다.

16 부드러운 촉감으로 피부에 매끄럽게 잘펴져 생동감을 주는 파우더의 특성은?

① 부착성
② 신전성
③ 피복성
④ 착색성

해설 | 부착성: 피부에 장시간 부착
피복성: 기미나 주근깨 등을 감추어 피부색 조정
착색성: 적절한 광택 유지, 자연스런 피부색 조정

17 프라이머에 대한 설명으로 옳은 것은?

① 피부 결을 정돈해 파운데이션의 밀착력 높은 발림성과 매끈한 피부표현에 도움을 준다.
② 피부 표현의 마지막 단계에 사용하는 제품이다.
③ 파운데이션을 바른 후 번들거림을 방지하여 메이크업을 고정시킨다.
④ 피부보정을 해준다.

해설 | 프라이머: 피부 위의 미세한 요철을 메워 실크처럼 매끈한 피부를 만들어 주는 역할을 한다.

18 폴리시를 바르기 전에 손톱에 바르는 투명한 액체의 화장품은?

① 베이스 코트
② 탑코트
③ 네일 폴리시
④ 오일

해설 | 베이스코트는 자연 네일의 변색, 오염 및 착색 방지, 유색칼라를 밀착시켜주는 역할을 한다.

19 자외선 차단지수(SPF)에서 자외선 감수성을 나타내는 지표로 이용되는 MED는?

① 최대홍반량
② 최소홍반량
③ UV-A
④ UV-C

해설 | 최소홍반량(MED): 자외선이 최초로 홍반을 일으키는데 필요한 자외선의 최소량을 말하며, 개인에 따라 피부색깔, 날씨, 일광조사 조건 등에 따라서도 달라진다.

20 셀룰라이트를 예방하고 혈액순환을 도와 노폐물 배출을 도와주는 제품은?

① 바디 스크럽
② 바디 클렌저
③ 슬리밍 제품
④ 바디 젤

해설 | 셀룰라이트: 몸 안의 노폐물과 지방 덩어리가 특정한 부위에 뭉쳐있는 상태

21 비타민이 피부에 미치는 영향은?

① 광선에 대한 저항력 약화
② 피지분비 조절
③ 혈관수축으로 염증 완화
④ 멜라닌 색소 생성 억제

해설 | 비타민 C기능: 항산화제로 작용, 콜라겐 생성에 관여, 유해산소의 생성 봉쇄

15 ②　　16 ②　　17 ①　　18 ①　　19 ②　　20 ③　　21 ④

22 고분자 보습제에 속하지 않는 것은?
① 젖산
② 가수분해 콜라겐
③ 히아루론산염
④ 콘드로이친 황산염

해설 | 젖산은 천연보습인자(NMF)에 속한다.

23 내인성 노화에 대한 설명으로 틀린 것은?
① 표피 두께가 얇아지고 각질 형성세포 크기가 커짐
② 랑게르한스 세포의수 감소
③ 태양광선 등 외부환경의 노출에 의한 노화
④ 안드로겐의 감소로 피지 분비가 줄어 피부가 건조해짐

해설 | 태양광선 등 외부환경의 노출에 의한 노화는 광노화 이다.

24 세포막에 대한 설명으로 틀린 것은?
① 핵을 둘러싸고 세포질과의 경계를 긋는다.
② 세포막은 단백질과 지질로 구성된 얇은 막이다.
③ 세포막은 물질수송을 조절한다.
④ 세포막은 인접세포를 인식한다.

해설 | 핵막은 핵을 둘러싸고 세포질과의 경계를 긋는다.

25 두개골(Skull)을 구성하는 뼈로 알맞은 것은?
① 미골   ② 늑골
③ 사골   ④ 흉골

해설 | 두개골은 전두골, 후두골, 두정골, 접형골, 측두골, 사골

26 골격근에 대한 설명으로 맞는 것은?
① 뼈가 부착되어 있으며 근육이 횡문과 단백질로 구성되어 있고, 수의적 활동이 가능하다.
② 골격근은 일반적으로 내장벽을 형성하여 위와 방광 등의 장기를 둘러싸고 있다.
③ 골격근은 줄무늬가 보이지 않아서 민무늬근 이라고 한다.
④ 골격근은 움직임, 자세유지, 관절안정을 주며 불수의근이다.

해설 | 골격근은 수의근이며 근육이 횡문과 단백질로 구성되어 있고 뼈에 부착되어 있다.

27 다음 중 심장근에 대한 설명으로 잘못된 것은?
① 횡문근이다.
② 자율신경의 영향을 받는다.
③ 심장근은 수의근이다.
④ 인체에서 가장 운동량이 많은 근육이다.

해설 | 심장은 자율신경의 지배를 받는 불수의근이다.

28 안륜근의 설명으로 맞는 것은?
① 뺨의 벽에 위치하며 수축하면 뺨이 안으로 들어가서 구강 내압을 높인다.
② 눈꺼풀의 피하조직에 있으면서 눈을 감거나 깜빡거릴 때 이용된다.
③ 구각을 외상방으로 끌어 당겨서 웃는 표정을 만든다.
④ 교근 근막의 표층으로부터 입 꼬리 부분에 뻗어 있는 근육이다.

해설 | 안륜근은 눈꺼풀의 피하조직에 있으면서 눈을 감고 뜨는 작용을 한다.

22 ① 23 ③ 24 ① 25 ③ 26 ① 27 ③ 28 ②

29 다음 중 중추신경계가 아닌 것은?
① 간뇌
② 대뇌
③ 뇌신경
④ 연수

해설 | 중추신경은 뇌와 척수로 구성되어 있으며, 뇌신경과 척수신경은 말초신경이다.

30 척수신경은 모두 몇 쌍으로 이루어져 있는가?
① 30쌍
② 31쌍
③ 32쌍
④ 33쌍

해설 | 척수신경은 총 31쌍으로 경신경(8쌍), 흉신경(12쌍), 요신경(5쌍), 천골신경(5쌍), 미골신경(1쌍)으로 구성되어 있다.

31 조직 사이에서 산소와 영양을 공급하고, 이산화탄소와 대사 노폐물이 교환되는 혈관은?
① 동맥
② 정맥
③ 모세혈관
④ 림프관

해설 | 모세혈관은 조직 사이에서 산소와 영양분을 공급하고, 이산화탄소와 대사노폐물을 받아들인다.

32 다음 중 생명중추로 위로는 교뇌와 아래로는 척수와 이어지는 신경조직은?
① 대뇌
② 중뇌
③ 간뇌
④ 연수

해설 | 연수는 재채기, 침분비, 구토 등의 반사중추로 생명중추라고도 한다.

33 림프액의 순환경로로 맞는 것은?
① 림프관 → 림프절 → 모세림프관 → 대정맥 → 림프본관 → 집합관
② 모세림프관 → 림프관 → 림프절 → 림프본관 → 집합관 → 대정맥
③ 대정맥 → 집합관 → 림프본관 → 림프절 → 림프관 → 모세림프관
④ 림프본관 → 대정맥 → 림프절 → 모세림프관 → 집합관 → 림프관

해설 | 모세림프관 → 림프관 → 림프절 → 림프본관 → 집합관 → 대정맥 → 의 순서이다.

34 교류전류 중 시간의 흐름에 따라 방향과 크기가 대칭적으로 변하는 전류로 통증이 적어 신경과민 고객에게 적합한 전류는?
① 감응전류
② 정현파전류
③ 격동전류
④ 갈바닉전류

해설 | 정현파전류는 교류중의 전류로 피부침투와 자극은 크지만 통증이 적어 신경과민 고객에게 적합한 전류이다.

35 우드램프를 이용하여 피부측정을 하려한다. 잘못된 방법은?
① 청결하게 클렌징 한 후 측정한다.
② 고객의 얼굴로부터 5~6㎝의 적당한 거리를 둔 후 측정한다.
③ 확대렌즈를 통한 컬러에 따라 피부상태를 측정한다.
④ 실내를 밝게 한 후 측정한다.

해설 | 주위 조명을 어둡게 한 후 적당한 거리를 두고 측정한다.

29 ③ 30 ② 31 ③ 32 ④ 33 ② 34 ② 35 ④

36 스티머 사용 시 주의사항에 대해 설명하였다. 틀린 것은?

① 정제수를 넣고 고객관리 10분 전 예열하고 스팀이 나오기 시작할 때 오존을 켠다.
② 수증기가 나오는 방향은 코를 향해 분사하도록 한다.
③ 모세혈관 확장 부위는 화장솜을 덮어준다.
④ 사용 후에는 식초 물(물10:식초1)에 세척 후 물통을 비우고 보관한다.

해설 | 수증기가 나오는 방향은 턱, 이마를 향해 분사하도록 한다.

37 다음 중 이온토포레시스에 대한 설명으로 옳은 것은?

① 이온화된 물질을 피부조직에 침투시키는 방법이다.
② 세정작용 및 노폐물 배출 작용을 한다.
③ 알칼리성 용액을 침투시킬 때 사용한다.
④ 화학적인 전기 분해에 기초를 두고 있으며 직류가 식염수를 통과할 때 발생하는 화학 작용을 이용한다.

해설 | 이온화된 물질을 피부조직에 침투시키는 방법은 이온토포레시스에 대한 설명이다.

38 적외선램프를 사용하기에 부적절한 피부유형은?

① 여드름 피부
② 모세혈관확장피부
③ 건성피부
④ 지성피부

해설 | 모세혈관확장피부에 적외선을 조사할 경우 열에 의해 더욱 민감해진다.

39 다음 중 저주파에서 사용하는 주파수는?

① 1~1,000Hz
② 5,000~8,000Hz
③ 100,000Hz이상
④ 1,000~10,000Hz

해설 | 저주파에 사용하는 주파수는 1~1,000Hz 이다.

40 미용기기 사용 중 아이패드를 하지 않으며 눈에 자극이 없는 미용기기는?

① 확대경
② pH측정기
③ 적외선램프
④ 우드램프

해설 | pH는 아이패드를 사용하지 않는다.

41 화장품, 의약부외품, 의약품의 구별 기준이 틀린 것은?

① 화장품 사용은 장기간 사용한다.
② 의약부외품의 사용범위는 전신이다.
③ 의약품은 치료, 진단, 예방을 사용 목적으로 한다.
④ 의약품은 부작용이 있을수 있다.

해설 | 의약부외품의 사용범위는 특정부위이다

42 합성유성 원료중 광물성 오일이 아닌 것은?

① 유동파라핀
② 실리콘오일
③ 바셀린
④ 팔미트산

해설 | 팔미트산은 고급지방산으로 팜유에서 얻어지며 피부보호 작용을 한다.

36 ② 37 ① 38 ② 39 ① 40 ② 41 ② 42 ④

43 물에 대한 친화성을 가지고 있으며 이온성과 비이온성으로 나뉘는 것은?

① 친유성기
② 친수성기
③ 미셀
④ 계면활성제

해설 | 친수성기: 물과의 친화력이 강한 둥근머리 모양
친유성기: 기름과의 친화력이 강한 막대꼬리 모양

44 피부 자극과 독성이 적고, 정전기 억제 및 피부 안정성이 좋은 계면활성제는?

① 양쪽성 계면활성제
② 양이온성 계면활성제
③ 음이온성 계면활성제
④ 비이온성 계면활성제

해설 | 양쪽성 계면활성제: 베이비 샴푸, 저자극 샴푸, 어린이용 제품에 널리 이용

45 피부의 커버력을 결정하는 백색안료는?

① 탈크, 카오린
② 산화아연, 이산화티탄
③ 탄산칼슘, 무수규산
④ 마이카, 황산바륨

해설 | ①③④은 체질안료이다.

46 헤나, 카르타민, 카로틴, 클로로필 등 동·식물에서 얻어지며 안전성이 높은 것은?

① 천연색소
② 안료
③ 염료
④ 레이크

해설 | 헤나, 카르타민, 카로틴, 클로로필 등은 천연색소에서 얻는다

47 건성용 화장품으로 사용되지 않는 것은?

① 솔비톨
② 히알루론산염
③ 세라마이드
④ 캄퍼

해설 | 캄퍼는 지성용 화장품에 사용된다.

48 각질 제거용 화장품이 아닌 것은?

① 스크럽
② 고마쥐
③ AHA
④ 클렌징 폼

해설 | 클렌징 폼은 세안용 화장품이다.

49 아이브로우제품에 대한 설명이 아닌 것은?

① 피부에 부드러운 감촉으로 균일하게 선명하고 미세한 선이 그려져야한다.
② 피부에 대한 안정성이 좋아야 한다.
③ 지속성이 높고 화장의 흐트짐이 없어야 한다
④ 눈주위에 명암과 색채감을 주어 보다 아름다운 눈매를 입체감 있게 연출한다.

해설 | 이이섀도: 눈주위에 명암과 색채감을 주어 보다 아름다운 눈매를 입체감 있게 연출한다.

50 얼굴색을 건강하고 밝게 보이게 하며 얼굴 윤곽에 음영을 주어 입체적으로 보이게 하는 것은?

① 블러셔
② 파우더
③ 메이크업 베이스
④ 프라이머

해설 | 블러셔는 메이크업의 마무리단계에 사용한다.

43 ② 44 ① 45 ② 46 ① 47 ④ 48 ④ 49 ④ 50 ①

51 고도가 상승함에 따라 기온도 상승하여 상부의 기온이 하부의 기온보다 높게 되어 대기가 안정화되고 공기의 수직 확산이 일어나지 않게 되며, 대기오염이 심화되는 현상은?

① 고기압
② 열섬
③ 엘니뇨
④ 기온 역전

해설 | 기온역전 현상 : 고도가 높은 곳에 기온이 하층부보다 높은 경우 주로 발생하는 대기오염현상

52 대기오염에 영향을 미치는 기상조건으로 가장 관계가 큰 것은?

① 기온역전
② 고온, 다습
③ 강우, 강설
④ 저기압

해설 | 기온역전이란 고도가 높은 곳의 기온이 하층부보다 높은 경우를 말하는데, 태양이 없는 밤에 지표면의 열이 대기 중으로 복사되면서 발생하는 대기오염 현상의 하나이다.

53 질병 발생의 요인 중 숙주적 요인에 해당되지 않는 것은?

① 경제적 수준
② 연령
③ 생리적 방어기전
④ 선천적 요인

해설 | 경제적 수준은 환경적 요인에 해당한다.

54 질병 발생의 요인 중 병인적 요인에 해당되지 않는 것은?

① 세균
② 스트레스
③ 기생충
④ 유전

해설 | 병인적 요인

생물학적 병인	세균, 곰팡이, 기생충, 바이러스 등
물리적 병인	열, 햇빛, 온도 등
화학적 병인	농약, 화학약품 등
정신적 병인	스트레스, 노이로제 등

55 기생충과 중간 숙주와의 연결이 잘못된 것은?

① 무구조충 – 소
② 폐흡충 – 가재, 게
③ 간흡충 – 민물고기
④ 유구조충 – 물벼룩

해설 | 유구조충 : 돼지

56 유리제품의 소독방법으로 가장 적합한 것은?

① 끓는 물에 넣고 10분간 가열한다.
② 끓는 물에 넣고 5분간 가열한다.
③ 건열멸균기에 넣고 소독한다.
④ 찬물에 넣고 75℃까지 가열한다.

해설 | 건열멸균법은 유리기구, 금속기구, 자기제품, 주사기, 분말 등의 멸균에 이용된다.

57 다음 중 습열멸균법에 속하는 것은?

① 화염멸균법
② 자비소독법
③ 여과멸균법
④ 소각소독법

해설 | 습열멸균법 : 자비소독법, 증기멸균법, 간헐멸균법, 고압증기멸균법 등

51 ④ 52 ① 53 ① 54 ④ 55 ④ 56 ③ 57 ②

58 다음 소독약 중 할로겐계의 것이 아닌 것은?

① 표백분
② 요오드
③ 차아염소산나트륨
④ 석탄산

해설 | 석탄산은 방향족 화합물이다. 할로겐계 소독약에는 염소, 표백분, 요오드 등이 있다.

59 다음 중 인공능동면역의 특성을 가장 잘 설명한 것은?

① 항독소(antitoxin) 등 인공제제를 접종하여 형성되는 면역
② 각종 감염병 감염 후 형성되는 면역
③ 모체로부터 태반이나 수유를 통해 형성되는 면역
④ 생균백신, 사균백신 및 순화독소(toxoid)의 접종으로 형성되는 면역

해설 | ① : 인공수동면역 : ②자연능동면역 ③ : 자연수동면역

60 다음 중 예방법으로 생균백신을 사용하는 것은?

① 콜레라
② 홍역
③ 디프테리아
④ 파상풍

해설 | • 생균백신 : 결핵, 홍역, 폴리오(경구)
• 사균백신 : 장티푸스, 콜레라, 백일해, 폴리오(경피)
• 순화독소 : 파상풍, 디프테리아

58 ④ 59 ④ 60 ②

13회 • 출제예상문제

01 다음은 피부 미용사의 개인위생에 대한 설명이다. 잘못된 것은?

① 몸과 두발을 청결하게 하고 고객에게 불쾌감을 주지 않도록 한다.
② 적당한 휴식과 운동을 통한 건강한 생활을 유지한다.
③ 피부관리사는 관리 전 충분한 지식으로 설명해야한다.
④ 피부관리사는 짙은 화장을 하여 피부가 좋아 보이게 한다.

해설 | 피부관리사는 맑고 깨끗한 피부를 유지해야 한다.

02 다음은 견진법에 의한 피부유형 분석방법이다. 아닌 것은?

① 피부의 유분 함량
② 예민상태
③ 모공크기
④ 탄력도

해설 | 탄력도는 촉진법에 의한 피부유형 분석 방법이다.

03 클렌징 제품에 대한 설명 중 맞는 것은?

① 클렌징 티슈- 예민한 피부, 알레르기 피부에 사용하기 좋으며 세정력이 우수하다.
② 폼 클렌징 - 눈 화장 전용 화장품으로 눈 화장을 지울 때 자주 사용한다.
③ 클렌징 오일 - 물에 용해가 잘되며, 건성, 노화, 수분부족, 지성피부, 민감성 피부에 좋다.
④ 클렌징밀크 - 화장을 연하게하는 피부보다 두껍게하는 피부에 좋으며 쉽게 부패되지 않는다.

해설 | 클렌징 오일은 수용성 오일 성분의 배합으로 물에 쉽게 용해되며 자극이 없어 예민 피부에도 적용이 가능하다.

04 고마쥐의 사용법으로 가장 적합한 것은?

① 도포한 후 약간 덜 건조된 상태에서 문지르는 동작으로 각질을 제거한다.
② 도포한 후 고마쥐의 작용을 촉진하기 위해 스티머 또는 온습포를 사용한다.
③ 도포한 후 완전히 건조되면 젖은 해면을 이용하여 닦아낸다.
④ 도포한 후 피부 근육 결 반대방향으로 문지른다.

해설 | 고마쥐는 도포한 후 약간 덜 건조된 상태에서 문지르는 동작으로 각질을 제거한다.

05 지성피부의 특징과 관리법을 설명한 것이다. 올바르지 않은 것은?

① 피지선의 기능이 활발하여 피지가 과다하게 분비된다.
② 세정력이 우수한 크림타입의 클렌징을 사용하여 메이크업을 제거한다.
③ 수렴효과가 높은 화장수를 사용한다.

01 ④   02 ④   03 ③   04 ①   05 ②

④ 유황, 살리실산, 카올린, 머드, 캄포 등의 성분이 함유된 제품으로 관리한다.

해설 | 크림타입은 유분기가 많은 제품으로 사용을 자제한다.

06 다음은 메뉴얼테크닉의 효과에 대해 설명하였다. 다른 것은?

① 혈액과 림프의 순환 촉진
② 결체조직의 긴장과 탄력성 부여
③ 긴장된 근육의 이완 및 통증 치료
④ 피부의 청정효과

해설 | 피부관리사의 영역은 긴장된 근육의 이완 및 통증 완화로 치료는 의사 영역이다

07 얼굴에 매뉴얼테크닉을 하려고 한다. 가장 가벼운 동작을 실행해야 하는 부위는?

① 입가 주변
② 코 주변
③ 눈 주변
④ 광대뼈주변

해설 | 눈주변은 피부가 얇고 민감하기에 가장 부드럽게 실행해야 한다.

08 피부 진정과 보습 효과가 뛰어나며 자극이 적어 예민한 피부에도 효과적인 팩의 형태는?

① 파우더 형태
② 크림 형태
③ 젤 형태
④ 클레이 형태

해설 | 투명한 수성의 젤 형태로 촉촉한 느낌을 주며 자극이 없고 보습, 진정효과가 있어 예민성 피부에 적합하다.

09 팩 도포시 브러시의 올바른 사용 각도는?

① 30도 ② 45도
③ 60도 ④ 90도

해설 | 팩 도포의 올바른 각도는 45도이다.

10 왁스 시술에 대한 내용 중 옳지 않은 것은?

① 제모하기 적당한 털의 길이는 1cm이다.
② 온왁스의 경우 왁스는 미리 데워둔다.
③ 왁스를 바른 머슬린(부직포)은 털이 난 방향으로 떼어낸다.
④ 남아있는 왁스의 끈적임은 알코올로 제거한다.

해설 | 남아있는 왁스의 끈적임은 왁스 제거용 리무버로 제거한다.

11 림프마사지 기본 동작이 아닌 것은?

① 정지 상태의 회전 동작
② 원동작
③ 퍼올리기 동작
④ 압박법

해설 | 압박법은 손 전체를 이용하여 압박하는 방법으로 신경근육의 흥분을 진정시켜 신진대사를 원활하게 하는 동작으로 신경통과 근육경련, 부종에 효과적이다.

12 건성피부에 적용되는 화장품의 사용법으로 가장 적합한 것은?

① 봄, 여름에는 W/O크림을 사용하고 가을, 겨울에는 O/W크림을 사용한다.
② 자극성이 없고 피부진정 효과가 있으며, 알코올, 향, 색소, 방부제 등이 적게 함유된 제품을 사용한다.
③ 낮에는 O/W형의 데이크림, 밤에는 W/O형의 나이트 크림을 사용한다.

06 ③ 07 ③ 08 ③ 09 ② 10 ④ 11 ④ 12 ③

④ 강하게 탈지시켜 피지샘 기능을 균형 있게 해주고 모공을 수축해주는 크림을 사용한다.

해설 | 낮에는 O/W형, 밤에는 W/O형을 사용한다.

13 피부표면의 pH에 영향을 주는 것은?
① 호르몬의 분비
② 땀의 분비
③ 각질 생성
④ 침의 분비

해설 | 땀은 pH 3.8~ 5.6의 약산성으로 피지와 함께 산성 보호막을 형성해준다.

14 천연보습인자의 설명으로 맞는 것은?
① 피부 수분보유량을 조절한다.
② 수소이온 농도의 지수를 말한다.
③ 젖산을 가장 많이 함유하고 있다.
④ 피부 진피에 존재한다.

해설 | 천연보습인자(NMF, Natural Moisturizing Factor)는 각질층에 존재하는 수용성 성분을 말한다.

15 표피의 투명층에 존재하는 반유동성 물질은?
① 케라토하이알린
② 엘라이딘
③ 케라틴
④ 엘라스틴

해설 | 엘라이딘: 수분침투를 방지하고 피부를 윤기 있게 해주는 단백질이다

16 케라토하이알린 과립과 레인방어막이 존재하며 각화 과정이 시작하는 층은?
① 기저층
② 유극층
③ 과립층
④ 각질층

해설 | 과립층:피부의 수분 증발과 수분침투를 막는 층이다.

17 엘라스틴으로 구성되어 있으며 신축성과 탄력성이 있는 층으로 섬유아세포에서 생성되며 피부 주름과 피부이완에 관여하는 물질은?
① 기질
② 교원섬유
③ 피하지방층
④ 탄력섬유

해설 | 진피의 구성물질: 콜라겐(교원섬유), 엘라스틴(탄력섬유), 기질

18 그물 모양의 결합조직으로 진피의 대부분을 이루며 피하조직과 연결되어있는 층은?
① 유두층
② 망상층
③ 기저층
④ 유극층

해설 | 망상층은 혈관, 림프관, 피지선, 한선, 모낭 등 복잡하게 분포되어있다.

19 피부의 기능 중 속하지 않는 것은?
① 체온조절 기능
② 분비 및 배출기능
③ 흡수기능
④ 순환기능

해설 | 피부 기능: 보호기능, 체온조절 기능, 분비 및 배출기능, 감각기능, 흡수기능, 비타민 합성기능, 호흡기능, 저장기능

13 ② 14 ① 15 ② 16 ③ 17 ④ 18 ② 19 ④

20 피부의 pH에 대한 설명이 아닌 것은?

① pH는 용액의 수소이온 농도를 지표로 나타낸 수소이온지수이다.
② 피부표면은 pH 5.5의 약산성 보호막이 있어 세균으로부터 피부를 보호한다.
③ 피부표면의 산성도를 측정할 때 pH로 정의한다.
④ 피부의 pH는 피지만으로 구성되어 피부표면을 덮고 있는 피지막이다.

해설 | 피부의 pH는 땀과 피지가 혼합되어 피부표면을 덮고 있는 산성막이다.

21 모발의 기능이 아닌 것은?

① 흡수기능
② 보호기능
③ 장식기능
④ 지각기능

해설 | 모발의 기능은 보호기능, 장식기능, 지각기능, 노폐물을 배출하고, 충격을 완화하는 기능을 가진다.

22 피부의 진피층까지 파괴되어 영구적인 흉터를 만드는 여드름은?

① 구진성 여드름
② 낭종성 여드름
③ 결절성 여드름
④ 면포성 여드름

해설 | 낭종성 여드름은 화농의 상태가 가장 크고 통증도 심하다.

23 척주에 대한 설명이 아닌 것은?

① 머리와 몸통을 움직일 수 있게 한다.
② 성인 척추를 옆에서 보면 4개의 만곡이 존재한다.
③ 경추 5개, 흉추 11개, 요추 7개, 천골 1개, 미골 2개로 구성한다.
④ 척수를 뼈로 감싸면서 보호한다.

해설 | 척주는 경추 7개, 흉추 12개, 요추 5개, 천골 1개, 미골 1개로 구성되어 있다.

24 세포막을 통한 물질의 이동 중 농도가 높은 곳에서 낮은 곳으로의 이동을 무엇이라 하는가?

① 확산
② 능동수송
③ 여과
④ 삼투

해설 | 확산은 농도가 높은 곳에서 낮은 곳으로의 이동을 말하며 농도 경사가 클수록 온도가 높을수록 촉진된다.

25 세포의 구조 중 유전자를 복제하고 세포분열에 관여하는 것은?

① 소포체
② 리보솜
③ 핵
④ 중심소체

해설 | 핵은 유전자를 복제하거나 유전정보를 저장하고 세포분열에 관여한다.

26 다음 중 성인의 뼈의 수가 잘 연결된 것은?

① 발허리뼈 – 12개
② 머리뼈 – 20개
③ 갈비뼈 – 24개
④ 손목뼈 – 14개

해설 | 머리뼈 22개, 갈비뼈 24개, 손목뼈 16개, 발허리뼈 10개이다.

20 ④ 21 ① 22 ② 23 ③ 24 ① 25 ③ 26 ③

27 다음 중 호흡작용과 관련된 근육은 어느 것인가?

① 소흉근
② 복직근
③ 대흉근
④ 횡경막

해설 | 호흡근은 횡경막, 내늑간근, 외늑간근, 늑하근이다.

28 다음 중 입모근과 가장 관련 있는 것은?

① 수분조절
② 호르몬 조절
③ 피지조절
④ 체온조절

해설 | 입모근은 모근에 붙어 있는 근육으로 수축에 의하여 털을 꼿꼿이 서게 해서 체온의 손실을 막아준다.

29 다음 중 위팔을 올리거나 내릴 때 또는 바깥쪽으로 돌릴 때 사용되는 근육의 명칭은?

① 흉쇄유돌근
② 승모근
③ 비복근
④ 대둔근

해설 | 승모근은 견갑골을 올리고 내외측 회전에 관여한다.

30 혈관의 구조에 관한 설명 중 옳지 않은 것은?

① 동맥은 3층 구조이며 혈관벽이 정맥에 비해 두껍다.
② 정맥은 3층 구조로 혈관벽이 얇으며 판막이 발달해 있다.
③ 동맥은 중막인 평활근층이 발달해 있다.
④ 모세혈관은 3층 구조이며 혈관벽이 얇다.

해설 | 모세혈관은 단층 구조의 내피 세포로만 구성되어 있어 혈관벽이 매우 얇다.

31 췌장에서 분비되는 단백질 분해 효소는?

① 펩신
② 트립신
③ 리파아제
④ 페티디아제

해설 | 트립신은 췌장에서 분비되는 단백질 분해효소이다. 그 외에도 당질을 분해하는 아밀라아제, 지질을 분해하는 리파아제도 있다.

32 다음 중 다당류인 전분을 2당류인 맥아당이나 덱스트린으로 가수분해하는 역할을 하는 타액 내의 효소는?

① 프티알린
② 리파아제
③ 인슐린
④ 말타아제

해설 | 리파아제는 지방분해효소를 말하며, 인슐린은 혈당을 조절하는 호르몬, 말타아제는 맥아당을 분해하여 2분자의 포도당으로 가수분해하는 효소이다.

33 교류 전류 중 감응전류에 대한 설명이다. 틀린 것은?

① 저주파, 중주파, 고주파로 나누어진다.
② 얼굴, 바디의 탄력관리 및 체형관리에 사용한다.
③ 전류의 세기가 순간적으로 강약을 반복하는 전류이다.
④ 신경근육계의 자극이나 전기 진단에 이용된다.

해설 | 전류의 세기가 순간적으로 강약을 반복하는 전류는 격동전류이다.

27 ④ 28 ④ 29 ② 30 ④ 31 ② 32 ① 33 ③

34 우드램프를 이용하여 파악할 수 없는 피부상태는?

① 피부의 민감상태
② 피부의 탄력상태
③ 피부의 피지상태
④ 피부의 보습상태

해설 | 피부의 탄력 상태는 우드램프를 통해 알 수 없다.

35 안면관리기기 중 브러시을 이용하여 모공의 피지와 불필요한 각질을 제거하는 딥클렌징 기기는?

① 프리마돌
② 스킨 스크러버
③ 고주파기
④ 진공흡입기

해설 | 프리마돌: 모세혈관확장피부, 화농성피부, 알레르기성피부, 손상피부는 사용 금함.

36 다음은 디스인크러스테이션(desincrustion)을 하는 이유이다, 옳은 것은?

① 화장품의 유효 성분을 침투하기 위하여
② 피부조직의 근육을 따뜻하게 하기 위하여
③ 피부 표면에 있는 물질들을 제거하기 위하여
④ 얼굴과 몸의 근육을 강화하기 위하여

해설 | 디스인크러스테이션은 딥클렌징의 효과를 가지고 있다.

37 고주파 간접법에 부적절한 피부유형은?

① 건성피부
② 여드름피부
③ 노화피부
④ 혈액순환 저하피부

해설 | 여드름 피부는 직접법이 효과적이다.

38 적외선 중 파장이 가장 긴 것으로 피부 침투효과가 적고 자극적이지 않아 오래도록 관리를 유지 가능한 파장은?

① 원적외선
② 중적외선
③ 근적외선
④ 자외선

해설 | 가장 긴 파장은 원적외선이다.

39 중주파기에 대한 설명으로 틀린 것은?

① 슬리밍 관리에 활용한다.
② 1,000~10,000Hz의 전류를 이용한다.
③ 피부 통증이 아닌 자극 없이 관리할 수 있다.
④ 부드러운 자극으로 좁은 부위의 심부까지 관리 가능하다.

해설 | 부드러운 자극으로 넓은 부위의 심부까지 가능하다.

40 지성피부 관리시 피지제거를 위해 가장 적절한 미용기기는?

① 진공흡입기
② 초음파기
③ 자외선램프
④ 리프팅기

해설 | 진공흡입기는 면포 제거에 효과적이다.

41 피부노화방지 성분이 아닌 것은?

① 레티노이드
② AHA
③ 항산화제
④ 비타민 D

해설 | 피부노화방지 성분: 레티노이드, AHA, 항산화제, 멜라닌 생성 억제

34 ② 35 ① 36 ③ 37 ② 38 ① 39 ④ 40 ① 41 ④

42 기능성 화장품에 대한 설명이 틀린 것은?

① 미백제품: 피부의 미백에 도움을 주는 제품
② 주름개선제품: 피부의 주름개선에 도움을 주는 제품
③ 자외선 차단제 제품: 피부를 곱게 태우거나 자외선으로부터 피부를 보호하는 데 도움을 주는 제품
④ 여드름 제품: 피부를 치료하는데 도움을 주는 제품

해설 | 기능성 화장품은 치료를 위한 제품이 아니다.

43 화장품, 의약품, 의약부외품의 구분이 틀린 것은?

① 사용기간: 화장품-지속적, 의약품-한정적, 의약부외품-지속적
② 부작용: 화장품-없어야함, 의약품-있을 수 있음, 의약부외품-없어야함
③ 사용대상: 화장품-정상인, 의약품-정상인, 의약부외품-정상인
④ 사용목적: 화장품-청결,미화, 의약품-치료 및 진단· 처치, 의약부외품-위생,미화

해설 | 사용대상: 화장품-정상인, 의약품-환자, 의약부외품-정상인

44 화장품의 분류로 틀린 것은?

① 기초화장품 : 세정, 정돈, 보호제품
② 메이크업 제품: 베이스 메이크업, 포인트 메이크업
③ 방향 화장품: 선텐제품 ,방취제품, 제모제품
④ 두피· 모발용 화장품: 트리트먼트, 퍼머넌트 웨이브, 염모제

해설 | 바디화장품 : 선텐제품 ,방취제품, 제모제품

45 피부자극이 적어 기초화장품에 가장 많이 사용되는 것은?

① 양이온 계면활성제
② 음이온 계면활성제
③ 양쪽성 계면활성제
④ 비이온 계면활성제

해설 | 비이온 계면활성제: 클렌징, 화장수, 에센스, 크림

46 산과 염기에 약하며, 물에 용해가 되기 힘든 염료(적색201호)를 칼슘 등의 염으로서 물에 불용화 시킨 불용성 색소는?

① 무기안료
② 체질 안료
③ 착색안료
④ 레이크

해설 | 레이크: 립스틱, 브러시, 네일 에나멜에 안료와 함께 사용한다.

47 화장품 제조의 기본 공정에 속하지 않는 것은?

① 분리 공정
② 혼합공정
③ 분쇄공정
④ 성형 및 포장공정

해설 | 화장품 제조의 기보 공정: 분산공정, 유화 공정, 가용화 공정, 혼합공정, 분쇄공정, 성형 및 포장공

48 클렌징 제품 설명 중 맞는 것은 ?

① 클렌징 티슈: 지방에 예민한 알레르기 피부에 좋으며 세정력이 우수하다
② 폼클렌징: 눈화장을 지울 때 자주 사용된다

42 ④　43 ③　44 ③　45 ④　46 ④　47 ①　48 ③

③ 클렌징 오일 : 물에 용해가 잘 되며, 건성, 노화, 수분부족 지성피부, 민감성 피부에 좋다.
④ 클렌징 밀크: 화장을 연하게 하는 피부보다 두껍게 하는 피부에 좋으며, 쉽게 부패되지 않는다

해설 | 클렌징 오일은 물에 용해가 잘 된다.

49 목욕, 샤워후에 적합하며 가볍고 시원한 느낌을 주며 부향률은 1~3%, 지속시간은 약 1시간 정도인 향수의 유형은?
① 퍼퓸
② 오데퍼퓸
③ 오데코롱
④ 샤워코롱

해설 | 샤워코롱: 샤워후 가볍게 뿌려주는 향수

50 정제 동물이나 지방유에 꽃을 넣어서 향기성분이 동물기름에 흡수되게하여 정유성분을 알코올로 정제하는 추출법은?
① 압착법
② 수증기 증류법
③ 온침법
④ 침출법

해설 | 온침법은 냉침법에 비해 효율이 좋다.

51 물체의 불완전 연소 시 많이 발생하며, 혈중 헤모글로빈의 친화성이 산소에 비해 약 300배 정도로 높아 중독 시 신경이상증세를 나타내는 성분은?
① 일산화탄소
② 아황산가스
③ 질소
④ 이산화탄소

해설 | 일산화탄소는 물체의 불완전 연소 시 많이 발생하는 가스로 정신장애, 신경장애, 의식소실 등의 중독 증상을 보인다.

52 고기압 상태에서 올 수 있는 인체 장애는?
① 안구 진탕증
② 섬유증식증
③ 레이노이드병
④ 잠함병

해설 | 잠함병(잠수병)은 고기압상태에서 작업하는 잠수부들에게 흔히 나타나는 증상으로 체액 및 혈액 속의 질소 기포 증가가 주 원인이다. 예방을 위해서는 감압의 적설한 조실이 매우 중요하다.

53 다음 중 "인구는 기하급수적으로 늘고 생산은 산술급수적으로 늘기 때문에 체계적인 인구조절이 필요하다"라고 주장한 사람은?
① 에드워드 윈슬로우
② 프랜시스 플레이스
③ 포베르토 코흐
④ 토마스 R. 말더스

해설 | 영국의 토마스 R 말더스가 그의 저서 〈인구론〉에서 주장한 내용이다.

54 다음 중 인구증가에 대한 사항으로 맞는 것은?
① 자연증가 = 전입인구 − 전출인구
② 사회증가 = 출생인구 − 사망인구
③ 초자연증가 = 전입인구 − 전출인구
④ 인구증가 = 자연증가 + 사회증가

해설 | • 자연증가 = 출생인구 − 사망인구
• 사회증가 = 전입인구 − 전출인구

49 ④   50 ③   51 ①   52 ④   53 ④   54 ④

55 일반적으로 돼지고기 생식에 의해 감염될 수 없는 것은?

① 무구조충
② 유구조충
③ 선모충
④ 살모넬라

해설 | 무구조충은 쇠고기를 생식하였을 때 감염될 수 있다.

56 돼지와 관련이 있는 질환으로 거리가 먼 것은?

① 발진티푸스
② 살모넬라증
③ 일본뇌염
④ 유구조충

해설 | 발진티푸스는 이가 환자를 흡혈해 환자의 상처를 통해 침입 또는 먼지를 통해 호흡기계로 감염된다.

57 다음 중 이·미용업소에서 손님에게서 나온 객담이 묻은 휴지 등을 소독하는 방법으로 가장 적절한 것은?

① 자비소독법
② 소각소독법
③ 고압증기멸균법
④ 저온소독법

해설 | 소각법 : 병원체를 불꽃으로 태우는 방법으로 결핵환자의 객담처리 또는 감염병 환자의 배설물 등의 처리 방법으로 주로 사용된다.

58 석탄산 계수가 2인 소독약 A를 석탄산 계수 4인 소독약 B와 같은 효과를 내려면 그 농도를 어떻게 조정하면 되는가? (단, A,B의 용도는 같다.)

① A를 B보다 2배 묽게 조정한다.
② A를 B보다 4배 묽게 조정한다.
③ A를 B보다 4배 짙게 조정한다.
④ A를 B보다 2배 짙게 조정한다.

해설 | 소독약 A는 석탄산보다 살균력이 2배 높고, 소독약 B는 석탄산보다 4배 높으므로 소독약 A를 B보다 2배 짙게 조정해야 한다.

59 예방접종에 있어 생균백신을 사용하는 것은?

① 파상풍
② 디프테리아
③ 결핵
④ 백일해

해설 | 생균백신 : 결핵, 홍역, 폴리오

60 인공능동면역의 방법에 해당하지 않는 것은?

① 글로불린 접종
② 생균백신 접종
③ 사균백신 접종
④ 순화독소 접종

해설 | 인공능동면역 : 생균백신, 사균백신, 순화독소

55 ① 56 ① 57 ② 58 ④ 59 ③ 60 ①

14회 • 출제예상문제

01 **피부관리사의 역할에 대한 설명으로 잘못된 것은?**
① 전문교육을 이수하여 올바른 피부 관리와 업무 능력을 갖추도록 한다.
② 피부미용기술을 과학적으로 시술하여 건강하고 아름다운 피부유지 및 증진을 실현한다.
③ 직업에 대한 확실한 신념을 가지고 모든 병을 치료한다.
④ 보건위생에 필요한 조치를 실행하며 심리적, 정신적, 보호적인 피부 관리를 수행한다.

해설 | 병을 고치는 것은 의사의 영역이다.

02 **다음은 기기를 이용한 피부분석 방법이다. 잘못 설명된 것은?**
① 확대경은 육안의 3.5~5배율로 확대하여 색소침착, 잔주름, 면포 등의 상태를 분석할 수 있다.
② 우드램프는 인공자외선 파장을 통해 피부표면 상태 등을 분석할 수 있다.
③ 피부분석기는 피부표면을 평가하는 기기로 피부 관리 전·후를 비교 관찰할 수 있다.
④ pH측정기는 피부표면의 조직을 80~200배정도 확대하여 관찰할 수 있다.

해설 | 피부분석기는 피부표면의 조직을 80~200배 정도 확대하여 관찰하며 피부 관리 전·후 비교를 할 수 있다

03 **클렌징 제품 선택시 성분 조건에 대한 설명이다. 틀린 것은?**
① 노폐물 제거가 잘 되어야 한다.
② 피부의 산성막을 보호하여 피지막을 보호한다.
③ 피부의 혈액순환과 신진대사를 활발하게 한다.
④ 특수영양 성분이 함유되어 효능효과가 높은 제품이어야 한다.

해설 | 클렌징은 노폐물과 메이크업을 제거하는 기능으로 영양 성분의 함유와는 관련이 없다.

04 **효소에 대한 설명으로 바르지 않은 것은?**
① 피부에 도포 후 적절한 온도와 습도를 만들어주어야 효과적이다.
② 예민 피부, 모세혈관 확장피부, 염증성 피부 등 모든 피부에 사용가능하다.
③ 단백질을 분해하는 효소가 촉매제로 죽을 각질을 분해한다.
④ 얼굴에 도포한 후 마찰을 통해 제거한다.

해설 | 마찰을 이용하여 제거하는 딥클렌징은 스크럽이다

01 ③   02 ④   03 ④   04 ④

05 건성피부에 대한 특징으로 바르지 않은 것은?
① 메이크업이 잘 지워지고 피부 결이 당김 현상이 있다.
② 피부 표면의 수분이 10%이하로 부족하다.
③ 피부의 유연성 부족으로 피부가 거칠고 하얗게 버짐이 일어난다.
④ 피지와 땀을 분비하는 피지선과 한선의 활동의 저하로 피부의 노화 속도가 빠르다.

해설 | 메이크업이 잘 지워지는 피부 유형은 지성피부이다.

06 메뉴얼테크닉에 대한 설명이다. 잘못된 것은?
① 피부에 일정한 기술과 방법으로 자극을 주어 피로회복에 도움을 준다.
② 혈액순환과 림프순환을 원활하게 돕는다.
③ 신체조직에 영양소와 산소공급이 원활히 이루어지도록 한다.
④ 피부질환을 치료하는데 도움을 준다.

해설 | 치료는 의사의 영역에 해당된다.

07 메뉴얼테크닉을 시술할 때 지키는 원칙이다. 잘못 설명한 것은?
① 안면 매뉴얼테크닉은 10~15분정도 실시하나 피부유형이나 상태에 따라 조절한다.
② 마사지의 시술방향은 안에서 밖으로, 아래서 위로, 근육의 결에 따라 행한다.
③ 강한 압력을 주어 모세혈관이나 림프관 조직이 원활하게 순환 할 수 있도록 한다.
④ 속도는 일정하게 리듬을 맞추어서 진행한다.

해설 | 강한 압력을 주게 되면 모세혈관이나 림프관 조직이 손상 될 수 있다

08 매뉴얼테크닉의 기본 동작 중 신경조직을 자극하여 혈액순환을 촉진시켜 피부탄력성 증가에 효과적인 동작은?
① 두드리기
② 쓰다듬기
③ 주무르기
④ 떨기

해설 | 신경조직을 자극하여 피부의 탄력을 증가시켜주는 동작은 두드리기이다

09 점토(클레이)타입에 대한 설명으로 틀린 것은?
① 피지, 노폐물 제거에 효과적이다.
② 살균, 소독 및 항염작용을 한다.
③ 지성, 여드름, 복합성 피부에 적합하다.
④ 콜라겐을 냉동 압착해서 건조시킨 형태이다.

해설 | 콜라겐을 냉동 압착시켜 건조시킨 것은 콜라겐 벨벳 마스크이다.

10 천연 팩에 대한 설명이다. 잘못된 것은?
① 천연에서 얻을 수 있는 모든 재료가 주원료이다.
② 천연 팩은 반드시 2회분을 만들어 사용한다.
③ 민감성 피부에 사용할 경우 트러블이 있을수 있다.
④ 천연물질 중 자체에 독성이 있을 수 있다.

해설 | 천연 팩은 반드시 1회분씩 만들어 사용한다.

05 ① 06 ④ 07 ③ 08 ① 09 ④ 10 ②

11 제모시 소프트 왁스에 대한 설명이다. 아닌 것은?
① 약 50℃ 의 왁스를 피부에 도포 후 면 패드를 부착해서 한 번에 떼어 낸다
② 가장 널리 이용되는 제모 방법이다.
③ 도포 전에 반드시 온도체크를 한다.
④ 눈 주위나 입술 주위, 겨드랑이(국소부위)에 사용 한다.

해설 | 눈, 입술 주의, 겨드랑이에는 하드왁스를 사용한다.

12 림프드레나쥐의 동작 중 손끝부위나 손바닥을 이용하여 피부에 밀착하여 제자리에서 일정한 주기로 림프순환 배출 방향을 향해 압을 주는 기본 동작은?
① 정지상태 원동작
② 펌프기법
③ 퍼 올리기 기법
④ 회전동작

해설 | 펌프기법 : 가볍게 주먹을 쥐고 손목을 이용하여 림프방향으로 압을 주는 기법
퍼 올리기 기법 : 손바닥을 이용하여 손목의 움직임과 손바닥의 압을 같이 활용하여 퍼올리는 동작
회전동작 : 손바닥 전체 또는 엄지손가락을 피부 위에 올려놓고 앞으로 나선형으로 밀어내는 동작

13 모발 주기 중 성장기에 대한 설명이 아닌 것은?
① 전체 모발의 80~90%를 차지한다.
② 모발의 생성과 성장이 이루어진다.
③ 모유두와 모구가 분리되고 모근이 위쪽으로 올라간다.
④ 평균성장기간 남자는 3~5년 여자는 4~6년이다.

해설 | 모유두와 모구가 분리되고 모근이 위쪽으로 올라가는 것은 퇴화기이다.

14 진피의 망상층에 위치하여 모낭에 붙어있는 피부 부속기관은?
① 피지선
② 뇌하수체
③ 갑상선
④ 외분비선

해설 | 피지선은 진피의 망상층에 위치하여 모낭에 붙어있어 피지를 배출한다.

15 피지의 구성성분을 가장 많이 함유하고 있는 것은?
① 왁스에스테르
② 트리글리세라이드
③ 스쿠알렌
④ 콜레스테롤

해설 | 피지의 구성성분: 트리글리세라이드, 왁스에스테르, 스쿠알렌, 콜레스테롤 등

16 모발의 색을 나타내는 입자형 색소는?
① 멜라노사이트
② 유멜라닌
③ 페오멜라닌
④ 티로신

해설 | 유멜라닌: 입자형 페오멜라닌: 분사형

17 섬유소에 대한 설명이 아닌 것은?
① 식사시 영양분의 흡수를 억제한다.
② 변의 양을 증가시킨다.
③ 체내에서 합성을 촉진시킨다.
④ 장의 연동운동을 증진 시킨다.

해설 | 섬유소는 음식물로 섭취해야 한다.

11 ④   12 ①   13 ③   14 ①   15 ②   16 ②   17 ③

18 아토피성에 대한 설명으로 옳은 것은?

① 유전적인 영향을 받는다.
② 피부염보다 심하다.
③ 수포성 발진이 생긴다.
④ 바이러스에 감염되어 생긴다.

해설 | 아토피성은 피부가 건조하면 가려움증이 동반하며 유전적인 영향을 받는다.

19 피하조직에 대한 설명으로 옳은 것은?

① 지방의 형태로 저장하였다가 필요할 때 에너지원으로 사용한다.
② 세포 형성 기능을 한다.
③ 열발산기능을 한다.
④ 근육 이완 기능을 한다.

해설 | 피하조직은 체온 보호기능, 신체 내부의 보호기능, 에너지 저장기능을 한다.

20 탄수화물의 구성단위에 따른 분류가 다른 것은?

① 포도당
② 맥아당
③ 과당
④ 갈락토오스

해설 | 맥아당은 이당류로 포도당+포도당 이다.

21 비타민의 기능이 아닌 것은?

① 3대 영양소의 보조효소 작용을 한다.
② 질병의 예방 및 질병에 대한 저항력을 증강시킨다.
③ 세포의 성장 촉진 및 생리대사 기능을 도와준다.
④ 피부의 각화작용을 원활하게 한다.

해설 | 단백질: 피부의 각화작용을 원활하게 한다.

22 삼투압 및 체액의 알칼리 반응 유지에 관여하며 근육의 이완과 신경안정 작용을 하는 것은?

① 마그네슘(Mg)
② 유황(S)
③ 철(F)
④ 아연(Zn)

해설 | 마그네슘(Mg)은 삼투압 및 체액의 알칼리 반응 유지에 관여하며 근육의 이완과 신경안정 작용

23 골격계에 대한 설명 중 옳지 않은 것은?

① 인체의 골격은 약 206개의 뼈로 구성된다.
② 체중의 약 20%를 차지하며, 골, 연골, 관절 및 인대를 총칭한다.
③ 기관을 둘러싸서 내부 장기를 외부의 충격으로부터 보호한다.
④ 골격에서는 혈액세포를 생성하지 않는다.

해설 | 골 내부의 적색골수는 조혈기관으로 적혈구, 혈소판 및 백혈구를 생성한다.

24 골격근에 대한 설명으로 맞는 것은?

① 뼈에 부착되어 있으며 근육이 횡문과 단백질로 구성되어 있고, 수의적 활동이 가능하다.
② 골격근은 일반적으로 내장벽을 형성하여 위와 방광 등의 장기를 둘러싸고 있다.
③ 골격근은 줄무늬가 보이지 않아서 민무늬근이라고 한다.
④ 골격근은 움직임, 자세유지, 관절안정을 주며 불수의근이다.

해설 | 골격근은 횡문근이며 수의적 활동이 가능하다.

25 연골에 해당하는 기본 조직은 무엇인가?

① 결합조직
② 신경조직
③ 상피조직
④ 근육조직

해설 | 연골은 골과 골 사이의 충격을 흡수하는 결합조직이다.

26 임신을 유지시키며 유선의 발달과 피지선 분비를 촉진시키는 호르몬은?

① 안드로겐
② 프로게스테론
③ 알도스테론
④ 부신피질호르몬

해설 | 프로게스테론은 임신을 유지시키고 체온상승을 유도한다.

27 다음 중 간의 기능이 아닌 것은?

① 알코올 분해
② 쓸개즙 생성
③ 해독작용
④ 혈구운반

해설 | 간의 기능은 영양물질의 합성에 관여하며 알코올 분해, 쓸개즙생성, 해독작용 등이다.

28 세포의 구조 중 세포의 성장과 생활에 필요한 영양물질을 함유하고 있는 기관은?

① 핵
② 세포질
③ 원형질
④ 염색체

해설 | 세포질은 생체기능의 기본 특성이 나타나며 세포의 성장과 재생에 필요한 영양물질을 함유하고 있다.

29 다음 중 혈장의 기능이 아닌 것은?

① 체온 유지
② 양분 운반
③ 산소 운반
④ 항체 형성

해설 | 산소를 운반하는 헤모글로빈을 가지고 있는 것은 적혈구이다.

30 다음 중 지방은 어디에서 흡수되는가?

① 위　　　　② 유미관
③ 간　　　　④ 대장

해설 | 지방은 소장 주변의 림프관인 유미관을 통해 흡수된다.

31 대장 내의 작용에 대한 설명으로 틀린 것은?

① 무기질의 흡수가 일어난다.
② 수분흡수가 주로 일어난다.
③ 소화되지 못한 물질의 부패가 일어난다.
④ 섬유소가 완전 소화되어 정장작용을 한다.

해설 | 대장에서는 소장에서 흡수되지 않은 무기질과 수분의 흡수가 이루어지며, 소화되지 못한 물질의 부패가 이루어져 몸 밖으로 배출시킨다.

32 신장과 방광을 연결하여 오줌을 연동운동에 의해 방광으로 운반하는 곳은?

① 세뇨관
② 사구체
③ 수뇨관
④ 요도

해설 | 수뇨관은 신장과 방광을 연결하는 관이다. 참고로 방광은 요의 일시 저장장소이고, 요를 방출하는 기능을 한다.

25 ①　26 ②　27 ④　28 ②　29 ③　30 ②　31 ④　32 ③

33 전류 중 양극과 음극이 항상 결정되어 있으며, 전류의 방향이 시간의 흐름에 따라 변하지 않고 일정한 방향으로만 흐르는 전류를 무엇이라 하나?

① 직류
② 교류
③ 고주파
④ 중주파

해설 | 직류는 세기가 일정한 방향으로 흐른다.

34 눈으로 판별하기 어려운 피부상태를 자외선램프 파장을 이용해 심층상태 및 문제점을 명확히 판별할 수 있는 미용기기는?

① 확대경
② 우드램프
③ 스킨스코프
④ pH측정기

해설 | 우드램프는 특수자외선램프를 이용한 피부분석기로 자외선 파장을 이용해 피부표면이나 심층을 분석하는 기기이다.

35 전동브러시(프리마돌)에 관한 설명으로 틀린 것은?

① 예민성 피부, 모세혈관확장 피부 사용을 금지한다.
② 사용시 브러시는 직각으로 유지하되 압을 주어 털 끝 부분을 이용하여 가볍게 움직인다.
③ 스위치를 켜 브러시 회전상태를 확인한 후 고객에게 적용한다.
④ 노폐물을 제거하는 효과가 있다.

해설 | 사용시 브러시는 직각으로 유지하데 힘을 주지 않고 가볍게 회전하며 사용한다.

36 갈바닉 전류의 음극의 효과가 아닌 것은?

① 혈관, 모공, 한선 확장
② 알카리성 물질 침투
③ 피부 조직의 연화
④ 신경안정 및 피부진정

해설 | 신경안정 및 피부진정은 양극의 효과이다.

37 고주파기기의 사용법 및 주의사항이 잘못된 것은?

① 클렌징 후 무알코올 토너를 사용한다.
② 시술시간은 평균 8~15분간 피부유형에 따라 적용한다.
③ 염증, 여드름 압출 후 피부와 유리봉 사이 거리는 0.2~0.3mm 내외로 한다.
④ 피부표면에서 스위치를 켜고 끈다.

해설 | 직접법-관리사가 고객의 피부에 마른 거즈를 올리고 그위에 직접 전극봉을 접촉하여 관리한다.
간접법-고객의 얼굴에 적합한 크림을 바르고 관리사 손을 이용하여 관리한다.

38 적외선 중 파장이 가장 짧은 것으로 피부의 피하조직과 신경에 영향을 주는 파장은?

① 원적외선
② 중적외선
③ 근적외선
④ 자외선

해설 | 가장 짧은 파장은 근적외선이다.

39 적외선 조사 시 주의해야 할 사항이 아닌 것은?

① 감각이 없거나 둔한 경우 화상을 주의한다.
② 과다 노출 시 홍반 반응 및 색소침착 현상이 나타날 수 있다.
③ 45~90㎝의 적정거리를 유지한다.
④ 아이패드를 이용하여 피술자의 눈을 보호한다.

33 ① 34 ② 35 ② 36 ④ 37 ④ 38 ③ 39 ②

해설 | 과다 노출시 홍반이 나타나는 현상은 자외선이다.

40 피부관리시 미용기기를 사용하는 목적이 아닌 것은?

① 피부분석
② 영양침투
③ 피부질환 치료
③ 자극 및 순환

해설 | 피부질환 치료는 무관하다.

41 감마 리놀렌산이 풍부하여 혈액내 콜레스테롤 수치를 낮추며 피부재생 효과가 뛰어난 오일은?

① 호호바오일
② 달맞이유
③ 아보카도오일
④ 아몬드오일

해설 | 달맞이유는 습진, 피부연화, 건성피부, 아토피 관리에 효과가 있다.

42 각질세포를 벗겨내서 멜라닌 색소를 제거하는 미백화장품의 성분이 다른 것은?

① AHA
② 레틴산
③ BHA
④ 옥틸디메틸 파바

해설 | 자외선 차단: 옥틸디메틸 파바, 이산화티탄 등

43 향수의 분류 중 중후한 남성의 향취를 느낄 수 있는 것은?

① 퓨제아
② 시트러스
③ 오리엔탈
④ 시더우드

해설 | 퓨제아는 중후한 느낌이다.

44 미백화장품중 티로신의 산화를 촉매하는 티로시나아제의 작용을 억제하는 성분이 아닌 것은?

① 알부틴
② 코직산
③ 파라핀
④ 감초추출물

해설 | 티로시나아제의 작용을 억제하는 성분: 알부틴, 코직산, 상백피 추출물, 닥나무 추출물, 감초 추출물 등

45 화장품의 성분에 가장 많이 사용되는 것은?

① 산소
② 수분
③ 비타민C
④ 비타민 E

해설 | 수분: 정제수, 증류수 등

46 샤워코롱이 속한 화장품의 분류는?

① 세정용화장품
② 방향용화장품
③ 모발용화장품
④ 기능성화장품

해설 | 방향용화장품: 향수, 오데코롱 등

47 백색안료와 함께 색체의 명함을 조절하고 커버력을 높이는데 사용하는 안료는?

① 착색안료
② 백색안료
③ 체질안료
④ 유기완료

해설 | 착색안료: 산화철류, 산화크롬, 코청, 감청

40 ③ 41 ② 42 ④ 43 ① 44 ③ 45 ② 46 ② 47 ①

48 화장품에 요구되는 4대 품질이 아닌 것은?
① 보습성
② 안전성
③ 안정성
④ 유용성

해설 | 화장품의 4대 요건: 안전성, 안정성, 사용성, 유용성

49 화장품 성분이 갖추어야할 기본조건이 아닌 것은?
① 피부에 대한 안전성이 양호해야한다.
② 안정성이 우수해야한다.
③ 냄새가 강해야하며 품질이 일정해야 한다.
④ 사용목적에 따른 기능이 우수해야한다.

해설 | 냄새가 적어야하며 품질이 일정해야 한다.

50 글루코오스를 화학적으로 환원시켜 만들며, 설탕의60% 정도의 단맛이 있고, 물에 잘 용해되 보습성이 양호해 크림, 유액, 치약 등에 사용되는 보습제는?
① 솔비톨
② 프로필렌글리콜
③ 글리세린
④ 부틸렌글리콜

해설 | 보습제: 화장품 중에 흡습성이 높은 물질

51 보건 행정 활동의 4대 요소가 아닌 것은?
① 조직
② 예산
③ 법적 규제
④ 무위문제

해설 | 보건 행정 활동의 4대 요소: 조직, 예산, 인사, 법적 규제

52 모기를 매개곤충으로 하여 일으키는 감염병이 아닌 것은?
① 발진티푸스
② 일본뇌염
③ 말라리아
④ 사상충

해설 | 발진티푸스: 이

53 인구 구성 형태가 틀리게 짝지어진 것은?
① 피라미드형: 인구증가형
② 종형: 인구정지형
③ 항아리형: 인구유출형
④ 별형: 인구유입형

해설 | 항아리형: 인구감소형

54 광견병의 병원체에 속하는 것은?
① 바이러스
② 리케차
③ 세균
④ 기생충

해설 | 피부점막계 바이러스: AIDS, 일본뇌염, 공수병(광견병), 트라코마, 황열

55 음용수, 상수의 소독 방법은?
① 증기소독
② 여과소독
③ 염소소독
④ 자비소독

해설 | 염소 소독으로 사용하는 것은 음용수, 상수도, 하수도 등이다.

✎ 48 ①   49 ③   50 ①   51 ④   52 ①   53 ③   54 ①   55 ③

56 이·미용실 바닥 소독용으로 사용하는 것은?

① 알코올
② 크레졸
③ 생석회
④ 페놀

해설 | 이·미용실 바닥 소독시 크레졸을 사용한다.

57 미용사 면허를 받을 수 없는 자에 속하지 않는 사람은?

① 피성견후견인
② 감염병 환자로 보건복지부령이 정하는 자
③ 정신질환자 또는 간질병 자
④ 면허가 취소된 후 2년이 경과 되지 아니한 자

해설 | 면허가 취소된 후 1년이 경과 되지 아니한 자 면허를 받을 수 없다.

58 관계공무원의 영업소 출입 검사를 거부 방해 또는 기피시 과태료는?

① 100만원 이하
② 200만원 이하
③ 300만원 이하
④ 500만원 이하

해설 | 300만원 이하의 과태료 : 위생관리 업무에 대한 개선명령 위반 시

59 천재지변 등 부득이한 사유로 인해 과징금을 납부할 수 없을 때 연장될 수 있는 납부 기한은?

① 그 사유가 없어진 날로부터 5일이내
② 그 사유가 없어진 날로부터 7일이내
③ 그 사유가 없어진 날로부터 10일이내
④ 그 사유가 없어진 날로부터 20일이내

해설 | 천재지변, 그밖에 부득이한 사유로 인해 기간 안에 납부할 수 없을 때는 그 사유가 없어진 날로부터 7일 이내에 납부해야 한다.

60 이·미용사가 이·미용업소 외의 장소에서 업무를 행할시 2차 위반 행정처분은?

① 영업정지 1개월
② 영업정지 2개월
③ 영업정지 3개월
④ 영업장 폐쇄명령

해설 | 1차 위반: 영업정지 1개월
2차 위반: 영업정지 2개월
3차 위반: 영업장 폐쇄명령

피부미용사 필기
7년간 출제문제

발 행 일	2025년 1월 5일 개정3판 1쇄 인쇄
	2025년 1월 10일 개정3판 1쇄 발행
저 자	하경미 · 윤태호 · 임선민 공저
발 행 처	**크라운출판사** http://www.crownbook.com
발 행 인	李尙原
신고번호	제 300-2007-143호
주 소	서울시 종로구 율곡로13길 21
공 급 처	(02) 765-4787, 1566-5937
전 화	(02) 745-0311~3
팩 스	(02) 743-2688, 02) 741-3231
홈페이지	www.crownbook.co.kr
I S B N	978-89-406-4846-9 / 13590

특별판매정가 16,000원

이 도서의 판권은 크라운출판사에 있으며, 수록된 내용은 무단으로 복제, 변형하여 사용할 수 없습니다.
Copyright CROWN, ⓒ 2025 Printed in Korea

이 도서의 문의를 편집부(02-6430-7006)로 연락주시면 친절하게 응답해 드립니다.